# 生物科学实验指导（上）

◎ 徐丽萍　焦子伟　主编

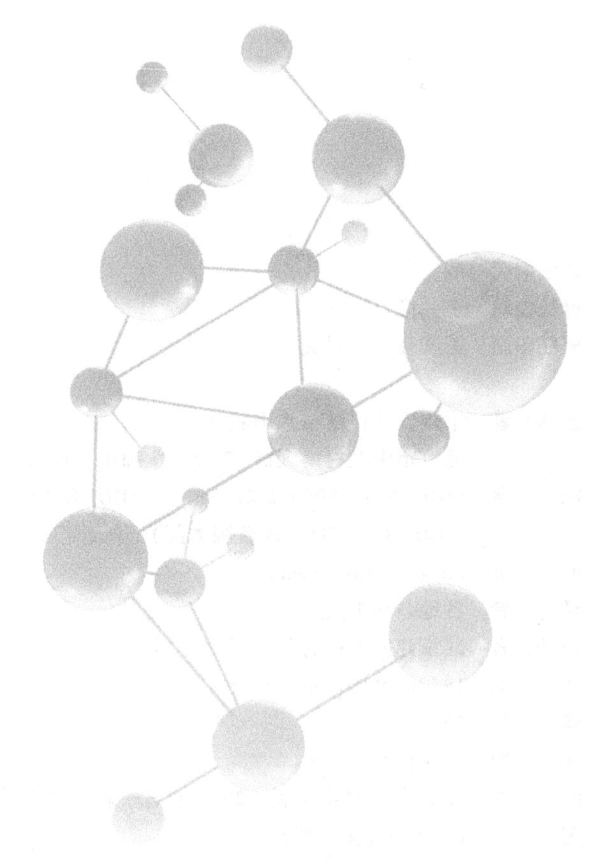

中国农业科学技术出版社

图书在版编目(CIP)数据

生物科学实验指导．上／徐丽萍，焦子伟主编．北京：中国农业科学技术出版社，2024.9.--ISBN 978-7-5116-6986-5

Ⅰ.Q-33

中国国家版本馆 CIP 数据核字第 2024JK3750 号

**责任编辑** 周 朋
**责任校对** 王 彦
**责任印制** 姜义伟 王思文

**出 版 者** 中国农业科学技术出版社
北京市中关村南大街 12 号 邮编：100081
**电 话** (010) 82103898 (编辑室) (010) 82106624 (发行部)
(010) 82109709 (读者服务部)
**网 址** https://castp.caas.cn
**经 销 者** 各地新华书店
**印 刷 者** 北京建宏印刷有限公司
**开 本** 185 mm×260 mm 1/16
**印 张** 16
**字 数** 380 千字
**版 次** 2024 年 9 月第 1 版 2024 年 9 月第 1 次印刷
**定 价** 60.00 元(全二册)

# 《生物科学实验指导（上）》编写指导委员会

张　维　任　刚　焦子伟　陈晓露
相吉山　徐丽萍　任艳利　尚天翠

# 编写人员

**主　　编**：徐丽萍　焦子伟
**副 主 编**：（按姓氏拼音排序）
巴雅尔塔　包莹莹　曹文秋　符　娜
韩大勇　何杰丽　李　静
江波拉提·松哈提　梁　健
努尔买买提·依力亚斯　尚天翠
吾尔恩·阿合别尔迪　吴　钒
杨晓绒　再娜古丽·君居列克
郑荣倩　张雪梅　张定国

# 前　言

伊犁师范大学生物科学专业于20世纪80年代开始招收专科生，2003年开始招收本科生，2019年开始招收学科教学（生物）专业硕士以及生物学硕士生。经过20多年的探索实践，生物科学专业现已成为新疆维吾尔自治区（以下简称自治区）生物科学重点专业、自治区生物科学一流专业，现有师资力量雄厚，拥有自治区生物实验示范中心、微生物重点实验室等多个实验平台，培养的学生已广泛分布自治区内外，深受用人单位的一致好评。

为了更好地使生物科学专业立足地方、服务地方，培养具备生物学基础理论、基本知识和基本技能，能够运用所掌握的理论知识和技能从事生物学及相关学科的教学、教育管理等工作的德、智、体全面发展的人才，根据伊犁哈萨克自治州特有生物资源优势，结合本专业的培养目标，生物科学与技术学院组织生物科学教研室的教师编写了《生物科学实验指导（上）》《生物科学实验指导（下）》，旨在加强该专业学生实践技能、创新技能的培训，也可为生物工程等专业提供参考。

本书分上、下两册，共10篇，《生物科学实验指导（上）》包括第一至第六篇，《生物科学实验指导（下）》包括第七至第十篇。努尔买买提·依力亚斯、徐丽萍编写了第一篇植物学实验，曹文秋、包莹莹编写了第二篇动物学实验，吾尔恩·阿哈别尔迪、梁健编写了第三篇微生物学实验，吴钒、再娜古丽·君居列克编写了第四篇生物化学实验，巴雅尔塔、韩大勇编写了第五篇生态学实验，李静编写了第六篇人体解剖生理学实验，徐丽萍、江波拉提·松哈提编写了第七篇植物生理学实验，再娜古丽·君居列克编写了第八篇分子生物学实验，杨晓绒、张定国编写了第九篇遗传学实验，郑荣倩编写了第十篇细胞生物学实验。尚天翠、张雪梅、何杰丽、符娜结合实验室情况提出修改意见，其余部分由徐丽萍进行了收集与整理，并对全书进行了统稿与订正，焦子伟统筹全稿，包莹莹协助排版。

由于编者水平有限，编写时间仓促，书中疏漏之处在所难免，谨请广大读者批评指正，以便进一步充实完善。

**伊犁师范大学**
**生物科学与技术学院**
**2024年3月**

# 生物科学专业实验室规则

为了保证各实验的顺利进行，培养同学们掌握良好、规范的基本实验技能，特制定以下实验守则，请同学们严格遵守。

1. 实验前应提前预习实验指导书并复习相关知识。

2. 严格按照实验分组，分批进入实验室，不得迟到。非本实验组的同学不准进入实验室。

3. 进入实验室必须穿实验服。各位同学进入各自实验小组实验台后，保持安静，不得大声喧哗和嬉戏，不得无故离开本实验台随便走动。绝对禁止用实验仪器或药物开玩笑。

4. 实验中应保持实验台的整洁，废液倒入废液桶中，禁止直接倒入水槽中；用过的滤纸放入垃圾桶中，禁止随地乱丢。

5. 实验中要注意节约试剂；爱护仪器，使用前应了解其使用方法，使用时要严格遵守操作规程，不得擅自移动。若仪器因非实验性损坏，由损坏者赔还。

6. 使用水、火、电时，要做到人在使用，人走关水、断电、熄火。

7. 做完实验要清洗仪器、器皿，并放回原位，擦净桌面。

8. 实验后，要及时完成实验报告。

# 生物科学专业实验要求

## 一、实验目的

通过实验课教学验证、加深理解和巩固课堂讲授所学知识，熟悉生物学的基本操作技术，提高动手能力、独立工作能力、团队协作能力及观察分析问题的能力 。

## 二、实验要求

1. 学生应按规定时间提前进入实验室。保持实验室安静，不得进行与实验无关的活动。

2. 实验用的一切工具，在使用前应核对清楚，实验后清洗干净，查点清楚，原样放回，完成实验记录。

3. 观察及绘图务求精细准确，独立思考，独立完成。

4. 每次的实验报告应在教师指定时间内完成。

5. 实验结束，在离开实验室前，应清理好自己的实验桌，要轮流打扫实验室，保持整洁。

6. 爱护实验室的一切物品，避免损坏或浪费。损坏物品时，应主动向教师报告，由教师处理。

## 三、绘图注意事项

1. 生物绘图以科学性为主，首先从理论上对所绘标本有一定了解，认真观察标本，掌握其各种特征，再严谨绘图。

2. 只在纸的一面绘图，铅笔应经常保持尖锐，纸面力求整洁。

3. 绘图的大小应适宜，图的各部分结构必须按要求表示清楚。一般较大的图每页绘一个，同一类的小图可以在一张纸上绘数个，但应在纸上适当安排，预留标注字的空地。

4. 绘图时先把标本放在一个适宜的位置，能展现出图中要求表示的各部分。先测量或估量一下标本的大小、长宽比例，确定应放大或缩小的倍数。再开始绘图。

5. 先用软铅笔（HB）把标本形态结构的轮廓及主要部分轻轻画出（线条要细要轻），如标本是两侧对称，则应先画一条线垂直经过图的正中，这样易将两部分画得相称。

6. 根据草图添绘各部分的详细结构，最后用硬铅笔（2H 或 3H）以清晰的笔画绘出全图。线条要均匀一致，不要有接痕。以点点表示标本上的凹凸、深浅、层次、结构的立体感等，要将笔垂直于图。

7. 绘图纸上所有的字都必须用硬铅笔以楷书写出，不可潦草。图上的标注字应横写，并且最好在两侧排成竖行，上下尽可能平齐。标注字引线尽量水平拉出。图的标题应写在该图的下面中央。在纸的上方居中写出本实验的题目，并在纸的右上角写上学生姓名、座号及实验日期。

8. 所有的图都要注释完全。

## 四、实验报告

1. 除绘图外，实验报告还包括解答实验指导中提出的问题和必要的记录等，并应把它写在笔记本上。实验指导中的问题是为了启发学生进行思考。

2. 实验报告须用钢笔或圆珠笔书写，不宜太密，两行之间应留适当空隙，以便教师修改。每篇实验报告及笔记均另起一页，并写上实验指导的号数及题目。

3. 写报告时切记下列几点：

（1）记载要正确、简明、突出要点；

（2）记载要条理分明；

（3）实验报告是记录个人在实验中观察到的内容和对观察的解释，不可照抄实验指导和教材中的内容。

# 目　　录

## 第一篇　植物学实验



## 第二篇　动物学实验

## 第三篇　微生物学实验



## 第四篇　生物化学实验



## 第五篇　生态学实验

## 第六篇　人体解剖生理学实验



## 附　　录

# 第一篇
# 植物学实验

# 实验 1　显微镜的使用和植物细胞结构的观察

## 一、实验目的

（1）观察认识植物细胞在光学显微镜下基本结构的特征。

（2）了解质体及后含物的形态结构和存在部位。

（3）初步掌握临时装片技术。

## 二、实验器材

1. 仪器与材料

显微镜、载玻片、盖玻片、镊子、滴管、培养皿、表面皿、刀片、剪刀、解剖针、吸水纸。

洋葱、番茄、黑藻、红辣椒、鸭跖草叶片、马铃薯块茎、柿胚乳细胞永久制片、印度橡皮树叶片等。

2. 试剂

蒸馏水、30%甘油、$I_2$-KI 染液等。

## 三、实验步骤

必须按实验指导了解显微镜的各部分结构、性能及使用方法。切不可擅自扭动各部件，以免损坏仪器。使用显微镜做一般观察主要是学会调光线、调焦成像。显微照相时，还必须调中心（调聚光器中心）。使用高倍镜时，一定要从低倍镜开始，然后向高倍镜转换。用油物镜时要从 40×的物镜开始。将要观察的标本某部分移至视野正中央。在高倍镜下只能用细调焦器调焦点，不能用粗调焦器。要开大光阑。

### （一）显微镜的基本结构

显微镜的中部有一斜向的柄，称镜臂，基部为镜座。用右手握紧镜臂，将其自镜箱（或镜柜）中取出，左手托住镜座，保持镜体直立，轻放于桌上，观察各部分构造。镜座上的短柱叫镜柱。

在镜臂基部有一个方形或圆形的平台，是载物台（或称镜台）。台的中央有一圆孔，可通过光线。镜台上有具刻度标尺的标本移动器（或称镜台 X-Y 驱动器），用以固定和移动玻片标本。镜台右下方有标本移动器旋钮，转动螺旋可使玻片标本前后左右移动。标尺上的刻度可用于记录标本的位置。在圆孔的下面，有由数片透镜所组成的聚光器，有集射光线于物体的作用。聚光器附近有一组由金属片组成的可变光阑，其侧面伸出一光阑杆，可前后移动使光阑开闭。光阑开大则光线较强，适于观察色深的物体；

光阑缩小则光线较弱，适于观察透明（或无色）的物体。在聚光器正下方的镜座上，有一内置的电光源。光源位于镜座内靠后方，在镜座右侧有光源按钮，此按钮开启后可前后移动，使光阑开闭，以调节光线的强弱。也有的在镜座后侧有电源开关，另在侧有光量调节器。

在镜台孔上方，安装在镜臂上端的圆筒称为镜筒。现在显微镜多为双目镜筒（也有单目的）。在目镜筒基部各有一块瞳距调节板，左右移动可调节目镜间距，使观察者左右目镜视野完全重合。目镜由 2 个透镜组成，其功能是将物镜所放大的物像再行放大。目镜可从镜筒内抽出，但不宜随便抽出。

在镜筒下端有一可旋转的圆盘，称为物镜转换器，其上可带有 2~4 个物镜，以螺旋旋入转换器。转动转换器可换用不同倍数的物镜。物镜由数组透镜组成，是显微镜获得物像的主要部件。

镜柱的左右两侧有两组旋钮。大的为粗调焦器，小的为细调焦器。现代的显微镜粗、细调焦器常组合在一起，外周粗的旋钮为粗调焦器，中央细的旋钮为细调焦器。用调焦器调节焦点，旋转它们使镜台连同聚光器上升或下降，调节成像焦点直到看见清晰的物像。粗调焦器升降距离较大，适用于低倍镜观察调焦；细调焦器升降幅度较小、细微，主要用于高倍镜观察调焦。

每台显微镜均备有几个倍数不同的物镜。物镜上分别标有 4×、10×（属低倍）、40×、100×（油物镜）等放大倍数。一般常用 10×目镜。显微镜的总放大倍数是目镜的放大倍数与物镜的放大倍数的乘积。例如，使用 5×目镜与 10×物镜，则总放大倍数是 50 倍。

实验室常用的 motic 双目体式显微镜如图 1-1-1 所示。

**图 1-1-1 motic 双目体式显微镜**

## （二）显微镜的使用方法

使双目镜对着观察者（旧式显微镜镜臂向着自己），摆好显微镜。转动粗调焦器，使物镜与镜台有一定距离，转动物镜转换器，使低倍物镜对准镜台孔。二者相距约 2 cm，两眼对着双筒目镜，移动瞳距调节板，使瞳距适于自己，再进行观察。打开光源按钮，向前向后移动，当视野（即从镜内看到的圆形部分）呈现一片均匀的白色时即可。取一玻片标本放在镜台上，使玻片正对镜台孔，用标本移动器卡紧固定玻片标本。然后调焦，转动粗调焦器调节低倍物镜与镜台间的距离，从侧面观察，使物镜距玻片约

5 mm。再自目镜观察，如果标本未全在视野中，可调节标本移动器，同时慢慢转动粗调焦器。至视野内的标本清晰为止。

低倍物镜观察毕可转高倍镜观察。首先将要详细看的部分移至视野正中央。现代显微镜一般在低倍镜下调好焦点后，转动物镜转换器，可直接转用高倍物镜。将光阑开大，轻轻上下调节细调焦器，使物像达到最清晰为止。从侧面观察下降镜筒，使高倍物镜几乎接触玻片表面（距离约 1 mm），再从目镜观察，转动细调焦器。

## （三）植物细胞基本结构的观察

### 1. 表皮细胞结构的观察

（1）洋葱表皮细胞装片的制作。

取洋葱（或大葱）肉质鳞片叶 1 块，用镊子从其内表面（凹的一面）撕下 1 块薄膜状的内表皮，再用剪刀剪取 3~5 $mm^2$ 的一小块，迅速将其置于载玻片上已预备好的水滴中。如果发生卷曲，应细心地用解剖针将它展开，并盖上盖玻片。盖盖玻片时，用镊子夹起盖玻片，使其一边先接触到水，然后再轻轻放平，如果有气泡，可用镊子轻压盖玻片，将气泡赶出（或重新做一次）。如果水分过多，可用吸水纸吸除，至此临时水装片制成。这种临时装片制作，是生物学实验中常用的基本技术。

（2）洋葱表皮细胞结构的观察。

将做好的临时装片置显微镜下，先用低倍镜观察洋葱表皮细胞的形态和排列情况：细胞呈长方形，排列整齐、紧密。然后从盖玻片的一边加上 1 滴 $I_2$-KI 染液，同时用吸水纸从盖玻片的另一侧将多余的染液吸除（另一种方法是把盖玻片取下，用吸水纸把材料周围的水分吸除，然后滴上 1 滴染料，2~3 min 后加上盖玻片即可）。细胞染色后，在低倍镜下，选择一个比较清楚的区域，把它移至视野中央，再转换高倍镜仔细观察 1 个典型植物细胞的构造，识别下列各部分。

①细胞壁。洋葱表皮每个细胞周围有明显界限，被 $I_2$-KI 染被染成淡黄色，即为细胞壁。由于细胞壁是无色透明的结构，所以不易看见细胞上面与下面的平壁，而只能看到侧壁。在渗透压正常情况下，细胞膜紧贴细胞壁，难以看到。

②细胞核。在细胞质中可看到 1 个圆形或卵圆形的球状体，它被 $I_2$-KI 染液染成黄褐色，即为细胞核。细胞核内有染色较淡且明亮的小球体 1 至多个，即为核仁。幼嫩细胞，细胞核居中央；成熟细胞，细胞核偏于细胞的侧壁，多呈半球形或纺锤形。

③细胞质。细胞核以外、细胞壁（细胞膜）内侧的无色透明的胶状物为细胞质，$I_2$-KI 染色后呈淡黄色，但比壁还要浅一些。在较老的细胞中，细胞质呈一薄层紧贴细胞壁（细胞膜），在细胞质中还可以看到许多小颗粒，是白色体等。

④液泡。为细胞内充满细胞液的腔穴，在成熟细胞里，可见 1 个或几个透明的大液泡，位于细胞中央，注意在细胞角隅处观察，把光线适当调暗，反复旋转细调节器，能区分出细胞质与液泡间的界面。

在观察过程中，有的表皮细胞中看不到细胞核，这是因为在撕表皮时把细胞撕破，细胞内含物已流出。

### 2. 果肉离散细胞的观察

用解剖针挑取少许成熟的番茄或西瓜果肉，制成临时装片，置低倍镜下观察，可以看到圆形或卵圆形的离散细胞，与洋葱表皮细胞形状和排列形式皆不相同。在高倍镜下观察一个离散细胞，可清楚地看到细胞壁（细胞膜）、细胞核、细胞质和液泡，其基本结构与洋葱表皮细胞相同。

3. 质体的观察

（1）叶绿体。

用镊子撕取新鲜黑藻叶片或藓类叶片，制成临时装片，置显微镜下观察，可见黑藻叶片的薄壁细胞中都有大量椭圆形的绿色颗粒状结构，即为叶绿体。在其他绿色植物的叶片中，也可看到叶绿体。

（2）有色体（示范）。

用镊子撕取一小块红辣椒或番茄果皮，用刀片轻轻地刮去果肉，制成临时装片，置显微镜下观察，可清楚地看到细胞的细胞质中有许多红色的小颗粒，即为有色体。

（3）白色体（示范）。

用镊子撕取一小块鸭跖草的叶表皮，制成临时装片，置显微镜下观察，在气孔器附近的表皮细胞的细胞核周围可以看到许多微小、透明的白色小颗粒，即为白色体。

在白菜或油菜的幼叶、叶柄的表皮细胞中，也可看到白色体。

4. 胞间连丝的观察

取柿胚乳细胞永久制片，置低倍镜下观察，可见到许多多角形的细胞，细胞壁特别厚，细胞腔很小，其内原生质体被染成紫黑色或在制片过程脱落。选择相邻两个细胞的细胞壁部分，移至视野中央，转换高倍镜，暗光线，可见相邻的两个细胞加厚的细胞壁上，有许多暗黑色的细胞质形成的细丝，即胞间连丝。注意思考胞间连丝有何作用。

5. 细胞中几种后含物的观察

（1）淀粉粒的观察。

用解剖刀在切开的马铃薯块茎的断面上轻轻刮一下，将附着在刀口附近的浆液放在载玻片上，用稀释的 $I_2$-KI 染色后，制成临时装片，在低倍镜下寻找淀粉粒分布稀少的部位，并将其移至中央，再换高倍镜仔细观察，在多角形的薄壁细胞中，可见椭圆形、卵形或圆形，大小不等的蓝紫色淀粉粒。调节光圈，减弱光强度，可见淀粉粒有一个中心，偏在淀粉粒的一端，这个中心即为脐点，围绕脐点有许多明暗相间的轮纹，即为马铃薯单粒淀粉粒。在视野中除了有单粒淀粉粒外，还可见到复粒淀粉粒和半复粒淀粉粒，注意如何区别它们。

（2）结晶体的观察。

①针晶。剥取洋葱头最外面的薄而干燥的鳞片叶（或鸭跖草叶片的表皮），剪成几小块放入30%的甘油中，浸泡一会，然后用镊子选一薄片制成临时装片，置显微镜下观察，可以看到有些表皮细胞内有针形的结晶，即为针晶。

②簇晶（示范）。从印度橡皮树叶片上切取一小块，沿断面做徒手切片，将切好的薄片放入盛有水的培养皿中，然后选一薄片制成临时装片，置显微镜下观察，可以看到在排列整齐的叶肉细胞中间有较大并且发亮的空腔，有些空腔中可见到椭圆形不透明的瘤状碳酸钙结晶，即为钟乳体（簇晶的一体）。

## 四、课后提升

(1) 绘洋葱表皮细胞结构详图，并注明各部分结构的名称。

(2) 绘马铃薯块茎淀粉粒结构图。

(3) 简述植物细胞的显微结构主要有哪几部分，它们的主要功能及相互关系如何。

# 实验 2　植物组织（Ⅰ）

## 一、实验目的

（1）观察了解分生组织、保护组织和基本组织的形态结构和细胞特征。

（2）初步掌握徒手切片技术。

## 二、实验器材

显微镜、载玻片、盖玻片、镊子、刀片、培养皿、滴管、毛笔等。

玉米根尖纵切永久制片（或小麦、洋葱等根尖纵切永久制片）、椴树（或接骨木）茎横切永久制片、蚕豆叶片、小麦或玉米叶片、天竺葵叶片、甘薯块根、夹竹桃叶片、橡胶树叶片、睡莲茎、马铃薯块茎、水稻叶横切永久制片、凤眼兰叶横切永久制片等。

## 三、实验步骤

### （一）分生组织的观察

取玉米根尖纵切永久制片（或小麦、洋葱等根尖纵切永久制片），低倍镜下观察整个根尖的大体结构。玉米根尖顶端有一帽状根冠组织，沿着根冠向上观察，与其接触的区域，即为生长点，生长点的细胞排列紧密无胞间隙，细胞个体小，为等径多面体，壁薄、质浓，核大而明显，即为原生分生组织。然后观察生长点最后一部分，即为初生分生组织区，它是由原生分生组织的细胞衍生而来的。细胞已有初步的分化，中央染色较深的柱状部分为原形成层，细胞为细长的柱状。观察时注意此区细胞结构与原生分生组织细胞结构有何区别。

### （二）保护组织的观察

1. 叶表皮细胞及其附属物的观察

（1）双子叶植物叶表皮细胞的观察。

用镊子撕取双子叶植物蚕豆叶下表皮一小片，制成临时装片，置显微镜下观察，可以看到细胞排列得很紧密，无胞间隙，细胞壁薄，呈波纹状，互相嵌合，细胞核一般位于细胞壁边缘，细胞质无色透明，不含叶绿体的细胞，即为表皮细胞。在表皮细胞之间，还可以看到一些由 2 个肾形保卫细胞组成的气孔，保卫细胞有明显的叶绿体，也有细胞核。

（2）单子叶植物叶片表皮细胞的观察。

撕取单子叶禾本科植物玉米或小麦叶的下表皮，制成临时装片，置显微镜下观察，可见其表皮细胞形状较规则，呈纵行排列，长短两种细胞相间排列，不含叶绿体。气孔是由2个哑铃形的保卫细胞和2个副卫细胞组成。

(3) 叶表皮附属物的观察。

撕取天竺葵叶表皮，制成临时装片，置显微镜下观察，可见几种表皮毛，注意其各有什么结构特征。

2. 周皮及皮孔的观察

取椴树（或接骨木）茎横切永久制片，置显微镜下观察，可见在椴树茎横切面的外围有数层呈短矩形的死细胞，呈径向排列，紧密而整齐，细胞壁栓质化，即为木栓层。

木栓层有些部位破裂向外突起，裂口中有薄壁细胞填充，即为皮孔。木栓层以内有1~2层具明显细胞核、细胞质浓厚、细胞壁薄的扁平细胞，即为次生分生组织——木栓形成层。木栓形成层以内，有1~2层径向排列的薄壁细胞，即为栓内层。木栓、木栓形成层、栓内层合称为周皮。注意思考周皮有何作用。

## （三）基本组织的观察

1. 同化组织的观察

取夹竹桃叶片、橡胶树叶片（或取其他绿色植物叶片），做徒手横切，制成临时装片，在显微镜下观察，可见叶片上下表皮之间有大量薄壁细胞，细胞中含有丰富的叶绿体，即为同化组织。

2. 贮藏组织的观察（示范）

取切成小块的甘薯块根徒手切成薄片，制成临时装片。在显微镜下观察，可见很多大型薄壁细胞，细胞内充满淀粉粒，即为贮藏组织。注意其淀粉粒形态与马铃薯块茎淀粉粒形态是否相同。小麦、玉米种子的胚乳部分，豆类的子叶，都是典型的贮藏器官，都可以用来做此观察。

3. 通气组织的观察（示范）

取睡莲茎徒手横切，制成临时装片（或水稻叶、凤眼兰叶的横切永久制片），置显微镜下观察，可见薄壁细胞之间有很大的间隙形成大的空腔，即为通气组织。

## （四）徒手切片制作方法

徒手切片是从事植物学教学、科研工作中常用的最简便的观察植物内部结构的方法。具体做法如下。

选择软硬适度的材料，先截成适当的段块，一般以截面3~5 mm$^2$、长度2~3 cm为宜。若切较软的材料时，可用马铃薯块茎或胡萝卜根将材料夹住，一起进行切片。

切片时用左手的3根指头夹住材料，使其稍突出在手指之上，以免刀口损伤手指。右手拇指和食指横向平握双面刀片（或剃刀），刀片要与材料的纵轴相垂直。并将选好的材料和刀口上蘸些水使其滑润。切时先切去材料上端一段，使截面平整，然后以均匀的动作，自外侧左前方，向内侧右后方滑行斜切，动作要敏捷，材料要一次切下，切勿中途停顿或“拉锯”式切割。切片时两手不要紧靠身体或压在桌子上，用臂力而不要用腕力。每切2~3片后就把所切的薄片用湿毛笔移入盛有清水的培养皿中备用，如发现切面出现倾斜应立即修正切平，然后再继续切片。

根据需要用毛笔挑选透明的薄片，放在载玻片上，制成临时装片，通过镜检，再进一步选择理想的材料供观察。

## 四、课后提升

（1）绘蚕豆叶、玉米叶表皮细胞及其气孔器结构图，并注明各部分结构名称。

（2）绘椴树茎周皮结构图，并注明各部分结构名称。

（3）简述做好徒手切片的关键技术。

# 实验3　植物组织（Ⅱ）

## 一、实验目的

（1）观察认识机械组织、输导组织和分泌组织的形态结构和细胞特点。

（2）初步掌握植物组织离析技术。

## 二、实验器材

1. 仪器与材料

显微镜、载玻片、盖玻片、镊子、刀片、培养皿、滴管、平底烧瓶。

蚕豆幼茎（或芹菜叶柄、花生、薄荷的方茎）、桑树（或大麻、木槿和蓖麻）皮、梨果实、松树枝条、天竺葵（或南瓜、棉花）茎、马铃薯块茎、南瓜茎纵切永久制片、南瓜茎横切永久制片、柑橘果皮横切制片、松针叶（或茎）横切永久制片、棉叶主脉横切永久制片等。

2. 试剂

浓盐酸、间苯三酚溶液、铬酸-硝酸离析液、蒸馏水、70%乙醇等。

## 三、实验步骤

### （一）机械组织的观察

1. 厚角组织

取蚕豆幼茎（或芹菜叶柄、花生、薄荷的方茎），徒手横切后，制成临时装片，置显微镜下观察，可见紧接表皮内的几层皮层细胞无胞间隙，细胞壁在角隅处增厚，这些角隅加厚的细胞群，即为厚角组织。注意厚角细胞中是否有细胞核和叶绿体。

2. 厚壁组织纤维

（1）纤维细胞。

取桑树（或大麻、木槿和蓖麻）皮小部分，用铬酸-硝酸离析法［见本实验步骤（四）］事先制成离析材料，贮存备用。观察时用镊子夹取离析后的桑树纤维少许，制成临时装片，在显微镜下观察，可见两头锐尖的细长的纤维细胞。注意细胞腔有何变化以及壁加厚程度如何。

（2）石细胞。

从梨的果肉中，挑取少许硬的颗粒，置载玻片上用镊子柄部轻轻压散，滴1滴浓盐酸，3~5 min后，再滴加间苯三酚溶液染色，制成临时装片，置显微镜下观察，可见许多呈圆形或椭圆形，成群存在的石细胞，石细胞中原生质解体，细胞腔很小，壁异常加厚，经染色后，在桃红色厚壁上有很多未着红色的分枝的纹孔道。

## （二）输导组织的观察

### 1. 管胞

取松树枝条木质部一小段，按组织离析法先制成离析材料。然后用镊子选取少许离析材料，制成临时装片，置低倍镜下观察，可见许多两头斜尖的长形细胞，即为管胞。再转高倍镜，仔细观察壁上的具缘纹孔。注意端壁上有无穿孔，以及次生壁加厚情况。

### 2. 导管

取天竺葵（或南瓜、棉花等）茎一小段，徒手纵切，挑选透明的薄片置载玻片上，先滴1滴浓盐酸，过3~5 min后再滴间苯三酚溶液染色，制成临时装片，置低倍镜下找到材料中被染成红色的部分，再转换高倍镜，仔细观察被染成红色、增厚的次生壁，注意端壁穿孔情况，并根据花纹不同，判断所看到的材料中，有几种不同类型的导管。

### 3. 筛管和伴胞

取南瓜茎纵切永久制片，置低倍镜下观察，找出被染成红色的木质部导管，在导管的内外两侧均有被染成绿色的韧皮部（南瓜茎为双韧维管束）。把韧皮部移至视野中央，在韧皮部中寻找多边形、口径较大、被固绿染成蓝绿色的薄壁细胞，即为筛管，筛管是由许多管状细胞所组成。然后换高倍镜观察，两个筛管细胞连接的端部稍有膨大并染色较深处，是筛板所在的位置，其细胞质常收缩成一束离开了细胞的侧壁，两端较宽，中间较窄，通过筛板上的筛孔，有较粗的原生质丝称为联络索。在筛管侧面紧贴着一列染色较深的具有明显细胞核的细长薄壁细胞，具有细胞核，着色较深，即为伴胞。

## （三）分泌组织的观察（示范）

（1）取棉叶主脉横切永久制片，观察其分泌细胞、分泌腔和主脉处蜜腺。

（2）取柑橘果皮横切制片，观察其溶生油囊（分泌腔）。

（3）取松树叶（或茎）横切永久制片，观察其树脂道（分泌道）。

## （四）组织离析法

用某些化学药品配成离析液，使植物细胞的胞间层溶解，细胞彼此分离，这种化学处理方法叫作离析法。根据植物材料不同，处理方法也不同。一般最常用的是铬酸-硝酸离析法，适应于木质化的组织如导管、管胞、纤维、石细胞等。具体方法如下。

①配制铬酸-硝酸离析液，取10%铬酸液和10%硝酸液等量混合，配制成铬酸-硝酸离析液。

②离析前将材料洗净，切成小块或切成火柴杆粗细、长约1 cm的小条，放入平底小烧瓶中，加入为材料10~20倍的铬酸-硝酸离析液，盖紧瓶塞，置于30~40 ℃温箱中，经1~2天取少许置载玻片上，滴水加盖玻片后，用滴管橡皮头轻轻敲压盖玻片，若材料离散，表明离析好，可停止。如果材料仍未离析好，则可换新的离析液，继续浸渍1~2天。

③材料离析好了以后，倒去离析液，用清水反复多次清洗，直到清洗液和材料不呈黄色为止，然后将材料移到70%乙醇中保存备用。

## 四、课后提升

（1）绘厚角组织横切结构图。

（2）绘制细胞放大结构图。

（3）绘 5 种不同类型的导管结构图，并加注说明。

（4）绘筛管及伴胞横切面和纵切面结构图，并注明各部分结构名称。

（5）列表说明各种成熟组织的细胞形态特征、存在部位和生理功能情况。

# 实验4　根的形态和初生结构

## 一、实验目的

（1）了解根的基本形态和根系类型。

（2）识别根尖各分区所在部位及细胞构造特点。

（3）掌握根的初生结构。

## 二、实验器材

1. 仪器与材料

显微镜、放大镜、载玻片、盖玻片、刀片、滴管、培养皿、吸水纸等。

棉花（或蚕豆）根系，小麦根系，小麦（或蚕豆）籽粒，玉米（或洋葱）根尖、小麦根尖或洋葱根尖纵切永久制片，蚕豆幼根横切永久制片，鸢尾根或玉米根等。

2. 试剂

蒸馏水、番红染液、间苯三酚溶液等。

## 三、实验步骤

### （一）根系类型的观察

取棉花（或蚕豆）和小麦根系，观察比较两者区别，并分析：它们各属于何种类型的根系；主根与侧根各是从何处发生的；不定根与侧根有什么区别。

### （二）根尖外形和分区的观察

1. 根尖的外部分区

在实验前5~7天，将小麦（或蚕豆）籽粒浸水吸胀，置于垫有潮湿滤纸的培养皿内并加盖，放恒温培养箱中，保持15~20 ℃，待幼根长到2 cm左右时，即可作为实验观察的材料。

实验时，取小麦幼根，截下根尖1~2 cm放在载玻片上，用肉眼或放大镜观察幼根的外部形态。

根尖最前端有一透明的帽状结构，即为根冠，根冠之上有一略带黄色的部位，即为生长锥（分生区）。幼根上有一区域密布白色茸毛，即根毛，这个部分，即为根毛区（成熟区）。在生长锥和根毛区之间透明发亮的一段，即为伸长区。

2. 根尖的内部结构

取玉米（或洋葱）根尖纵切永久制片，置低倍镜下，边观察边移动切片来辨认根冠、生长锥、伸长区、根毛区所在的部位，然后转高倍镜仔细观察各部位细胞的形态、结构和特点。

①根冠。位于根尖的最前端，由数层薄壁细胞组成，排列疏松，外层细胞较大，内部细胞较小，整个形状似帽，罩在分生区外部。

②分生区。包于根冠之内，长约 1~2 mm，由排列紧密的小型多面体细胞组成。细胞壁薄、核大、质浓，染色较深，有时可见到有丝分裂的分裂相。

③伸长区。位于分生区上方，长约 2~5mm，此区细胞一方面沿长轴方向迅速伸长，另一方面细胞开始分化，向成熟区过渡。细胞内均有明显的液泡，核移向边位。

④根毛区。位于伸长区上方，表面密生根毛，根毛是由表皮细胞外壁向外延伸而形成的管状突起。此区中央部分可见到已分化成熟的螺纹、环纹导管。

### （三）根初生结构的观察

1. 双子叶植物根初生结构的观察

取蚕豆（或毛豆）幼根。从根毛区做徒手切片，加番红染液染色，制成临时装片，或取其永久制片，在显微镜下观察，从外到内辨认以下各部分。

（1）表皮。

表皮是幼根的最外层细胞，排列整齐紧密，细胞壁薄，在切片上可观察到有些表皮细胞向外突出形成根毛。注意根的表皮细胞有无气孔器。

（2）皮层。

位于表皮之内，由多层薄壁细胞组成。紧接表皮的 1~2 层排列整齐紧密的细胞为外皮层，皮层最内一层细胞，排列整齐紧密为内皮层，内皮层和外皮层之间的数层薄壁细胞，为皮层薄壁细胞，细胞形大，排列疏松，具有发达的细胞间隙。注意观察内皮层细胞凯氏带结构，在蚕豆根横切面上仅见此径向壁上凯氏点，往往被番红染成了红色。

（3）维管柱。

内皮层以内部外为维管柱，位于根的中央，由中柱鞘、初生木质部和初生韧皮部等 3 个部分组成。

①中柱鞘。紧接内皮层里面的一层薄壁细胞，排列整齐而紧密，即为中柱鞘。中柱鞘细胞可转变成具有分裂能力的分生细胞，侧根、不定根、不定芽、木栓形成层和维管形成层的一部分能发生于中柱鞘。

②初生木质部。蚕豆多为四原型根，初生木质部呈辐射状排列，具四个辐射角，在切片中有些细胞被染成红色，明显可见，角尖端是最先发育的原生木质部，细胞管腔小，由一些螺纹和环纹导管组成。角的后方是分化较晚的后生木质部，细胞管腔大，注意其由哪几种类型导管组成。

③初生韧皮部。位于初生木质部两个辐射角之间，与初生木质部相间排列，该处细胞形小、壁薄、排列紧密，其中呈多角形的是筛管或薄壁细胞，呈三角形或方形的小细胞为伴胞。韧生韧皮部外侧为原生韧皮部，内侧为后生韧皮部。在蚕豆根的初生韧皮部中，有时可见一束厚壁细胞，即韧皮纤维。

④薄壁细胞。介于初生木质部和初生韧皮部之间的细胞，当根加粗生长时，其中一层细胞与中柱鞘的细胞联合起来发育成为形成层。

2. 单子叶植物根初生结构的观察

取鸢尾、玉米根，分别从根毛区做徒手横切，用番红染液染色（也可用间苯三酚溶液处理），制成临时装片，或取其永久制片，先在低倍镜下区分出表皮、皮层和维管束3部分，再转高倍镜由外向内逐层观察。

鸢尾、玉米根与双子叶植物根的结构基本相同，观察时注意找出不同之处。在皮层中，单子叶植物玉米根（稍老）内皮层细胞多为五面加厚，并栓质化，在横切面上呈马蹄形，仅外切向壁是薄壁，在正对初生木质部处的内皮层细胞常不加厚，保持薄壁状态，即为通道细胞。维管柱中央是薄壁细胞组成的髓，占据根的中心，为单子叶植物根的典型特征之一。

## 四、课后提升

（1）绘玉米根尖结构图，并注明各区。

（2）绘蚕豆幼根横切面结构图，并注明各部分结构名称。

（3）绘玉米根维管束部分横切面图，并注明各部分结构名称。

（4）比较单子叶植物、双子叶植物根的初生结构有何异同。

# 实验 5　根的次生结构

## 一、实验目的

（1）了解根的次生结构。

（2）了解侧根的形成。

（3）观察认识几种变态根的形态和结构。

## 二、实验器材

显微镜、放大镜、解剖刀，镊子等。

棉花（或向日葵）老根横切永久制片，蚕豆根横切（示侧根发生）永久制片，大豆植株根系标本，大豆（或花生）根横切（示根瘤）永久制片，萝卜和胡萝卜肉质根，甘薯和大丽菊块根，玉米支柱根标本，常春藤气生根标本，菟丝子于寄主的标本等。

## 三、实验步骤

### （一）根次生结构的观察

取棉花（或向日葵）老根横切永久制片，先在低倍镜下观察周皮、次生维管组织和中央的初生木质部的位置，然后在高倍镜下观察次生结构的各部分。观察根的次生结构，还可用南瓜老根、椴树和洋槐根作为实验材料，徒手横切、染色，制成临时装片进行观察。

1. *周皮*

位于老根最外方，在横切面上呈扁方形，径向壁排列整齐，常被染成棕红色，是几层无核木栓细胞，即为木栓层。在木栓层内侧有 1 层被固绿染成蓝绿色的扁方形的薄壁活细胞，细胞质较浓，有的细胞能见到细胞核，即为木栓形成层。

接木栓形成层的内侧，有 1~2 层较大的薄壁细胞，即为栓内层。

2. *初生韧皮部*

在栓内层以内，大部分被挤压而呈破损状态，一般分辨不清。

3. *次生韧皮部*

位于初生韧皮部内侧被固绿染成蓝绿色的部分，为次生韧皮部，它由筛管、伴胞、韧皮薄壁细胞和韧皮纤维组成。其中细胞口径较大、呈多角形的为筛管，细胞口径较小、位于筛管的侧壁呈三角形或长方形的为伴胞，韧皮薄壁细胞较大，在横切面上与筛管形态相似，常不易区分，细胞壁厚、被染成淡红色的，为韧皮纤维。此外，还有许多薄壁细胞在径向方向上排列成行，呈放射状的倒三角形，为韧皮射线。

4. 维管形成层

位于次生韧皮部和次生木质部之间，是由 1 层扁长形的薄壁细胞组成的圆环，染成浅绿色，有时可观察到细胞核。

5. 次生木质部

位于形成层之内，在次生根横切面上占较大比例，被番红染液染成红色的部分，是次生本质部，它由导管、管胞、木薄壁细胞和木纤维细胞组成。其中口径较大，呈圆形或近圆形，增厚的木质化次生壁被染成红色的死细胞为导管。管胞和木纤维在横切面上口径均较小，可与导管区分，一般也被染成红色，其中木纤维细胞壁较管胞壁更厚。此外，还有许多被染成绿色的木薄壁细胞夹杂其中。呈放射状、排列整齐的薄壁细胞，为木射线。木射线与韧皮射线是相通的，可合称为维管射线。

6. 初生木质部

在次生木质部之内，位于根的中心，呈星芒状。

### （二）侧根形成的观察

取蚕豆根横切（示侧根发生）永久制片，置显微镜下观察，可见侧根由中柱鞘发生，侧根的尖端冲破皮层、表皮而伸出。注意侧根发生的部位与初生木质部的关系。

### （三）根瘤的观察

取大豆植株根系标本观察，可见根部着生的一些瘤状突起，即为根瘤。它是根的皮层细胞受根瘤菌的刺激畸形分裂而形成的。

取大豆（或花生）根横切（示根瘤）永久制片，先在低倍镜下观察，找出根瘤部分，然后转高倍镜观察根瘤的结构，根瘤表面为栓质化细胞，其内为根的皮层薄壁细胞。中央染色较深的部分为含菌组织，根瘤菌充满在细胞内，呈颗粒状。思考根瘤的形成对农业生产有何意义。

### （四）变态根的观察

1. 肉质直根

观察萝卜和胡萝卜肉质直根横切面，辨认其木质部和韧皮部结构。思考人们食用的部分各为什么结构。

2. 块根

观察新鲜甘薯或大丽菊标本，注意块根形态与肉质直根的区别。

3. 气生根

观察玉米支柱根与常春藤气生根标本，注意其形态特点和作用。

4. 寄生根

观察菟丝子与寄主的标本，注意寄生根的形态特征，分析它与寄主之间的关系。

## 四、课后提升

（1）绘棉花老根横切面结构图，并注明各部分结构名称。

（2）简述植物根是怎样由生长锥逐渐分化出根的初生结构并发育出次生构造的。

# 实验 6　茎的形态和初生结构

## 一、实验目的

(1) 观察枝的外部形态，识别芽的结构和类型。

(2) 了解茎尖的结构和单子叶植物、双子叶植物茎初生结构的解剖特点。

## 二、实验器材

1. 仪器与材料

显微镜、解剖镜、放大镜、刀片、培养皿、载玻片、盖玻片、镊子、吸水纸、滴管等。

杨树或胡桃枝条，苹果或梨树枝条，大叶黄杨（或丁香、胡桃、柳、杨等）叶芽，杨、柳、丁香、榆、桃、梨、苹果、枫杨、棉、悬铃木（法国梧桐）、刺槐等带芽的枝条，丁香芽纵切永久制片，向日葵（或大丽菊）幼茎横切永久制片，向日葵（或大丽菊、蚕豆）小苗，玉米茎横切永久制片等。

2. 试剂

中性红（或间苯三酚）染色液、蒸馏水等。

## 三、实验步骤

### （一）枝条外部形态的观察

取三年生的杨树或胡桃的枝条观察，辨认节与节间、顶芽与侧芽（腋芽）、叶痕与束痕、芽鳞痕、皮孔。

取苹果或梨树的枝条，辨识长枝与短枝（果枝）。

### （二）芽结构和类型的观察

1. 芽的结构

取大叶黄杨（或丁香、胡桃、柳、杨等）叶芽，用解剖刀将其叶芽纵剖，置解剖镜（或放大镜）下观察，可见芽的最外面包有几层较硬的鳞片状叶，即为芽鳞，芽鳞里面有几片未伸展的幼叶，在每一幼叶的叶腋处有一突起，即为腋芽原基，芽的中央被幼叶包着的幼嫩部分，即为生长锥，其近端周围有些侧生突起，即为叶原基。叶原基、腋芽原基、幼叶等部分着生的轴，即为芽轴，芽轴实际上是节间没有伸长的短缩茎。

2. 芽的类型

取杨、柳、丁香、榆、桃、梨、苹果、枫杨、棉、悬铃木（法国梧桐）、刺槐等带芽的枝条，仔细观察枝条上的芽，并分别纵剖分析辨认顶芽与腋芽（侧芽），叶芽、花芽与混合芽，鳞芽与裸芽、叶柄下芽。

### （三）茎尖结构的观察

取丁香芽纵切永久制片，置低倍镜下先找出生长锥，然后从茎尖的一侧向轴心仔细观察茎尖解剖结构。

1. 原表皮

原表皮为茎外面的一层较小的细胞，排列整齐，以后形成茎的表皮。

2. 基本分生组织

基本分生组织位于原表皮之内，细胞较大，排列不够规则，以后发展为皮层和髓。

3. 原形成层

在基本分生组织之中，有沿纵向排列的两束细胞，其细胞的原生质较浓，染色较深，即为原形成层，以后发展为茎的维管束。

4. 其他

在生长锥的两侧，还有叶原基、幼叶和腋芽原基，注意观察它们的细胞有何特点，思考其各属于何种组织。

### （四）双子叶植物茎初生结构的观察

取向日葵（或大丽菊）幼茎横切永久制片，置显微镜下自外向内依次观察各部分结构。

1. 表皮

表皮为位于茎的最外一层细胞，排列紧密，形状规则，细胞外侧壁较厚，有角质层，有的表皮细胞转化成单细胞或多细胞的表皮毛。注意观察表皮有无气孔分布。

2. 皮层

皮层为位于表皮之内、维管束之外部分。紧接表皮的几层比较小的细胞，为厚角组织。厚角细胞的内侧是数层薄壁细胞，细胞之间有明显的细胞间隙，在薄壁细胞层中还可以观察到由分泌细胞所围成的分泌道的横断面。皮层最里面一层为内皮层，细胞排列整齐，在高倍镜下观察时，注意其细胞的径向壁上有否凯氏点。

3. 维管柱

皮层以内的部分为维管柱，在低倍镜下观察时，茎的维管柱明显分为维管束、链、髓射线三部分。

①维管束。多呈束状，在横切面上许多染色较深的维管束排列成一环。转换高倍镜，观察一个维管束，可见韧皮部和木质部呈相对排列，维管束外方是初生韧皮部，包括筛管、伴胞和薄壁细胞，在韧皮部最外面有一束染成红色的韧皮纤维。紧接韧皮部的是束内形成层，它位于初生韧皮部和初生木质部之间，由一层分生组织细胞经外裂演化成数层，在横切面上细胞扁平状、壁薄。维管束内方，形成层之内是初生木质部，包括导管、管胞、木纤维、木薄壁细胞。注意从细胞形态结构特点看它由内向外演化的过程与根的演化有何不同。

②髓射线。是相邻两个维管束之间的薄壁组织，外接皮层，内接髓。

③髓。位于茎的中央部分，由薄壁细胞组成，排列疏松。

本实验可取向日葵（或大丽菊、蚕豆）小苗近顶端部分的茎作徒手横切，用中性红（或间苯三酚）染色，制成临时装片，置显微镜下观察其初生结构。

### （五）单子叶植物茎初生结构的观察

取玉米茎横切永久制片，置显微镜下自外向内依次观察各部分结构。

1. 表皮

茎的最外一层细胞为表皮，在横切面上，细胞呈正方形，排列整齐、紧密、外壁增厚，注意表皮上有无气孔。

2. 基本组织

表皮之内，被染成红色，呈多角形紧密相连的1~3层厚壁细胞，构成机械组织环，为下皮（外皮层）。下皮以内，为薄壁的基本组织细胞，占茎的绝大部分，其细胞较大，排列疏松，具明显胞间隙，越靠近茎的中央，细胞直径越大。

3. 维管束

在基本组织中，有许多散生的维管束，维管束在茎的边缘分布多，较小，在茎的中央部分分布较少，较大。

在低倍镜下选择一个典型维管束移至视野中央，然后转高倍镜仔细观察维管束结构。

①维管束鞘。位于维管束的外围，由木质化的厚壁组织组成鞘状结构，此厚壁组织在维管束的外面和里面比侧面发达。

②韧皮部。位于茎的向周边，木质部的外方被染成绿色，其中原生切皮部位于初生韧皮部的外侧，但已被挤毁或仅留有痕迹。后生韧皮部主要由筛管和伴胞组成，通常没有韧皮薄壁细胞和其他成分。

③木质部。位于韧皮部内侧，被染成红色的部分为木质部，其明显特征是有3~4个导管组成“V”形，“V”形的上半部含有2个大的孔纹导管，两者之间分布着一些管，即为后生木质部，“V”形的下半部有1~2个较小的环纹、螺纹导管和少量薄壁细胞，即为原生木质部。此内侧有1大空腔（气腔），注意它是怎样形成的。

## 四、课后提升

（1）绘出丁香芽纵切面的结构图，并详细注明各部分结构名称。

（2）绘向日葵幼茎局部横切面（包括1个维管束）图，并注明各部分结构名称。

（3）绘玉米茎横切面中1个维管束的结构图，并注明各部分结构名称。

（4）比较双子叶植物茎与根的初生结构。

# 实验7　茎的次生结构

## 一、实验目的

(1) 了解茎的次生结构，识别木材三切面。

(2) 观察了解各种变态茎的形态和结构。

## 二、实验器材

1. 仪器与材料

显微镜、放大镜、刀片、镊子、载玻片、盖玻片、滴管、吸水纸等。

三年生桃树（或杨树）茎横切永久制片，松树茎三切面标本，松树茎木材三切面永久制片，藕、姜、竹鞭根状茎，马铃薯、荸荠、慈姑、菊芋块茎，仙客来植株，球茎甘蓝，洋葱、大蒜鳞茎，山楂、皂荚枝刺，蔷薇茎，葡萄、黄瓜卷须，竹节蓼、假叶树、文竹叶状枝等。

2. 试剂

中性红（或间苯三酚）染液、蒸馏水等。

## 三、实验步骤

### （一）双子叶植物木本茎次生结构的观察

取三年生桃树（或杨树）茎横切永久制片，置显微镜下，从外向内，观察其次生结构。

1. 表皮

表皮在茎的最外面，由一层排列紧密的表皮细胞组成。但三年生的枝条上，表皮已不完整，大多脱落。注意表皮上有无皮孔分布。

2. 周皮

周皮为表皮以内的数层扁平细胞，观察时注意区别木栓层、木栓形成层和栓内层。

①木栓层。位于周皮最外层，为紧接表皮沿径向排列数层整齐的扁平细胞，壁厚，栓质化，是无原生质体的死细胞。

②木栓形成层。位于木栓层内，只有一层细胞，在横切面上细胞呈扁平状，壁薄，质浓，有时可观察到细胞核。

③栓内层。位于木栓形成层内，有1~2层薄壁的活细胞，常与外面的木栓细胞排成统一整齐的径向行列，区别于皮层薄壁细胞。

3. 皮层

位于周皮之内，维管柱之外，由数层薄壁细胞组成，在切片中可观察到有些细胞内含有晶簇。

4. 韧皮部

位于形成层之外，细胞排列呈梯形，其底边靠近维管形成层。在韧皮部中有成束被染成红色的韧皮纤维，其他被染成绿色的部分为筛管、伴胞和韧皮薄壁细胞。

与韧皮部相间排列着一些薄壁细胞，为髓射线，这些髓射线细胞越近外部越多越大，呈倒梯形，其底边靠近皮层。

5. 维管形成层

位于韧皮部内侧，由1~2层排列整齐的扁平细胞所组成，呈环状，被染成浅绿色。

6. 木质部

维管形成层以内染成红色的部分，即为木质部，在横切面上所占面积为最大，在低倍镜下可清楚地区分为3个同心圆环，即3个年轮。观察时注意从细胞特点上区别早材和晚材。

7. 髓

位于基的中心，由薄壁细胞组成，髓部与木质部连接处，有一些染色较深的小型细胞，排列紧密呈带状，为环髓带。

8. 射线

由髓的薄壁细胞辐射状向外排列，经木质部时，是1或2列细胞，至韧皮部时，厚壁细胞变多变大，显倒梯形，即为髓射线，是维管束之间的射线。

在维管束之内，被向贯穿于次生韧皮部和次生木质部的薄壁细胞，即为维管射线。注意它与髓线有什么区别。

本实验也可取三年生杨树枝条，作徒手横切，用中性红（或间苯三酚）染液染色，制成临时装片，置显微镜下观察杨树茎的次生结构。

## （二）裸子植物茎次生结构的观察

1. 块状松木（或松茎）三切面标本观察

取一段直径8~12 cm的松木（或松茎）三切面标本，首先识别3个切面，然后分别观察3个切面。

①横切面。观察树皮的颜色和厚度。识别木材的年轮和年轮线、射线、边材和心材。

②径向切面。识别年轮线和射线。

③切向切面。与横切面、径向切面分别作比较，说明切向切面上年轮线和射线的形态上所表现的特征。

2. 松树木材三切面的永久制片观察

取松树木材三切面的永久制片，置显微镜下观察。

①横切面。可见到管胞呈四边形或六边形，具明显的细胞腔和木质化的断面，木射

线呈辐射状条形，是射线纵切面，显示了它的长度和宽度。还可观察到明显的年轮界限和分散在水质部中的树脂道及其周围分泌细胞。

②切向切面。所见的管胞呈梯形，纵向排列。所见的射线是它的截切面轮廓，呈纺锤状，显示了射线的高度、宽度、列数和两端细胞的形状。

③径向切面。可见管胞呈长形，两端钝圆，纵向排列，其径向壁上有成行排列的呈 2 个同心圆状的具缘纹孔，外圈是纹孔腔的边缘，内圈是纹孔口。射线细胞横向穿过管胞与纵轴垂直细胞呈长方形，排成多列，像一段破墙，显示了射线的长度和高度。

### （三）变态茎的观察

1. 地下茎

①根状茎。取藕、竹鞭和姜根状茎，观察其结构，辨认节、节间、腋芽和鳞片叶。

②块茎。取马铃薯块茎，观察其结构，注意马铃薯块茎上的顶芽痕迹、芽眼及其排列情况。取荸荠、慈姑和菊芋等块茎，观察其节、节间和鳞片叶的着生部位和形态。

③球茎。取盆栽仙客来植株和球茎甘蓝标本观察其球茎形态。

④鳞茎。取洋葱、大蒜头观察辨认鳞片叶、腋芽、鳞茎盘。并注意洋葱、大蒜主要食用部分，各属于什么结构。

2. 地上茎

①枝刺。取山楂、皂荚枝刺标本，观察枝刺着生部位，是否分枝。取蔷薇茎一段，观察其皮刺，注意比较枝刺和皮刺的区别。

②茎卷须。取葡萄和黄瓜茎卷须的标本，观察其茎卷须着生部位，是否分枝，思考其有何作用。

③叶状枝。取竹节蓼、假叶树、文竹叶状枝，观察其形态特征，辨认叶状枝上着生的芽和叶。

## 四、课后提升

（1）绘三年生树茎横切面（1/6）详图，并注明各部分结构名称。

（2）绘松树木材三切面结构图，示管胞、射线细胞等在不同切面所展现的不同结构特点，并注明各切面的各结构名称。

（3）列表说明双子叶木本植物从芽发育到三年生枝条时内部结构的变化。

# 实验 8　叶的形态和结构

## 一、实验目的

观察了解一般叶和变态叶的形态特征，掌握双子叶植物叶、单子叶植物叶以及裸子植物叶（松针叶）的结构特点。

## 二、实验器材

1. 仪器与材料

显微镜、载玻片、盖玻片、镊子、刀片、培养皿、滴管、吸水纸等。

采集不同形态叶的植物标本，蚕豆叶片横切永久制片，玉米叶横切永久制片，水稻或小麦叶横切永久制片，松针叶横切永久制片，仙人掌，洋槐小枝，豌豆复叶，玉米雌穗，猪笼草植株（或腊叶标本）等。

2. 试剂

蒸馏水。

## 三、实验步骤

### （一）叶形态的观察

根据各地具体条件在实验前采集 10 种左右典型不同形态叶的植物标本，按表 1-8-1所列各项逐一观察，并将观察的结果填写其中。

表 1-8-1　植物叶标本观察记录表

| 植物名称 | 单叶/复叶 | 叶片形状 | 叶缘 | 叶基 | 叶尖 | 叶脉 | 叶序 | 完全叶/不完叶 |
|---|---|---|---|---|---|---|---|---|
| | | | | | | | | |
| | | | | | | | | |
| | | | | | | | | |
| | | | | | | | | |
| | | | | | | | | |
| | | | | | | | | |
| | | | | | | | | |

### （二）双子叶植物叶解剖结构的观察

取蚕豆叶片横切永久制片，置显微镜下观察。

1. 表皮

在蚕豆叶片横切面上，上下各有一层长方形细胞排列整齐而紧密，即为表皮。表皮细胞的外壁加厚，覆盖有角质层。表皮细胞之间可以看到一对染色较深的小细胞，即为保卫细胞。一对保卫细胞和它们之间的孔称为气孔器。在气孔器下方，可见有较大的细胞间踪，为孔下室。

2. 叶肉

上下表皮之间的绿色部分为叶肉。叶肉明显地分化为栅栏组织和海绵组织。紧接上表皮有一层长柱状细胞，垂直于表皮排列整齐而紧密，即为栅栏组织。位于栅栏组织和下表皮之间的细胞形状不规则，排列疏松，有发达的胞间隙，即为海绵组织。观察时注意这两种组织细胞中的叶绿体数目是否相同。

3. 叶脉

叶肉中的维管束就是叶脉，在显微镜下找出蚕豆叶中央较粗大的主脉进行观察，可见主脉的近轴面（上面）是木质部，远轴面（下面）是韧皮部，在木质部和韧皮部之间还可看到扁平的形成层细胞。在木质部和上表皮，韧皮部和下表皮之间常有数层机械组织。主脉两侧为侧脉，侧脉愈小，其结构愈简单。

本实验还可任取一种双子叶植物的叶片，作徒手横切，制成临时装片观察。

### （三）单子叶植物叶解剖结构的观察

取玉米叶横切永久制片，置显微镜下观察。

1. 表皮细胞

玉米叶表皮细胞在横切面上呈正方形，排列较规则，细胞外壁被有角质层，在表皮细胞之间有气孔，气孔器的组成除有两个保卫细胞外，两侧还有两个较大副卫细胞，断面近乎呈正方形，气孔内侧有孔下室。在上表皮中，两个维管束之间可看到几个薄壁的大型细胞，中间的较大，两边的较小，横切面上呈扇形，即为泡状细胞。注意下表皮细胞中是否也有这种细胞，思考泡状细胞有何作用。

2. 叶肉

玉米叶肉细胞中含有叶绿体，注意叶肉组织有无栅栏组织和海绵组织之分。

3. 叶脉

玉米的维管束是有限维管束，没有形成层，木质部靠上表皮，韧皮部靠下表皮。维管束外有一层较大的薄壁细胞排列整齐，即为维管束鞘，玉米维管束鞘细胞内含有许多较大的叶绿体，维管束上下方均可见成束的厚壁细胞，在中脉处尤为突出。

取水稻或小麦叶横切永久制片，示范观察其维管束结构，注意与玉米叶比较，维管束鞘结构上有何不同。

### （四）裸子植物叶解剖结构的观察

取松针叶横切永久制片，置显微镜下观察。

1. 表皮

表皮细胞排列紧密，形小，呈砖状，细胞壁厚，细胞腔小，外壁上为厚的角质层覆盖。表皮上的气孔明显下陷，注意此保卫细胞有何特征。

2. 下皮层

表皮下可见一至数层排列紧密的厚壁细胞组成的机械组织，即为下皮层。

3. 叶肉

下皮层以内是叶肉，叶肉细胞显著特征是细胞壁具有很多不规则的皱褶，粒状叶绿体沿细胞壁边缘排列。在叶肉中还可以明显地看到由一层分泌细胞围成的树脂道。

4. 内皮层

叶肉最里一层细胞，排列整齐而紧密，注意细胞径向壁上能否看到凯氏带。

5. 转输组织

内皮层和维管束之间有几层排列紧密的细胞，即为转输组织。转输组织由转输管胞和转输薄壁细胞所组成。

6. 维管束

在传输组织以内，居叶的中央，有两个维管束并列而存。维管束木质部位于近轴面，由管胞和薄壁细胞径向相间排列而成，韧皮部位于远轴面，由伴胞和韧皮薄壁细胞组成。两个维管束之间为一团薄壁细胞。

### （五）变态叶的观察（示范）

1. 叶刺

取仙人掌、洋槐小枝观察其叶刺、托叶刺的位置和形态，注意其与茎刺的区别。

2. 叶卷须

取蚕豆复叶，观察其复叶顶端 2~3 对小叶变成的叶卷须，注意其与茎卷须的区别。

3. 苞片

取玉米雌穗，观察密生于穗轴基部的变态叶——苞片的形态。

4. 瓶状叶

取猪笼草植株（或腊叶标本），观察其瓶状的变态叶。

## 四、课后提升

（1）绘蚕豆叶通过主脉的横切面图，并注明各部分结构名称。

（2）绘玉米叶通过主脉的横切面图，并注明各部分结构名称。

（3）试述双子叶植物叶、单子叶植物叶和松针叶的结构特点。

（4）简述如何鉴别叶刺、茎刺与皮刺，叶卷须与茎卷须。

# 实验 9　花的形态

## 一、实验目的

（1）观察认识被子植物花的外部形态和组成。

（2）学会解剖花、使用花程式描述花的方法。

（3）掌握几种常见花序结构的特点。

## 二、实验器材

解剖镜、放大镜、镊子、解剖针、刀片。

桃花，扁豆（或蚕豆、豌豆、洋槐）花，小麦花，油菜或芥菜、白菜花序，车前或银绒草花序，苹果或梨花序，大葱或韭菜花序，柳或杨、胡桃花序，向日葵或菊、蒲公英花序，天南星花序或玉米雌花序，无花果或薜荔花序，水稻花序或玉米雄花序，小麦或黑麦花序，胡萝卜或芹菜花序，绣线菊花序，附地菜或勿忘草花序，唐菖蒲或委陵菜花序，石竹或大叶黄杨花序，大戟或狼毒花序。

## 三、实验步骤

本实验尽可能对较多新鲜花朵和花序进行观察，以求达到较好的教学效果。但北方做此实验时多处于冬季，因此实验前必须将本实验所需要的代表性的植物花和花序在初开时及时采摘，浸泡于5%福尔马林中备用。

### （一）花基本组成部分的观察

1. 桃花的观察

取 1 朵桃花，用镊子由外向内剥离，观察其组成。

①花柄。花下面所生的短柄，是花与茎相连的中间部分。

②花托。花柄顶端凹陷成杯状的部分，花的其他部分都着生在花托的边缘上。

③花萼。着生在杯状花托边缘的最外层，由 5 个绿色叶片状萼片组成，离生。

④花冠。花萼里面一层，由 5 片粉红色花瓣组成的离生花冠。

⑤雄蕊。雄蕊在花冠边缘作轮状排列，数目多，不定数，每一雄蕊由花丝和花药两部分组成。花丝细长，花药呈囊状。

⑥雌蕊。雌蕊着生于杯状花托上，桃花是由 1 个心皮组成的单雌蕊。顶端稍膨大的部分为柱头；基部膨大部分为子房；柱头和子房之间的细长部分为花柱。观察雌蕊时，分析它属于何种子房位置。用刀片将子房纵切为二，观察桃胚珠着生位置，分析它属于何种胎座。

根据观察结果写出桃花花程式。

2. 扁豆（或蚕豆、豌豆、洋槐）花的观察

取扁豆花，用镊子从外向内剥离，观察其组成。

①花萼。绿色，基部合生，呈钟状，上部有5个裂片。

②花冠。白色或紫色，为两侧对称的蝶形花冠。它由5片形状不同的花瓣组成：最外面的1个大瓣为旗瓣，近于扁圆形；其内为2个侧生的翼瓣，呈宽卵形，基部具爪；最里面的2个花瓣合生成半圆形的龙骨瓣。

③雄蕊。位于龙骨瓣里面，呈弯曲状，共10枚，其中1枚离生，9枚下部联合成筒状，为二体雄蕊。

④雌蕊。被包围在9枚联合雄蕊筒状结构之内，雌蕊偏扁，顶端具羽毛状柱头。注意观察子房位置，去掉花冠、雄蕊，细心解剖子房，观察它是由几个心皮组成、具几室、有几枚胚珠以及是何胎座类型。

根据观察结果写出扁豆花花程式。

3. 小麦花的观察

小麦花是由雄蕊、雌蕊和浆片组成。小麦小穗是由花和颖片组成。

取小麦的一个小穗解剖观察，可见小穗基部有2片颖片，居下位的为外颖，居上位为内颖，用镊子从小穗轴上摘取小花，观察小穗是由几朵小花组成的。取基部正常发育的一朵小花，由外向内剥离花的各部分，然后用放大镜观察小花的结构。

①稃片。小麦小花外面有2片稃片。最外面的一片为外稃，脉明显，有的小麦品种，外稃中脉延长成芒，外稃为花基部的苞片；里面一片为内稃，薄膜状，船形，有2条明显的叶脉。

②浆片。内稃里面有2个小型囊状突起，即为浆片。注意思考它相当于花组成中的哪一部分结构。

③雄蕊。3枚，花丝细长，花药较大。

④雌蕊。1枚，由2个心皮合生而成，柱头二裂，呈羽毛状，花柱短而不明显，子房上位，1室。

根据观察结果写出小麦花花程式。

## （二）花序类型的观察

1. 无限花序

观察分析下列无限花序，并填写表1–9–1。

油菜或荠菜、白菜花序，车前或银绒草花序，苹果或梨花序，大葱或韭菜花序，柳或杨、胡桃花序，向日葵或蒲公英、菊花序，天南星花序或玉米雌花序，无花果或薜荔花序，水稻花序或玉米雄花序，小麦或黑麦花序，胡萝卜或芹菜花序，绣线菊花序。

**表1–9–1　无限花序观察分析记录表**

| 植物名称 | 花序主要特点 | 无限花序类型 |
|---|---|---|
| | | |
| | | |

### 2. 有限花序

观察分析下列有限花序，并填写表 1-9-2。

附地菜或勿忘草花序；唐菖蒲或委陵菜花序；石竹或大叶黄杨花序；大戟或狼毒花序。

**表 1-9-2　有限花序观察分析记录表**

| 植物名称 | 花序主要特点 | 有限花序类型 |
|---|---|---|
| | | |
| | | |
| | | |

## 四、课后提升

（1）绘桃花（或油菜）正中纵切面图，并注明各组成部分名称。

（2）绘无限花序各种类型及二歧聚伞花序示意图。

（3）简述如何鉴别无限花序和有限花序。

（4）以总状花序为对照，讨论、总结无限花序中穗状花序、伞房花序、伞形花序、头状花序和肉穗花序与其有何区别。

# 实验 10　花的内部结构

## 一、实验目的

（1）掌握花药、子房、胚珠的结构。

（2）观察了解双子叶植物胚的发育过程。

## 二、实验器材

显微镜、刀片、载玻片、盖玻片、滴管、培养皿、吸水纸等。

幼期百合花药横切永久制片，成熟期百合花药横切永久制片，百合子房横切（示胚珠结构）永久制片，荠菜子房纵切（示幼胚发育）永久制片，荠菜子房纵切（示成熟胚）永久制片，新鲜（或浸制）的百合或凤尾兰花等。

## 三、实验步骤

### （一）花药结构的观察

1. 造孢组织时期

取幼期百合花药横切永久制片，置低倍镜下观察，可见花药的轮廓似蝴蝶形状，整个花药分为左右两部分，其中间由药隔相连，在药隔处可看到自花丝通入的维管束。药隔两侧各有 2 个花粉囊。

看清花药轮廓后，转换高倍镜，再仔细观察一个花粉囊的结构，由外向内可见以下结构。

①表皮。为最外一层细胞，细胞较小，具角质层有保护功能。

②药室内壁（纤维层）。1 层近于方形的较大的细胞，径向壁和内切向壁尚未增厚，细胞内含淀粉粒。

③中层。1~3 层较小的扁平细胞。

④绒毡层。是药壁的最内一层，由径向伸长的柱状细胞组成，这层细胞核大，质浓，排列紧密。

⑤造孢细胞。绒毡层以内的药室中有许多造孢细胞，呈多角形，核大，质浓，排列紧密。有时可以见到正在进行有丝分裂的细胞。

2. 成熟花粉粒形成时期

取成熟期百合花药横切永久制片，置显微镜下观察，可见表皮已萎缩，药室内壁的细胞径向壁和内切向壁上形成木质化加厚条纹，此时称纤维层，在制片中常被染成红色，中层和绒毡层细胞均破坏消失，两个花粉囊的间隔已不存在，二室相互沟通，花粉粒已发育成熟。选择一个完整的花粉粒，在高倍镜下观察，注意所见到的花粉粒呈什么形状，有几层壁，是否见到大小两个核，并考虑它们各有什么功能。

本实验也可以取其他植物近似成熟但尚未开裂的花药，做徒手横切，制成临时装片，置显微镜下进行观察。

### （二）子房与胚珠结构的观察

取百合子房横切（示胚珠结构）永久制片。

1. 子房观察

置低倍镜下观察，可见百合子房由 3 个心皮联合构成，子房 3 室，每两个心皮边缘联合向中央延伸形成中轴，胚珠着生在中轴上，在整个子房中，共有胚珠 6 行，在横切面上可见每个室内有 2 个倒生的胚珠着生在中轴上，称中轴胎座。

转高倍镜观察子房壁的结构，可见子房壁的内外均有表皮，两层表皮之间为圆球形薄壁细胞组成的薄壁组织。

再转换低倍镜，辨认背缝线、腹缝线、隔膜、中轴和子房室。

2. 胚珠结构观察

接上一步，选择一个通过胚珠正中的切面，转高倍镜仔细观察胚珠的结构。

①珠柄。在心皮边缘所组成的中轴上，是胚珠与胎座相连接的部分。

②珠被。胚珠最外面的两层薄壁细胞，外层为外珠被，内层为内珠被。两层珠被延伸生长到胚珠的顶端并不连合，留有一孔，即为珠孔。

③珠心。胚珠中央部分为珠心，包在珠被里面。

④合点。珠心、珠被和珠柄连合的部分。

⑤胚囊。珠心中间有一囊状结构，即为胚囊。试分析此胚囊处于胚囊发育的什么时期。

本实验也可用新鲜（或浸制）的百合花或凤尾兰花，做子房徒手横切，制成临时装片观察。

### （三）荠菜胚发育的观察

1. 荠菜幼胚

取荠菜子房（示幼胚发育）永久制片，置低倍镜下，挑选其中比较完整并接近通过中央部位的胚珠纵切面，做进一步观察，注意辨认胚珠的各结构的部位，特别要注意区分珠孔和合点端。然后转高倍镜，仔细观察这一选好的胚珠切面，可见到弯生胚珠的胚囊内合子已发育成幼小的胚胎，在紧挨珠孔之内方，有 1 个大型的细胞，它与 1 列细胞相连，共同组成柄状结构，即为胚柄。位于胚柄的远端（远离珠孔）有 1 个呈球形或心形的结构，即为原胚或分化胚（心形胚时期）。

2. 荠菜成熟胚

取荠菜子房纵切（示成熟胚）永久制片，置显微镜下观察，可见荠菜胚呈弯曲状，两片肥大的子叶位于远珠孔的一端，夹在两片子叶之间的小突起，即为胚芽，与两片子叶相连处为胚轴，胚轴以下为胚根。此时，珠被发育为种皮，整个胚珠形成了种子。

## 四、课后提升

（1）绘百合成熟花药横切面结构图，并注明各部分结构名称。

（2）绘百合子房横切面结构图，并注明各部分结构名称。

（3）绘荠菜子房纵切（示成熟胚）结构简图，并注明各部分结构名称。

（4）试比较被子植物雌配子体、雄配子体特点，以及其形成过程的异同。

# 实验 11　果实的结构和类型

## 一、实验目的

掌握果实的结构组成，观察识别果实主要类型。

## 二、实验器材

显微镜、放大镜、刀片、解剖针等。

桃（或杏），苹果（或梨），悬钩子、草莓、八角茴香果实，桑、菠萝、无花果（或薜荔）果实；番茄（或茄、柿、葡萄），黄瓜（或南瓜、冬瓜、西瓜），橘子（或柑、柠檬），大豆（或豌豆、花生、皂荚），木兰或梧桐，油菜或白菜，棉花（或百合、虞美人），向日葵或荞麦，小麦（或玉米、水稻），槭（或榆、臭椿），橡子（或板栗、榛），胡萝卜或芹菜，芍药等植物的果实（新鲜的、浸制或干果标本）。

## 三、实验步骤

各种果实生长成熟季节不同，因此实验前必须将所需要的代表性植物果实在成熟时及时采摘保存，若是肉果可浸泡于5%福尔马林中备用。

### （一）果实结构的观察

1. 真果与假果

（1）真果。

取桃（或杏），将其纵剖，观察纵剖面。最外一层膜质部分为外果皮；其内肉质肥厚部分为中果皮，是食用部分；中果皮里面是坚硬的果核，核的硬壳即为内果皮。这 3 层果皮都由子房壁发育而来。切开内果皮，可见 1 颗种子，种子外面被有一层膜质的种皮。

（2）假果。

取苹果（或梨）观察。苹果果柄相反的一端有宿存的花萼，苹果是下位子房，子房壁和花托合生。用刀片将苹果横剖，可见横剖面中央有 5 个心皮，心皮内含有种子。心皮的壁部（即子房壁）分为 3 层：内果皮由木质的厚壁细胞组成，纸质或革质，比较清楚明显；中果皮和外果皮之间界限不明显，均肉质化。近子房外缘为很厚的肉质花托部分，是食用部分。注意苹果与真果（桃子）结构有何不同。

2. 单果、聚合果和聚花果

（1）单果的结构。

一朵花中如果只有一枚雌蕊，以后只形成一个果实，这种果实称为单果。单果可以由 1 个心皮形成（如桃），也可以由 2 至多数心皮形成（如苹果）。桃和苹果的结构见上述解剖观察过程。

（2）聚合果的结构。

在一朵花中有许多离生的雌蕊，每一个雌蕊发育形成一个小单果，聚合在同一个花托上，这种果实称为聚合果。取悬钩子、草莓和八角茴香的果实，作解剖并观察比较。悬钩子的小单果为核果，聚合在一起称聚合核果；草莓为聚合瘦果；八角茴香为聚合蓇葖果。注意上述各聚合的小单果在花托上着生的情况。

（3）聚花果的结构。

聚花果是由多数花朵组成的整个花序形成的果实。取桑、菠萝和无花果的果实作纵剖观察比较：桑葚各花子房形成一个小坚果，包在肥厚多汁的花萼中，食用部分为花萼；菠萝整个花序形成果实，花着生在花序轴上，花不孕，食用部分除肉质化的花被和子房外，还有花序轴；无花果的果实是由许多小坚果包藏在肉质化凹陷的花序轴内形成的，食用部分为肉质化的花序轴。

## （二）果实类型的观察

取下列植物果实（新鲜的、浸制或干果标本），分别解剖观察，并根据教材有关内容，分析它们的结构特征，填写表 1-11-1。

番茄（或茄、柿、葡萄）、黄瓜（或冬瓜、南瓜、西瓜）、橘子（或柑、柠檬），杏（或桃）、梨或苹果。

大豆（豌豆、花生、皂荚），八角茴香（或木兰、梧桐），油菜或白菜，棉花（或百合、虞美人），向日葵或荞麦，小麦（或玉米、水稻），槭（或榆、臭椿），橡子（或板栗、榛），胡萝卜或芹菜，草莓（或芍药），薜荔或无花果等植物果实。

**表 1-11-1　植物果实观察分析记录表**

<table>
<tr><th colspan="4">果实类型</th><th>植物名称</th><th>主要特征</th><th>食用部分</th></tr>
<tr><td rowspan="13">单果</td><td colspan="2" rowspan="4">肉果</td><td>浆果</td><td></td><td></td><td></td></tr>
<tr><td>柑果</td><td></td><td></td><td></td></tr>
<tr><td>核果</td><td></td><td></td><td></td></tr>
<tr><td>梨果</td><td></td><td></td><td></td></tr>
<tr><td rowspan="9">干果</td><td rowspan="4">裂果</td><td>荚果</td><td></td><td></td><td></td></tr>
<tr><td>蓇葖果</td><td></td><td></td><td></td></tr>
<tr><td>蒴果</td><td></td><td></td><td></td></tr>
<tr><td>角果</td><td></td><td></td><td></td></tr>
<tr><td rowspan="5">闭果</td><td>瘦果</td><td></td><td></td><td></td></tr>
<tr><td>坚果</td><td></td><td></td><td></td></tr>
<tr><td>颖果</td><td></td><td></td><td></td></tr>
<tr><td>翅果</td><td></td><td></td><td></td></tr>
<tr><td>分果</td><td></td><td></td><td></td></tr>
<tr><td colspan="4">聚合果</td><td></td><td></td><td></td></tr>
<tr><td colspan="4">聚花果</td><td></td><td></td><td></td></tr>
</table>

## 四、课后提升

（1）绘桃果实纵剖面图，并注明各部分结构名称。

（2）绘苹果横切面图，并注明各部分结构名称。

（3）简述如何区别单果、聚合果和聚花果。

# 实验 12　孢子植物的野外观察（综合性）

## 一、实验目的

学习孢子植物学，在上好实验课的基础上还必须进行野外观察，借助一些仪器和手段观察主要类群的重要代表，掌握它们的生活习性、生态分布，以真实的材料来加深、巩固、扩大和丰富课堂上及实验室的知识。所以，野外观察是学习孢子植物学不可缺少的重要环节。

## 二、实验方法

带上所需要的工具，在校园附近或郊外选择一些有代表性的地方，进行野外观察，对不同植物类型观察的方法不尽相同，现分别介绍如下。

### （一）淡水藻类的观察

由于各类藻类对环境的要求不同，因此，应当注意观察和采集不同水体中的藻类，如水库、湖泊、河流、瀑布、池塘、鱼池、沟渠、污水坑、稻田、莲池及湿地表面等。

一些微小的浮游藻类，肉眼无法鉴别，可根据水体颜色初步判断其大类。如水色很绿，多为浮游绿藻；水色呈茶褐色，可能是含有较多的硅藻或甲藻类；水面浮游的蓝绿色或蓝黑色小团块，或水底泥面上的蓝绿色薄层，多是颤藻等蓝藻；浅水沟渠或水沟的底泥表面上的一层酱油褐色藻类，则多为硅藻类。

对一些较大的丝藻也可作初步鉴别。如呈绿色不分枝，手摸黏滑则为水绵；若呈绿色具多数分枝，手触摸有粗糙感，则为刚毛藻；若呈绿色，有明显的节和节间，并具轮生的短枝，短枝的节上有明显的橘红色的精子囊，则为轮藻；若密集成深绿色的垫丛状，手触摸时柔软而不黏滑，则常为无隔藻。

有条件时，最好每个小组带 1 台便携式显微镜，对各类水体的藻类在野外做一些粗略的现场观察，以了解淡水藻类的生态分布和生活习性。

1. 采集用具和试剂

25 号筛绢浮游生物网、吸管、标本瓶、广口瓶、吸水纸、标本夹、镊子、采集刀、塑料桶、纱布、固定液（福尔马林）、$I_2$-KI 溶液等。

2. 采集方法

各种藻类具体的生活状态、大小、生活环境、每年的发生时期均有很大差异，因此采集前首先应对以上情况有一些基本了解。采集生长在不同环境的藻类应采取不同的方法。

①个体微小的单细胞或群体的浮游藻类，应用 25 号生物网采集；在浅水池塘和沟

渠不可用生物网捞取，可用小桶或杯子取水注入网中过滤。

②水绵、颤藻、四胞藻等有时呈团块状漂浮水面，可用镊子或粗纱布制作的小网采集。

③对于以假根固着在石头上及泥底等物体上的藻类，为了保持标本的完整性，最好用采集刀将其从基物上刮下；对于在急流或流水石头上固着的藻类，可用锤子将石头砸下一小块，连标本一起装入瓶内。

3. 标本制作

①淡水藻类液浸标本，一般用2%~4%的福尔马林（甲醛）溶液即可。或用福尔马林-冰乙酸-乙醇混合固定液，一般用50%乙醇90 mL、福尔马林5 mL、冰乙酸5 mL制成。

②对于生于树皮、岩面等处的气生藻类，一般可将其风干，装入牛皮纸袋中可长期保存。

③对于刚毛藻、轮藻、水绵等，也可压制成腊叶标本。

## （二）海藻的观察与采集

1. 潮汐

海水受月球和太阳引力的影响，发生定期的涨落，叫潮汐。按发生的时间区分，早潮叫潮，晚潮叫汐。由于月球比太阳距地球更接近，所以月球的吸引力是产生潮汐的主要动力。地球围绕太阳转动，因此太阳、地球、月亮的相对位置在不停地发生变化，潮水涨落的趋势也随之而不同。三者接近在一条线上时，引潮力最大，涨潮最高，退潮也最低，称为“大潮”。产生大潮的时间，在我国一般是农历每月的初一至初四和十五至十八。当地球、月球、太阳三者的位置成为直角三角形，吸引力相互抵消，潮汐最小，称为“小潮”，发生在农历每月的初七至初九和二十三至二十五。海滨实习一般应选择农历初一至初三或十五至十八两个大潮期间。采集应从退潮时开始，跟随潮水退落时进行。

我国沿海各地的潮汐情况不尽相同，如烟台、青岛等地，除每月有两次大潮和小潮之外，每隔24小时50分钟，潮水也涨落两次。而秦皇岛为一日一次潮汐。

2. 潮间带

一般指位于大潮期间水涨到最高水面（大满潮线）和退至最低线（大干潮线）之间的地域。这些水域一般有数十米至数百米，海水深度各地不同，如烟台为3 m，青岛为4.7 m。潮间带通常光线充足，波浪作用较为强烈，陆地淡水不断流入，因而这里的水温、pH值、比重等变化比较显著，生于这一水域的海洋植物适应能力较强。

由于潮汐周期性的涨落，潮间带可划分为高、中、低3个潮带，加上潮上带和潮下带则为5个潮带。

①潮上带。大潮期间潮水线以上，海水淹不到，浪花可溅及的地带。

②高潮带。小潮期间的高潮线与大潮之间的高潮线之间的地带。

③中潮带。小潮期间的低潮线和小潮的高潮线之间的地带。

④低潮带。大潮期间，潮水退至最低的地带。

⑤潮下带。在最大的低潮时海水退不出来的地带。

### 3. 海藻的垂直分布

海藻的垂直分布，主要是各种海藻对光、深度、温度、营养盐、透明度有不同的要求所致，其中，光对海藻的垂直分布影响最大。如绿藻一般分布在潮间带，主要因为红光在这个范围内较多。绿藻内含有大量的叶绿素 a、叶绿素 b，它们善于吸收长光波——红光，基本上不吸收绿色光。而褐藻多数生在低潮带和低潮带以下约 30 m 处，是构成海底森林主要类群。这主要是因为它们含有大量的藻褐素，善于吸收蓝绿光。红藻之所以能在更深的海水中生活，是因为红藻藻红素能有效地利用透过蓝色光线。

### 4. 常见海藻的识别

（1）红藻类。

除少数单细胞藻体外，大多数为多细胞藻体。常见的类型有以下几种。

①叶状体或片状体型。如紫菜属、海膜属。

②圆条形或亚圆条形，如不分枝或仅基部有少数分枝的海索面属。

③多次叉状分枝型，较普遍的有叉枝藻属、角叉菜属、滑枝藻属、海萝属等。

（2）褐藻类。

多数褐藻藻体较大。常见的类型有以下几种。

①异丝体。藻体仅 1~3 cm 长，黄绿褐色，毛茸状，生于潮间带岩石、石沼或寄生于其他藻体上。如水云。

②叉状体型。藻体多次叉状分枝。如网地藻属、网翼藻属、鹿角藻属等。

③中空的球形、囊球形。常见者有囊藻属、黏膜藻属等。

④管状或单条绳状体型。常见者有萱藻属、绳藻属等。

⑤片状、带状体型。海带属和裙带菜属。

⑥拟茎、叶体型。藻体分固着器、主干及叶三部分。如马尾藻属，常见的种有鼠尾藻、海黍子及海蒿子等。

（3）绿藻类。

①分枝丝状体，如刚毛藻属。

②叶状体类型，常见者如石莼属、礁膜属。前者由 2 层细胞组成，后者由 1 层细胞组成。

③中空的管状体，如浒苔属。

④圆柱状多次二叉分枝，如松藻属中的刺松藻。

⑤羽状，如羽藻属。

绿藻类常见的几属从形态构造上检索区分如下：

1. 藻体为多细胞体，外形呈丝状、膜状或管状。

  2. 藻体由单列细胞组成的丝状体，单条或具分枝。

    3. 藻体为不分枝的丝状体，细胞为圆筒形，单核位于中央，叶绿体半环状，内含一个或数个淀粉核，基部细胞长形，无色，为固着器。　丝藻属

    4. 藻体为分枝的丝状体，基部以长的假根状分枝固着在基质上，细胞为多

核，细胞壁厚，中央含一大液泡，叶绿体呈网状，紧贴在细胞壁内，含有许多淀粉核。 刚毛藻属

2. 藻体呈片状或管状。

4. 藻体呈管状，中空体壁由一层细胞组成，单条或有分枝，有时部分压扁。 浒苔属

4. 藻体呈片状，不中空。

5. 藻体由单层细胞组成，幼时像苔呈囊状，成长时由顶端开裂至基部，即成单层细胞的叶状体。 礁膜属

5. 藻体由双层细胞组成，基部由营养细胞延伸成假根丝，现成固着器。 石莼属

1. 藻体为多核单细胞体，整个藻体除繁殖时外，没有横严壁，呈一个管状体，外形羽状分枝或圆柱状，内部呈管状或丝状体组成。

6. 藻体具有分枝的假根，多年生，直立枝羽状分枝，细胞内含有许多细胞核和纺锤形叶绿体，每一叶绿体含淀粉核。 羽藻属

6. 藻体外形呈柱状，多次二叉分枝，柔软如海绵质，内部由管状丝状体组成，全部丝状体无隔壁。 松藻属

5. 标本采集与记录

（1）时间的选择。

4—5 月是海藻生长的旺盛季节，采集最为适宜。因潮汐关系，采集时间最好选择农历初一至初三及十五至十八两个大潮期间，从退潮开始随水退落进行，这期间潮间带的各种海藻均可能在岩石或岩池中采到。

（2）海藻生活习性的观察。

不同的海藻对环境有不同的要求，因此，各类海藻均生活在一定的特定环境（如温度、光线、海浪、基质等）中。所以发现海藻后首先要观察其生活习性及周围环境，然后再进行采集。

（3）采集工具。

为了能采到完整的标本，要用工具采集，否则容易损坏标本。

常见的工具如下。

①采集桶。用帆布制成，直径约 21 cm、高 27cm，或购置塑料桶代替。

②采集瓶。规格大小不同的标本瓶（玻璃、塑料两种均可）。以便分装稀有或易烂的标本。

③采集刀。常用不锈钢制成，用以采集有固着器的藻类。

④镊子。铜质最佳，也可用竹镊、电镀镊代替。

⑤凿子和铁锤。用以采集牢固生长在岩石上的海藻，如红斑藻，石叶藻等。

⑥采集耙和捞网。用以捕捞潮下带或浅海区域的一些藻类。

⑦放大镜。用 10～20 倍的放大镜即可。

⑧海水温度表、pH 试纸。记录海水温度及 pH 值用。

（4）记录。

要记录的信息如下。

①产地。详细记录省、市和具体地名。

②水温和气温。测表层海水温度时，温度计应放入水面下 0.5 m 深处海水流动的地方，才能代表表层海水的实际温度。

③种名。拉丁学名及中文名。

④质地。藻类质地有软骨质、石灰质、革质、角质、膜质等。

⑤色泽。新鲜藻体的正常颜色。

⑥习性。包括生长潮带、基质、环境、习性（孤生、丛生、密毛状、硬毛状等）。

6. 标本制作与保存

（1）腊叶标本的制作。

①腊叶标本的制作用具。

A. 标本盘。用 28 号镀锌白铁做成 48 cm×34 cm×4.5 cm 卷边盘，或用同样大小的白瓷盘代替。

B. 滤水板。将白铁皮做成 44 cm×31 cm 大小，压平涂上油漆即可，也可用同样大小的塑料板。

C. 吸水力强的吸水纸。一般以 42 cm×31 cm 为宜。

D. 质量较好的纱布。面积同吸水纸。

E. 标本纸。以道林纸为宜，大小根据标本的大小而定。

F. 台纸。用重磅道林纸或有光纸裱成数层即可，厚度以标本放上去不下搭为宜，而后剪裁成 42 cm×30 cm 尺寸。

G. 镊子。选用 10 cm 长的钝头镊子，以免划破标本纸。

H. 标本夹。一般可将 5~7 根宽 3.5 cm、厚 2.5 cm 轻而韧的扁木条钉成长 45 cm、宽 34 cm 两块长方形夹板。两端各突出 3~4 cm，以便用绳索捆扎。

②腊叶标本的制作方法。

A. 标本的挑选和清洗。选择藻体完整并具繁殖器官的标本，用海水洗净后，放入盛有混合水的标本盘中，混合水采用海水淡水各一半。紫菜、游苔等耐淡水的海藻可全部用淡水；而对软骨藻、红翎菜等接触淡水后很快死亡的种则全部用海水，否则色素游离出来影响标本的质量。然后选用大小合适的标本纸，先用铅笔写上编号，置于倾斜的滤水板上，将标本移至标本纸上，用镊子和毛笔轻轻整理将其按自然状态展开在标本纸上，再慢慢将标本纸从水中托起，贴于斜立的滤水板上，沥去水分之后，再将标本纸连同标本一起从滤水板上拿下，放在标本夹上的吸水纸上，在标本上盖一层纱布和 2~3 层吸水纸。

B. 标本的压制。放在标本夹上的标本要注意四角高低一致、平整，待标本全部收集好后，用绳子将标本夹捆紧，以加快水分的吸收。最初两三天内，每天换吸水纸 2 次，以后每天换 1 次，大约 1 周即可完全干燥。多数标本表面具胶质，干后就紧贴在标本纸上；有些标本如马尾藻、囊薬、海松等不能粘在标本纸上，可待标本干后，用透明胶带或纸条粘在台纸上。待标本鉴定完毕后，在台纸左下角贴上标签。

（2）浸制标本的制作。

浸制标本主要便于形态构造上的观察，每种标本的编号，须与对应的腊叶标本的编号相一致，以免混乱。

海藻浸制标本的固定液皆以海水配制，如没有海水，可用 100 mL 淡水加 30 g 食盐代替。常用的固定液有以下 3 种。

①适于褐藻类固定液。海水 90~95 mL、福尔马林 5 mL，甘油 5 mL。

②适于绿藻类固定液。海水 35 mL、硫酸铜 2 g，待完全溶解后加冰乙酸 5 mL、37%福尔马林 10 mL、95%乙醇 50 mL。

③适于红藻类固定液。海水 60 mL、37%福尔马林 4 mL、95%乙醇 36 mL。此配方也适于绿藻的固定。

（3）标本的保存。

腊叶标本应放在密闭的木制或铁制的柜中保存，柜内放适量的樟脑球以防虫蛀，柜子置于干燥的室内以免标本受潮霉变褪色。

浸制标本在保存之前，最好更换加足固定液，标本瓶口用蜡封或涂上凡士林，以防溶液蒸发。浸制标本也同样应放置于干燥整洁的标本室内，以免标本褪色。

### （三）地衣的野外观察

地衣是藻类植物和真菌的生物复合体。通过观察，要求掌握地衣的形态特征，初步学会识别 3 种地衣的基本方法。

地衣常生于潮湿而空气新鲜的环境，以各种森林、岩面和草地为多。地衣对二氧化硫特别敏感，所以，在城市中心和工厂附近很少生长。不同地衣生长环境和基质也有所不同，例如：松萝属多附生在树干和树枝上；石黄衣属常见于山杨等树皮上，以及建筑物旧木板和石头上；地卷属多见于森林和草地上；树花属多见于树上；皮果衣属全生在石头上；文字衣多见于树皮上等。

1. 标本采集用具

采集刀、枝剪、锤子、钢卷尺、包装纸或旧信封、小纸盒、放大镜、变色铅笔、采集记录本、标签、标本夹，背包，水壶等。

2. 标本采集与保存方法

地衣标本全年均可采集，采集时应注意各种生境和不同基物上的种类。对不同种类的地衣采集方法也有所不同。例如：石生壳状地衣，需用锤子选择适当角度敲下石块；土生壳状地衣，应用刀连同一部分土壤铲起，放置小纸盒中以免散碎；树皮上的壳状地衣，可用刀连同树皮一同割下；枝状地衣，可用刀连同一部分基物一同采下；石生或附生树皮上的叶状地衣，不宜直接用手摘，要用刀剥离，以保存标本的完整。某些地衣干燥易变脆，直接采摘易破碎，可用水将地衣喷湿变软后再采摘。

标本采回后要打开纸包通风晾干，注意不要搞乱标签。标本风干后方可装箱运回，所有的地衣标本均应按系统入柜保存在干燥通风处。

### （四）苔藓植物的观察

首先要了解苔藓植物的生活习性和群落结构，然后进一步观察配子体和孢子体的形态、生长方式，以及叶的排列方式、颜色和光泽等，并做好记录。

1. 采集方法

生长在水中或沼泽中的苔藓植物，用镊子或夹子采取。水藓、柳叶藓、泥炭藓等，可用手直接采集，采后装入瓶中；浮苔、叉钱苔等漂浮水面的植物，可用纱布或尼龙纱制成小网捞取，然后装入瓶中；泽藓、黑藓等石生苔藓植物，可用采集刀刮取；生于树皮的，可用采集刀连同一部分树皮剥下；扁枝藓、木衣藓、白齿藓等生于小树枝和叶上，则可采集一段枝条、几片叶子，一起装入采集袋中；生于墙缝、石缝中的苔藓植物亦可用刀采集。采集时应尽量保持标本的完整性，要尽量采集到配子体及带有寄生其上的孢子体，这对鉴定标本具有重要意义。

2. 标本处理

对于所采集的标本，要详尽记录其生境、生活型、颜色、植物群落等。将所采标本先放在通风处晾干，尽量去掉泥土，在标签上填好名称、产地、生境、采集时间、采集人等，将标本装入用牛皮纸折叠的纸袋中保存即可。如果以后要用标本，先将标本浸在清水内数十分钟，标本即可恢复原形、原色。地钱、浮苔、叉钱苔、角苔、泥炭藓等洗掉标本上泥土，也可用5%的福尔马林水溶液制成浸制标本。

### （五）蕨类植物的观察

1. 实地观察

观察蕨类植物时，首先应多在阴坡、山沟及溪旁等阴湿环境中寻找，还必须注意少数旱生型。观察并记录其生态型、生活环境，以及植物特点，例如：单叶还是复叶；质地和叶柄的色泽；根状茎特点和叶柄着生情况（挖出地下根状茎）；孢子囊着生的位置；囊群盖有无和形状；茎叶表面的附属物，如毛和鳞片的有无及类型。一些内部结构，如孢子囊环带类型、鳞片和筛孔、叶柄与叶轴中的维管束，除用针剥外，还需做徒手切片在显微镜下观察。

2. 标本采集

必须采集健壮、完整的标本，应注意挖取地下部分，尽可能采集具有孢子囊的植株，特别注意二型叶的种类，应采集营养叶和孢子叶。

采挖的标本，切记拴上标、编上号，并和记录本上编号一致。而后装入塑料袋中以防叶子萎蔫，回到驻地应及时放在标本夹中压平，注意中间换纸，直到吸干水分方可。

## 四、课后提升

（1）区别藻类植物、苔藓植物和蕨类植物的主要特征。

（2）简述藻类植物标本采集的注意事项。

# 实验13　裸子植物门

## 一、实验目的

通过实验了解裸子植物的主要特征及对陆生环境的适应，掌握苏铁科、银杏科、松科、杉科、柏科的主要特征及松、杉、柏三科的异同点。

## 二、实验器材

放大镜、显微镜、刀片、镊子、解剖针、载玻片、盖玻片等。

苏铁、银杏、油松（或马尾松）、杉木、侧柏、圆柏等带球果的新鲜材料或腊叶标本及有关切片。

## 三、实验步骤

### （一）苏铁科植物的观察

1. 观察盆栽苏铁

常绿乔木，茎不分枝，大型羽状叶集生于茎的顶部，幼叶蜷卷，叶裂片边缘向后反卷。雌雄异株，大、小孢子叶球分别着生在茎顶。

2. 大孢子叶球（雌球花）

取大孢子叶浸制或腊叶标本观察。大孢子叶球全部密被黄褐色茸毛，边缘呈羽状分裂，基部呈柄状，两侧着生一至数枚裸露的胚珠。

3. 小孢子叶球（雄球花）

取小孢子叶球的浸制或新鲜标本观察。小孢子叶球由许多小孢子叶（雄蕊）组成，呈长球果状，每个小孢子叶呈楔状，肉质，背腹扁平，背面着生多数小孢子囊（花粉囊）。

### （二）银杏科植物的观察

银杏为落叶乔木，有长枝和短枝之分，叶扇形，叶脉二叉状。注意叶在枝上排列的方式。雌雄异株，大、小孢子叶球均着生在短枝上。

取银杏盆栽植物或腊叶标本，观察其形态特征。

1. 大孢子叶球（雌球花）

具一长柄，上部分叉，其末端膨大的肉质部分称珠托（球座），珠托上各生1个直生胚珠，通常只有1个胚珠发育成种子。

2. 小孢子叶球（雄球花）

具一长柄，柔荑花序状，雄蕊多数，每个雄蕊生2个花粉囊，每个囊中含有多数小孢子。

3. 种子纵剖观察

用刀片或解剖刀将种子纵切进行观察，种皮分 3 层：种皮外层肉质，成熟后黄色；种皮中层白色，骨质；种皮内层膜质，红色。胚乳肉质，白色。注意胚生长的位置和子叶的数目。

## （三）松科植物的观察

取油松或马尾松带大、小孢子叶球的标本观察。区别长短枝。叶针形，二针一束，基部有叶鞘，螺旋状着生于茎上。

1. 叶的横切面观察

将油松叶做徒手切片，或取油松叶横切制片，放显微镜观察。指出外形轮廓，树脂道的分布、数目，维管束数目及分布位置。

2. 小孢子叶球（雄球花）

小孢子叶球长椭圆形，多个簇生于当年新枝的基部，取一个雄球花用放大镜观察。小孢子叶（雄蕊）螺旋状排列在花轴上，从中取下一个小孢子叶在显微镜下观察，可见其背面着生 2 个小孢子囊。取一些花粉粒，制成水装片，在显微镜下观察花粉粒的全形和构造。花粉粒有花粉粒壁，下部均 2 个气囊，内有退化的第 1、第 2 原叶体细胞（仅有遗迹），以及生殖细胞和管细胞。花粉粒成熟时，小孢子囊干燥纵裂，散布具气囊的小孢子，随风传播，落在大孢子叶球的胚珠上。

3. 大孢子叶球（雌球花）

取幼小的大孢子叶球，用刀片纵切，观察珠鳞和苞鳞在花轴上排列的方式，苞鳞着生于珠鳞背面，胚珠着生在珠鳞的腹面。注意胚珠数量、珠孔开口朝向。苞鳞不随种子成熟增大，珠鳞则明显增大并木质化，后称为果鳞。

4. 球果和种子

成熟的球果，质地坚硬，干后开裂，胚珠在其中发育成种子。取下 1 片带种子的果鳞，果鳞前端盾面称鳞盾，其上有鳞脐。果鳞基部有 2 粒倒生种子，种子具翅，来源于珠鳞的表皮组织。成熟的种子外面具坚硬的种皮。

取油松的种子，先观察其外部形状态特点，再用解剖刀纵切观察其内部构造特征。在种皮内有 1 层棕色薄膜是珠心组织。珠被发育成种皮，种皮分 3 层：外层肉质（不发达后变干燥），中层石质，内层纸质。种皮内为白色胚乳，其中有 1 个倒生的胚。成熟的胚包括胚根、胚轴（胚茎）、胚芽、子叶，注意子叶的数目。

## （四）杉科植物的观察

杉科同松科的主要区别是：杉科植物珠鳞和苞鳞半合生，小孢子无气囊。

取杉木新鲜或腊叶标本，注意叶形及叶在枝上排列的状况。大小孢子叶球分别生于不同枝条的顶端。

1. 小孢子叶球

小孢子叶螺旋状排列（水杉例外），小孢子囊通常 3~4 枚，小孢子无气囊。

2. 大孢子叶球

大孢子叶螺旋状排列，珠鳞与苞鳞多为半合生，珠鳞腹面基部有 2~9 枚直立或倒生胚珠。

3. 球果及种子

从球果中取下 1 个果鳞进行观察。果鳞和苞鳞半合生，扁平或盾形，木质或革质。观察果鳞腹面有几粒种子、种子着生方式，以及种子是否有翅。

### （五）柏科植物的观察

取侧柏新鲜材料，或腊叶标本，或浸制标本。注意观察它全为鳞片叶，叶在小枝上为交互对生，叶背中间有条状槽腺，孢子叶球雌雄同株，球果当年成熟。

取圆柏材料观察，注意其叶为两型叶，即鳞片叶与刺形叶并生。

1. 小孢子叶球（雄球花）

小孢子叶球生于枝条的顶端，卵圆形，成熟时淡黄色，每个小孢子叶球由 10 个小孢子叶组成，交互对生，每个小孢子叶着生 2~4 枚小孢子囊。

2. 大孢子叶球（雌球花）

大孢子叶球近球形，由 3~4 对珠鳞组成，交互对生，仅中间 2 对珠鳞下方着生 2 个胚珠，靠上方 1 对珠鳞，每个只有 1 个胚珠，最上一对珠鳞和最下一对珠鳞常常不育。

3. 球果

取侧柏成熟的球果用放大镜进行观察，果鳞 4 对，木质化。可将每个果鳞上着生种子数目同大孢子上胚珠数目相对照，注意种子是否有翅。

圆柏球果为浆果状，成熟时肉质化。

### （六）麻黄科植物的观察

取草麻黄腊叶或浸制标本观察。该植物为亚灌木，茎节和节间明显；叶退化呈鳞片状，生于节上；雌雄异株，雄球花多呈复穗状，常具总梗，苞片通常 4 对，除花序基部的 1 对苞片外，其余苞片腹部皆有 1 朵雄花，每朵雄花皆具假花被，花丝合生；雌球花单生，在幼枝上顶生，在老枝上腋生，雌球花通常也有 4 对苞片，顶部生 2 朵雌花，每朵雌花外具假花被，珠被延伸成珠孔管，种子成熟时苞片肉质化，形成红色的假种皮。

## 四、课后提升

（1）绘银杏大、小孢子叶的外部形态和种子的纵剖面图，并注明各部构造名称。

（2）绘油松大、小孢子叶的外部形态图，并注明各部位构造名称。

（3）列表比较松科、杉科、柏科的主要异同点。

（4）说明裸子植物对陆生环境的适应。

（5）简述苏铁和蕨类植物有哪些近似的特征，这说明了什么问题。

（6）银杏在外形上很像杏，试述它们之间有什么本质区别。

# 实验 14 校园种子植物的调查（设计性）

## 一、实验目的

植物学野外调查是在课堂学习基础上进行的，是理论联系实际、实践验证理论的一次良机，是深化课堂教学、巩固和复习课堂讲授内容的一项必不可少的环节。通过本实验，可了解植物界的多样性及植物与周围环境的统一，初步掌握植物资源的一般调查方法，学会采集、制作各种标本的方法和技术。

## 二、采集和制作腊叶标本的意义

植物腊叶标本不仅是教学和科研工作的重要参考材料，而且是保存植物种质、鉴定植物种名的重要依据。

植物的种类繁多，各地名称很不一致，常常出现同物异名或异物同名的现象，对学习、交流和推广极为不便。制作一套腊叶标本，经过鉴定、命名一个准确的科学名称，便于教学、交流和为开发植物资源作参考。由此可见，掌握植物标本的采集、制作和保存等一整套工作方法，对植物学工作者是极为重要的。

## 三、采集标本常用的工具

（1）标本夹。用木条钉制的长约 46 cm、宽约 35 cm 的 1 对夹板。

（2）吸水纸。压制标本时用。可用易吸水的废报纸。长约 40 cm、宽约 30 cm。

（3）采集镐。宜用铁制成一面宽一面尖的小镐头，柄长为 1 m，柄端宜用铁包头，用于挖掘草本植物的根，保证标本的完整性。

（4）枝剪和高枝剪。枝剪可用来剪木本植物的枝条或带刺或有螫毛的植物；高枝剪可用来剪高大树木顶端的枝条。

（5）采集箱。用铁皮制成，长 54 cm、宽 14 cm，上面有弧形突起，中开一门，门长 44 cm、宽 20 cm，下面稍平直，箱的两端用皮带（或帆布带）连接，以便携带。采到的标本随时放入箱内以防标本萎缩。装满时即可进行压制。如采用塑料背包则更为理想。

（6）细麻绳。用以捆标本夹。

（7）气压计。用以测量海拔高度和了解植物垂直分布情况。

（8）放大镜。观察植物的细微特征。

（9）指南针。用以测定采集地的方位，了解植物生长的坡向（阴坡或阳坡）。

（10）望远镜。用以观察远处的植物和高大树木顶端的特征。

（11）照相机。拍摄植物的全株或群落等。

（12）钢卷尺。用以测量植物的高度和胸径等。

（13）记录本。采集时作原始记录用本，记录植物的产地生境、海拔、性状、株高等。每采到一种植物都要详细填写。

（14）号牌。植物编号用。用硬纸制成，长约 4 cm，宽约 2 cm，一端打孔，以便穿线系于标本上，按采集先后顺序进行编号。即采集号，此号必须与记录本上登记的号数相一致。

（15）小纸袋。用以保存标本上落下来的花、果及种子等。在小纸袋上记下与标本相同的号数或种名，避免日后张冠李戴。

（16）解剖器。包括镊子、剪子、小刀、解剖针等，用来整理或观察标本。

（17）其他。如浸制液（乙醇，福尔马林）、广口瓶、铅笔等。

## 四、植物标本采集与制作

### （一）采集标本应注意事项

1. 采集时间

各种植物生育期有长有短，开花的时间有早有晚。如堇菜科、木樨科、毛茛科等有些植物在早春开花，而伞形科、菊科一些植物到深秋才开花结果。应当选择不同的季节和时间进行采集，才能获得不同的标本。

2. 采集环境

不同的生态环境，生长着不同的植物，不同的高度和坡向分布着不同的群落。所以采集者一定要有广阔的视野，到各种不同的环境（如低海拔和高海拔、阳坡与阴坡、林间和林缘、草坡与池塘等）才能采到各种类型的标本。

注意：严禁在旅游区、自然保护区或公园随意乱采。

3. 标本的份数

一般采 2~3 份，写同一编号，每份标本都要系上号牌。

4. 标本的完整性和典型性

种子植物一般根据其花、果、种子、叶及地下根茎等形态进行鉴定，因此采集标本就要设法采根、茎、叶、花、果和种子齐全的标本。木本标本还应带上一块树皮，随标本压在一起。一定选择发育正常，无虫咬、无病害或机械损伤的标本。采集时应用枝剪剪取，勿用手折以免影响标本的美观。

采集草本植物，应采集带根的全草。高大的草本植物，采后可折成“V”或“N”字形，然后压在标本夹内。有些草本植物体型过大，而且上、中、下部叶子也有较大的差异，为了说明全株特征，可选择有代表性的上、中、下 3 段分开压制，但这 3 段标本必须有相同的采集号，注明××号上、××号中、××号下。

对于雌雄异株的植物，如桑科、杨柳科等，应设法采到雌株和雄株的标本，分别编号并注明两者关系，以便鉴定时参考。

水生植物的水面叶和水中叶形态常有差异，遇到此种一定要同时采集。对一些植株柔软不易展开的标本，如金鱼藻、水生毛茛、狸藻等，应洗净泥土放塑料袋内保存，压制前先将标本放在水盆中，使全株各部分在水中展开，再用一张比标本略大的吸水纸托出，倾斜使水滴流完，再连同吸水纸一起压入标本夹内，这样即可保持形态特征的完整性。

对寄生植物，如列当、桑寄生、菟丝子等，要连同寄主一同采下，并要分别注明寄主植物。

5. 野外采集与调查访问相结合

对一些植物的分布面积、生长旺盛期、衰亡期、用途、当地的土名等，可访问有经验的老农、药工、牧人等有关人员，对了解到的实际资料要认真记录和整理。对一些有价值的植物，可及时采收一些种子以便播种繁殖。

6. 认真填写野外记录

有关植物的产地、生境、性状、颜色、气味及采集的时间等，对标本的鉴定有很大的帮助，这些内容都是事后不易补写的。一份标本的价值大小，常常与野外记录详细与否密切相关。因此，野外采集要尽可能地随采集随记录随编号随拴牌号，以免过后忘记或记错号。在同一地点采集的同一植物同编一个号，牌号上号数要与记录本上的采集号数相一致。野外采集号要前后连贯，不要重号、漏号，不应因改变地点或年月而另外编号。

### （二）腊叶标本的压制与整理

植物腊叶标本的质量及其在科学上的价值，与压制的技术有很大的关系。

当标本采至一定数量或当天回到住所后，应立即进行压制。首先要对标本进行一次整理，剪去多余的枝叶，除掉根部的泥土杂物。然后在一块标本夹上铺上 4~5 层吸水纸，再将登记带有号牌的标本平展于吸水纸上，再盖上 2~3 层吸水纸，含水分多的标本，可多加几层吸水纸。对于肥厚肉质或容易落叶的标本，压制前要先在 70~80 ℃水中烫 2~3 min，然后再压。如有落下来的花果或种子，压时要用袋装起，写上与标本相同号码便于以后查对。如遇较大的果实，需用刀子切开压制，可在周围放些草纸垫平，或用标本瓶浸制保存。如果叶子非常大，可将叶子的一侧剪下一些，但叶尖需留痕迹。如果标本甚小，同种标本以布满纸面为宜。压制时要不断调换标本的头和尾位置，以保持整夹标本的平整。新压的标本每天至少须换一次干纸。以后标本含水量减少后，可每隔 1~2 天换一次，直至标本完全干燥为止。最初几次换纸，要特别注意重叠的枝叶和花。如有重叠的叶子，用镊子平展，如果太多，可适当摘去少许，每份标本的叶子都要展示出正面和反面，以便观察正面和反面的特征。每日换下的湿纸要晾晒干以备替换。标本压到一定程度就不必再换纸，再放 5~6 张吸水纸，将另一块标本夹放在上边进行捆扎，捆时略用力，四面用力一致，以免标本夹倾斜。压好的标本在没有正式上台纸之前可放些樟脑粉，再放在通风干燥的地方保存。

### （三）腊叶标本制作和保存

腊叶标本在上台纸之前，应当进行消毒。通常消毒的方法是把标本放进消毒箱内，将敌敌畏或四氯化碳、二硫化碳混合液置于玻璃皿内，利用气熏杀死标本上的害虫和虫卵，3~5 天后即可取出上台纸。

台纸一般为白色道林纸或绘图纸裱制成的硬纸（或用卡片纸），以长约 38 cm、宽约 27 cm 为宜。上台纸时，首先要在台纸的右下角和左上角留出贴名和野外记录签的位置。将腊叶标本按自然状摆在台纸上，用针线或坚韧的白纸条固定，或用乳胶固定（既快又好）。每张台纸只能上一种植物，如标本体积过小，可酌情放 2~4 个同一种植物，不宜过多。果实或种子的标本，可直接用乳胶固定在同种标本的台纸上或装入纸袋里，连同小纸袋贴在同一标本的台纸上的适当位置。为保护标本不致磨损，要在标本的上面贴上一张与台纸同样大小的软质透明纸。凡经上台纸的腊叶标本，经鉴定后均应放进标本柜中保存。为了防止虫蛀，在标本柜中每格中都要放进樟脑球，樟脑球需用纸包或装在旧信封内，每隔 3~5 年还需更换补充。

## 五、课后提升

调查校园植物的种类，然后至少写出 20 种植物的生物学特性并附上照片。

# 实验 15　叶脉书签的制作（设计性）

## 一、实验目的

了解树叶的自然奥秘。

## 二、实验器材

洗衣粉、牙刷、漂白水、颜料、树叶、塑封机、塑封纸等。

## 三、实验步骤

（1）叶片放在水里加洗衣粉煮十多分钟，煮好了捞起来。

（2）用牙刷仔细刷掉叶肉，仅余叶脉和上表皮，呈绿色透明状。

（3）可以直接放书里压平，出来的颜色是金黄色。如果想染其他的颜色，就需要用漂白水把叶脉漂白，之后用颜料上色。用漂白水漂白后的叶脉呈白色，微透明，也很美观。

（4）将透明的叶脉夹在两片塑封纸之间，用塑封机塑封，再加上配饰就可以作为书签使用。注意动作一定要轻柔，以免破坏叶脉的完整性。

# 参考文献

高信增，1986. 植物学实验指导（第 1 版）［M］. 北京：高等教育出版社 .
何风仙，2000. 植物学实验［M］. 北京：高等教育出版社 .
黄璐琦，肖培根，王永炎，2012. 中国珍稀濒危药用植物资源调查［M］. 上海：上海科学技术出版社 .
李新国，吴世福，2014. 植物学野外实习指导［M］. 北京：科学出版社 .
林祁，1995. 高等植物标本采集制作与管理［M］. 长沙：湖南科学技术出版社 .
王焕冲，和兆荣，2015. 植物学野外实习指导［M］. 2 版 . 北京：高等教育出版社 .
王幼芳，李宏庆，马炜梁，2014. 植物学实验指导［M］. 2 版 . 北京：高等教育出版社 .
王幼芳，李宏庆，马炜梁，2021. 植物学实验指导［M］. 3 版 . 北京：高等教育出版社 .
肖娅萍，田先华，2011. 植物学野外实习手册［M］. 北京：科学出版社 .
新疆植物志编辑委员会，2014. 新疆植物志简本［M］. 乌鲁木齐：新疆科学技术出版社 .
叶创兴，冯虎元，廖文波，2012. 植物学实验指导［M］. 2 版 . 北京：清华大学出版社 .
张峰，紫振光，2016. 植物学野外实习教程［M］. 北京：中国轻工业出版社 .

# 第二篇
# 动物学实验

# 实验1　动物组织和细胞的观察

## 一、实验目的

(1) 掌握动物四大基本组织的主要结构。

(2) 观察有丝分裂各期特点，并归纳总结。

## 二、实验器材

1. 仪器与材料

载玻片、盖玻片、牙签、吸水纸、显微镜。基本组织切片（HE染色①）等。

2. 试剂

0.1%及1%的亚甲蓝、0.9% NaCl溶液、蒸馏水等。

## 三、实验步骤

### (一) 上皮细胞临时装片观察

用无菌的牙签粗的一端，放在自己的口腔里，轻轻地在口腔颊内刮几下（注意不要用力过猛，以免损伤颊部）。将刮下的白色黏性物薄而均匀地涂在载玻片上，加一滴0.9% NaCl溶液，然后加盖玻片，做成临时装片，在低倍显微镜下观察。口腔上皮细胞常数个连在一起。由于口腔上皮细胞薄而透明，因此观察时光线需要暗些。找到口腔上皮细胞后，将其放在视野中心，再转高倍镜观察。口腔上皮细胞呈扁平多边形。试辨认细胞核、细胞质、细胞膜。细胞质中含一些颗粒状结构，思考其是什么。若观察不清楚时，可在盖玻片一侧加一滴0.1%的亚甲蓝，另一侧放一小块吸水纸。如此，可使染液流入盖玻片下面，将细胞染成浅蓝色。核染色较深。注意染液不可加得过多，以免妨碍观察。

### (二) 疏松结缔组织切片观察

胶原纤维和弹性纤维均不着色。胶原纤维成束，弯曲成波浪状；弹性纤维细而具分支，不成束，无波浪状弯曲。结缔组织细胞不甚规则，核着色深而清楚，细胞质色浅，能辨认出细胞界限。

### (三) 肌肉组织切片观察

肌肉组织是由特殊分化的肌细胞构成的动物的基本组织。肌细胞间有少量结缔组

① 苏木精-伊红染色法（hematoxylin-eosin staining），简称HE染色法，是石蜡切片技术里常用的染色法之一。苏木精染液为碱性，主要使细胞核内的染色质与胞质内的核酸着蓝紫色；伊红为酸性染料，主要使细胞质和细胞外基质中的成分着红色。

织，并有毛细血管和神经纤维等。肌细胞外形细长因此又称肌纤维。肌细胞的细胞膜叫作肌膜，其细胞质叫作肌浆。肌浆中含有肌丝，它是肌细胞收缩的物质基础。根据肌细胞的形态与分布的不同可将肌肉组织分为3类：骨骼肌、心肌与平滑肌。

### （四）神经组织切片观察

观察脊髓切片：肉眼观察切片，中央颜色深、呈蝴蝶形状的为灰质；低倍镜下，区分灰质的前、后角，前角为较圆钝的膨大突起，后角为细长突起；高倍镜下，观察灰质的前角神经元的胞体的断面。

## 四、示范

1. 细胞的有丝分裂

在各示范玻片中应辨认出染色体、中心粒及纺锤体。注意分裂各期的特点。前期：染色体出现，着色较深；中心粒已分裂为二，向两极移动，形成纺锤体。在前期结束时，核仁及核膜消失。中期：染色体排列在细胞赤道面上，中心粒已达两极，此时纺锤体最大，染色体数目很清楚。后期：各染色体已纵裂为二，分别向两极移动；细胞已开始分裂，细胞的中部出现凹陷。末期：细胞分裂为二，染色体消失，重新组成的核出现。

2. 上皮组织（复层扁平上皮）

取食道横切片，用低倍镜找到上皮组织，转高倍镜观察。上皮组织基层为一层排列整齐的柱状细胞，最外层为多层扁平细胞。

3. 致密结缔组织

在显微镜下观察牛腱纵切片，注意其中有许多平行排列的胶原纤维束，在纤维束之间，常可见到少数排成单行的细胞，呈梭形，核椭圆形。这是结缔组织细胞。胶原纤维是细胞分泌的产物。思考致密结缔组织分布于机体的哪个部位，有何作用。

4. 软骨组织

观察透明软骨的染色切片，可见大部底质被染成相同的均匀颜色，此即为软骨基质，基质中有许多圆形或卵圆形的窝，称为陷窝，常常2个或4个并列在一起。陷窝内有软骨细胞，细胞核染成深色，细胞膜界限很清楚，细胞质染色极浅，不太清楚。

5. 肌肉组织（平滑肌）

取猫胃的横切片，在低倍镜下观察，肠壁被染成粉红色的部分为肌肉层。

将光线调节略暗些，可见肌肉是由很多细梭形的细胞所组成，此即为平滑肌细胞，核呈椭圆形，被染成蓝紫色。

6. 神经组织

观察牛脊髓涂片。找到有细胞处，则可见细胞被染成淡蓝色，细胞体形状不规则。细胞核位于中央，色浅，核仁着色较深。能看到细胞突起，树突的基部较粗，而轴突则粗细均匀，涂片上不易看到。

7. 观看幻灯片或多媒体演示

动物细胞的电子显微照片，示细胞膜、细胞核（核膜、核仁、染色质丝）、内质网、高尔基体、线粒体、溶酶体和中心粒等，以及细胞分裂。

## 五、课后提升

（1）绘图：对四大基本组织代表切片各绘制一幅图，标明结构、放大倍数、切片名称等。

（2）总结细胞的基本结构及其机能，简述细胞分裂各期有何特点。

（3）总结四大基本组织的结构特点与主要功能。

# 实验 2　眼虫、变形虫及其他鞭毛虫和肉足虫

## 一、实验目的

通过对眼虫、变形虫及其他鞭毛虫和肉足虫的观察，掌握鞭毛纲与肉足纲的主要特点，并认识一些有经济价值或常见的种类。

## 二、实验器材

1. 仪器与材料

显微镜、载玻片、盖玻片、吸管、吸水纸。

池塘混合液培养的眼虫和变形虫，杜氏利什曼原虫、锥虫、团藻和痢疾内变形虫、眼虫（二分裂形态）玻片标本。

2. 试剂

5%乙醇或碘酒等。

## 三、实验步骤

### （一）眼虫的观察

注意培养液是什么颜色、这种颜色是否均匀分布。思考这与光线有何关系。从瓶里绿色较浓的一边用吸管吸一些培养液，在载玻片上滴 1 滴并加盖玻片，先在低倍镜下观察，可看到许多绿色游动的眼虫，注意它们的体形。

观察它们如何运动的。当眼虫不甚活动时，常呈现一种蠕动的运动样式，称眼虫式运动。选一活动缓慢（或在蠕动）的眼虫移至视野中心，转高倍镜观察，注意其身体蠕动的情形。思考这与其表膜结构有何关系，其表膜与变形虫的质膜有何不同。

辨认眼虫的前、后端。前端钝圆，后端尖削。在前端有一个略呈长圆形无色透明的部分，称储蓄泡。其最前端为胞口。思考它们有何功能、胞口能否取食。前端在储蓄泡的一侧有一红色的眼点。思考眼点的功用是什么、对眼虫的生活有何意义。

眼虫体呈绿色，是其体内有叶绿体所致。叶绿体的形状、大小、数量及结构是眼虫种属的分类特征。在高倍镜下，试辨认所见的叶绿体是什么形状，思考它有何作用。思考眼虫在无光条件下能否生活，为什么。在身体中央稍靠后方有一个圆形透明的结构，即为细胞核。

将光线调暗些，可看到虫体的前端有 1 根鞭毛，在不停地摆动。注意观察鞭毛如何摆动。在盖玻片的一侧加一小滴碘液（或 5%乙醇），能将鞭毛及细胞核染成褐色。副淀粉粒及伸缩泡不易看到。有时在视野内可看到圆形不动的个体，外面包着一层较厚的

囊，为眼虫的包囊。思考在包囊内眼虫能否进行生殖，眼虫形成包囊有何意义。

### （二）变形虫的观察

用吸管从培养液中吸取数滴放在载玻片上，加盖玻片，然后用低倍镜观察。一般变形虫体较小且几乎透明，在低倍镜下呈极浅的蓝色；当变形虫缓慢移动时，身体不断地改变形状。根据这两个特点在镜下仔细寻找（将光线调暗些）。找到一个变形虫后，换高倍镜观察。观察时要随动物运动而移动玻片，以保持变形虫在视野内。

变形虫的细胞质明显地分为两部分：外边一层透明的为外质，外质里面颜色较暗、含有颗粒的部分叫作内质。在内质的中央有 1 个呈扁圆形、较内质略为稠密的结构，即为细胞核。在内质中还可看到一些大小不同的食物泡和伸缩泡。伸缩泡是 1 个清晰透明的圆形的泡，时隐时现。当变形虫移动时，细胞质随之流动，其体表不断突出，形成伪足。详细观察伪足的形成过程，思考变形运动的分子机制是什么。如果发现变形虫正在摄食，应详细观察这种动作。不能消化的渣滓则经虫体的表面、运动中形成的后端，排出体外。

## 四、示范

1. 观察杜氏利什曼原虫玻片

利杜体：寄生于人体网状内皮细胞中，为卵圆形小体，无鞭毛。

鞭毛体：在白蛉子体内，为长梭形，具鞭毛。

2. 观察锥虫玻片

锥虫在血液内寄生，体呈纺锤形，体一侧具波动膜，前端有鞭毛，核位于体中央。

3. 观察团藻玻片

注意其群体的形状及细胞的排列，群体内可见子群体。

4. 观察痢疾内变形虫玻片

寄生在人肠内，是阿米巴赤痢病原虫。大滋养体的外质透明，内质有很多细的颗粒状物，常含有被吞食的红细胞；细胞核圆形；核仁位于核的中央。

5. 观察眼虫（二分裂形态）玻片

先是核进行有丝分裂，在分裂时核膜不消失，基体复制为二，继之虫体开始从前端分裂，鞭毛脱去，同时由基体再长出新的鞭毛，或是一个保存原有的鞭毛，另一个产生新的鞭毛。

## 五、课后提升

（1）绘制眼虫的放大图，表示出所见到的各个结构。

（2）观察代表动物，总结鞭毛纲和肉足纲的主要特征。

# 实验 3　华支睾吸虫、猪带绦虫及其他吸虫和绦虫

## 一、实验目的

（1）掌握吸虫纲和绦虫纲的主要特征，认识寄生虫适应于寄生生活方式的主要特征。

（2）掌握重要吸虫和绦虫的形态特征及其生活史的特点。

## 二、实验器材

放大镜、显微镜。

华支睾吸虫成虫装片标本，猪带绦虫头节（或翻出头节的囊尾蚴）、未成熟节片、成熟节片和孕卵节片的装片标本，布氏姜片虫、肝片吸虫、日本血吸虫标本。

## 三、实验步骤

### （一）华支睾吸虫成虫装片标本的观察

先用放大镜观察华支睾吸虫的轮廓：呈柳叶状，体前端窄，后端宽。

换用显微镜观察，可看到身体最前端有 1 个明显的口吸盘，吸盘圆形，中央凹陷，转动细调焦器以看清吸盘上放射状的肌肉。口吸盘的中央为口，在距前端约 1/5 处有肌肉质的腹吸盘。口后有 1 个肌肉质的椭圆形部位，为咽，咽后接 1 条短而细的食道，食道两侧分出 4 条较粗的肠管，通向后方，肠管为末端封闭的盲管。调节光阑，可观察到身体两侧肠管外侧有 2 条略弯曲、半透明的管状结构，为排泄管；左右 2 条排泄管在身体后 1/3 处汇合，汇合后形成 1 条“S”形的半透明粗管，称排泄囊；排泄囊的末端为排泄孔，通体外。

华支睾吸虫雌雄同体，在身体后端 1/3 处有 2 个前后排列、呈鹿角状分支的精巢。每个精巢近中央处分别向前各伸出 1 根细管，为输精小管（或称输出管），2 条精巢输精小管在中部汇合成输精管，输精管前方的膨大结构为贮精囊。输精管和贮精囊位于盘曲的子宫背方，需要仔细调节细调焦器和光阑才可看到。贮精囊的末端为雄性生殖孔，开口于腹吸盘前方。

精巢前方有一略呈三角形、颜色较深的器官，为卵巢。卵巢下方有 1 个较大的深色的椭圆形囊状结构，为受精囊，其侧有 1 条明显的短管与其并排，为劳氏管。卵巢之后的细管为输卵管，输卵管后段为成卵腔，成卵腔周围为梅氏腺包围。在一般的装片中，输卵管、成卵腔和梅氏腺等结构由于被其他结构遮盖，不易观察到，可看到在卵巢的一侧有 1 团零散的、染色不同的细胞，即为压散后的梅氏腺。卵巢上方有 1 个褐色较粗的迂曲盘旋、伸到腹吸盘的长管状结构，为子宫。子宫内有大量椭圆形的卵，子宫末端为

雌性生殖孔，与雄性生殖孔并排于腹吸盘前方。在身体两侧、消化管与体壁之间的泡状腺体为卵黄腺，两侧的卵黄腺各发出 1 条细管伸向身体中央，为左右卵黄管，2 条卵黄管在身体 1/2 稍后处汇合为 1 条总卵黄管。

### （二）猪带绦虫装片的观察

1. 头节

取头节（或翻出头节的囊尾蚴，囊尾蚴细小的一端为头节）装片标本观察：前端中央为顶突，顶突上有内外两圈小钩，侧面有 4 个大而圆的吸盘；头节后为颈部。

2. 未成熟节片

颈部以后的节片，呈扁的长方形。

3. 成熟节片

近方形，调节光阑，可见每一节片的两侧近边缘处有 1 条透明的纵排泄管，在节片的下缘有 1 条横排泄管，纵排泄管外侧各有 1 条不太明显的神经索。生殖系统非常发达，充满了整个节片。节片内有多个小球状精巢（尤以节片两侧为多），每个精巢连 1 根输精小管，输精小管汇合为输精管（输精小管和输精管不容易看清楚）。节片中央有近乎水平、染色较深的粗大结构，为贮精囊，其后为阴茎，阴茎通入椭圆形的肌肉质阴茎囊内。

节片后半部中央有 3 个染色较深的分支状结构，为卵巢（中间的 1 叶卵巢常较小，不易看清）。卵巢下方、靠近节片底部中央的颗粒状结构为卵黄腺，经卵黄管与成卵腔通连，成卵腔的周围为梅氏腺（成卵腔和梅氏腺不易观察到）。由成卵腔向前，在节片中央伸出 1 条较粗大或有简单分支的盲管，为子宫。在贮精囊之下有 1 条斜向上行、染色较深的波浪状细管，为阴道。雌性生殖孔亦开口于生殖腔。

4. 孕卵节片

为长方形，排泄管和神经索同成熟节片，节片内几乎为分支状的子宫所占据，子宫内充满近圆形的卵，卵具壳。

## 四、示范

1. 布氏姜片虫

虫体大而肥厚，腹吸盘明显大于口吸盘。肠在腹吸盘前分为 2 支，肠支无侧支，雌雄同体。

2. 肝片吸虫

体扁大，肠有侧支，前端突起为头锥，雌雄同体。

3. 日本血吸虫

雌雄异体，常合抱在一起。雄虫粗短，体腹面有抱雌沟。雌虫细长，卵巢椭圆形。

## 五、课后提升

（1）绘华支睾吸虫放大图，并注明各部分名称。

（2）绘猪带绦虫成熟节片图，并注明各部分名称。

（3）总结吸虫和绦虫适应寄生生活的特征。

# 实验 4　蛔虫及其他假体腔动物

## 一、实验目的

（1）通过对蛔虫和其他假体腔动物的解剖与观察，理解、学习假体腔动物线虫纲的主要特征。

（2）认识重要的假体腔动物。

## 二、实验器材

显微镜等。

蛔虫横切片，蛲虫、十二指肠钩虫、美洲钩虫装片。

## 三、实验步骤

在低倍镜下观察蛔虫横切片。蛔虫体壁由多层结构组成，中央为 1 层层柱状上皮构成的肠，体壁与肠壁之间为假体腔，假体腔内有许多生殖器官的断面。

体壁最外面为非细胞结构的角质膜，角质膜内侧的一层结构染色较深，为上皮层，上皮层细胞界限不分明，为合胞体结构。上皮层在体左右和背腹中央向内增厚，分别为侧线、背线和腹线。排泄管纵贯于侧线中，背线及腹线较细；背线和腹线靠近假体腔的一侧膨大，内包有背神经及腹神经，腹神经比背神经粗。

上皮层之下为肌肉层，较厚，被侧线、背线和腹线分隔成 4 个部分，每部分由许多纵肌细胞组成。每个纵肌细胞包含由纵行的肌原纤维组成的收缩部和原生质部。在体腔中有一扁管，细胞界限明显，此为肠。肠壁为单层柱状上皮细胞，肠壁内的腔为肠腔。在假体腔中可见不同生殖器官的横切面。

雌性生殖系统：最小的形似车轮的圆形结构为卵巢，中心有轴，周围有辐射状排列的卵原细胞较粗的为输卵管，与卵巢相接的一段输卵管的横切面类似卵巢，但轴已消失；子宫 2 个，粗大（直径常超过假体腔的 1/3），圆形，有明显的空腔，其内的卵具有卵壳。

雄性生殖系统：精巢圆形，最细，染色深，内充满排列紧密的生殖细胞，这些生殖细胞与分支状的轴连接，细胞之间界限不明显；输精管较粗，精子在其内排列不很紧密，有一些空腔；贮精囊非常粗大（直径达假体腔的 1/3 以上），壁比较厚，每张切片至多只有 1 个贮精囊的断面。

## 四、示范

### 1. 蛲虫

体很小，雄虫体长 2~5 mm，雌虫体长 8~13 mm，形如白色棉线头。

2. 十二指肠钩虫和美洲钩虫形态对比

体形：十二指肠钩虫“S”形，美洲钩虫“C”形。

口囊：十二指肠钩虫口囊呈扁卵圆形，其腹侧缘有 2 对钩齿；美洲钩虫口囊呈椭圆形，其腹侧缘有 1 对板齿。

交合伞：十二指肠钩虫的交合伞背辐肋大于腹辐肋，美洲钩虫的则相反。

交合刺：十二指肠钩虫的交合刺末端呈钩状，美洲钩虫的则呈扁平状。

虫卵：十二指肠钩虫的虫卵较大，呈椭圆形，两端钝圆；美洲钩虫的虫卵较小，呈椭圆形，两端稍尖。在显微镜下观察，还可以通过虫卵的形态、大小、颜色、卵壳厚度、卵内细胞等方面进行鉴别。

## 五、课后提升

绘制雄、雌蛔虫的横切面放大图，并注明各部分名称。

# 实验 5　环毛蚓外形和内部观察及解剖

## 一、实验目的

（1）理解、掌握环节动物门的主要特征。
（2）掌握环节动物门各纲动物在形态结构方面发生的适应性特化。

## 二、实验器材

显微镜、解剖镜、放大镜、解剖盘、镊子、解剖剪、解剖针、大头针、纱布等。
成熟的蚯蚓活体。

## 三、实验步骤

### （一）蚯蚓外形观察

蚯蚓为两头略尖的长柱状动物，颜色较深的一侧为背面，较浅的一侧为腹面。靠近前端有 1 条棕红色加唇的环带。身体由许多体节组成，体节之间有节间沟。各体节中央有 1 圈刚毛。体前端第 1 节为围口节，其中间是口，口的背侧有肉质的口前叶，取食时口前叶常膨胀。在第 14～第 16 节的表皮层加厚，棕红色，为环带，体末端纵裂状开口为肛门。

用纱布将蚯蚓背面擦干后，以手指轻轻捏压其体两侧，可见液体自节间沟背中线处冒出，此处即背孔。在第 6/7、第 7/8、第 8/9 节间沟的腹面两侧有 3 对受精囊孔，受精囊孔常开口在小而圆的生殖乳突中央（有时生殖乳突不明显，将虫体向背面弯曲，可见这些节间沟处的裂缝状开口，即为受精囊孔）。第 14 节（环带所在的第 1 个体节）腹中线上有 1 个雌性生殖孔。第 18 节腹面两侧各有 1 个雄性生殖孔，雄性生殖孔附近常有一些小的生殖乳突。

### （二）蚯蚓运动方式的观察

将蚯蚓放在装有土的培养皿中，观察蚯蚓的运动方式。

### （三）蚯蚓的解剖

左手执浸制标本或者用乙醚麻醉后的蚯蚓，右手执解剖剪，从背中央略偏背中线处，从肛门前一直剪到前端，保持口和肛门的完整性。剪蚯蚓体壁时，剪刀尖应略上翘，以防戳破消化管壁使其内泥沙外溢而影响观察。将解剖开的蚯蚓放入解剖盘，用解剖针划断（从中间开始分别向前和向后划）连于体壁和内脏之间的隔膜，将体壁与内脏分离。第 9～14 节内容纳着生殖器官，要注意先保留这些体节腹方的隔膜。身体前端的隔膜为肌肉质，可用小剪刀仔细分离。然后用大头针将体壁固定在解剖盘上（在固定前面 20 个体节时，最好能够记录每个大头针所在体节的位置，以便在后面的观察过程中依据大头针的位置来定位体节），也可以边分离隔膜边固定体壁。然后进行如下观察。

1. 消化系统

将体壁固定在解剖盘上后观察，最明显的是 1 条黄褐色、贯穿身体前后的直管，为消化管，其内常充满泥土。消化管的最前端为口和口腔；其后为咽，咽椭圆形，肌肉较发达，硬且有弹性；咽后为细长的食道，其后为薄壁的嗉囊，之后为球状的砂囊，肌肉发达；砂囊之后为细管状的胃，常被生殖器官所掩盖，胃后接肠，一直到体末端，并在第 26 或第 27 节在肠两侧向前伸出 1 对锥形盲囊，肛门开口于体外。

2. 循环系统

在肠的背中央有 1 条紫黑色的细线，为背血管。将身体中后部的一段肠轻轻拨开，可见肠下、腹中线处有 1 条略细的血管，为腹血管。移开肠，挑起白色的腹神经索，神经索下有 1 条很细的血管，为神经下血管。在第 7、第 9、第 12、第 13 等体节内，有 4 对连接背、腹血管的半环形管，称为动脉弧（或称心脏），麻醉的蚯蚓可以观察到动脉弧的搏动。不同种类的蚯蚓，动脉弧数目及所在位置存在差异。体前端消化管两侧（第 15 节前）有 1 对较细的血管，为食道侧血管。

3. 生殖系统

蚯蚓为雌雄同体，在第 11、第 12 节内，有 2 对白色贮精囊，贮精囊呈不规则分叶状，很发达，常充满整个体节。在第 10、第 11 节内，有 2 对精巢囊，紧贴于第 10/11 和第 11/12 隔膜。观察精巢囊时，用镊子轻拉第 10/11 或者第 11/12 隔膜，再用一把镊子将消化管等器官轻轻推向一侧，可见腹神经索两侧小米粒大小的精巢囊。用解剖针挑破精巢囊，用水轻轻冲去囊内絮状物，解剖镜下观察，可见精巢囊前方内壁上有 1 个白色小点状物，即精巢，囊内后方皱褶状的结构为精漏斗。每侧的前、后精巢囊向外侧各发出 1 条细小的输精管，同侧的 2 条输精管汇合成 1 条，向后通到第 18 节处，由雄性生殖孔通向体外。在第 18 节消化管的两侧有 2 个较大的浅肉色或白色结构，为前列腺。用镊子外拉第 12/13 隔膜，同时将消化管轻轻拨开，可见在第 13 节的前腹缘、紧贴于第 12/13 隔膜之后，有两团很小的絮状结构，为卵巢。在卵巢后方第 13/14 隔膜之前，有 1 对皱褶状的卵漏斗。用镊子夹起第 13/14 隔膜，可见在第 14 节前半部有 1 对很短的输卵管，2 条输卵管在第 14 节腹中央汇合，由雌性生殖孔通向体外。在第 7~9 节，有 3 对受精囊（不同种类受精囊的数量有差异），受精囊由主体和盲管组成，主体又可分坛及坛管两部分。

4. 神经系统

轻轻推开消化管，可见一紧贴腹中央体壁的白色的链状结构，为腹神经索。腹神经索在每体节各有 1 个稍膨大的神经节，神经节发出神经到体壁。沿腹神经索向前查看，腹神经索向前止于膨大的咽下神经节，咽下神经节向两侧的分支为围咽神经，左右围咽神经在咽上方汇合，并膨大为脑。脑埋于肌肉中，需要仔细剥离。

5. 排泄器官

撕取隔膜周围的絮状物，制作临时装片，显微镜下可见许多细管，即为小肾管。

### （四）蚯蚓横切片的观察

可以看到“管中套管”的结构，外面的“管壁”比较厚，为体壁，里面的“管壁”相对较薄，为肠壁，体壁和肠壁之间的空腔为体腔，体腔中有许多无序排列的组织，多为小肾管的断面。

1. 体壁

可分 5 层。最外面一层非细胞构造的薄膜为角质膜。思考蚯蚓体壁外层角质膜有保护的作用，但蚯蚓也通过体壁进行呼吸，这个矛盾是如何解决的。角质膜内为单层柱状上皮细胞组成的上皮层，其中有许多染色较深的腺细胞。上皮层之下为一薄层环肌，紧贴环肌的纵肌层较厚，成束。体壁最内的一层由单层扁平细胞组成，为壁体腔膜。有些切片可见略透明、淡黄色的刚毛，自体壁穿出，但注意不要把小束肌肉判为刚毛，可以依据颜色或者在高倍镜下的结构差异来区别它们。

2. 肠壁

可分 4 层。肠壁的最外层为单层细胞组成的脏体腔膜，也称黄色细胞。其下为很薄的纵肌层，需要在高倍镜下仔细寻找才可以看清肌纤维的断面，纵肌内为薄的环肌，肠壁最内侧一层比较厚，由单层柱状上皮组成，为肠上皮层。肠背面下凹成一纵槽，称盲道。依据盲道可以区分蚯蚓横切面的背腹方位。

3. 体腔及其他器官

体壁和肠壁之间的空腔为体腔。肠背面中央、盲道的上方红色斑块为背血管；肠腹面中央的红色斑块为腹血管，以系膜与肠相连；腹血管下方有一较大的椭圆形结构，为腹神经索，腹神经索向两侧发出神经纤维。高倍镜下，可见神经索主要由 2 条纵行的神经纤维组成，在神经索之内、2 条纵行纤维的上方有 3 条较粗大的神经纤维，为巨神经。神经索下方、神经索与体壁纵肌之间有一非常细小的血管，为神经下血管（有些切片中，神经下血管紧贴于体壁纵肌之上或贴于神经索之下）。

## 四、课后提升

（1）绘蚯蚓横切面放大图，并标明各部分名称。

（2）简述蚯蚓哪些特征代表了环节动物门的主要特征。

# 实验 6　圆田螺外形和内部观察及解剖

## 一、实验目的

（1）通过解剖观察圆田螺的形态和结构，掌握腹足纲和软体动物门的主要特征。

（2）认识双壳纲、腹足纲和多板纲的重要类群。

## 二、实验器材

放大镜、解剖镜、蜡盘、解剖剪、大头针、解剖针、镊子。

活体圆田螺标本。

## 三、实验步骤

### （一）圆田螺外形观察

圆田螺壳由多个螺层组成，最小的螺层位于顶部，最大的螺层位于底部，螺层与螺层之间的界线为缝合线，螺的开口为壳口。螺层旋转所围绕的中心轴为壳轴，从破损的螺壳可见壳轴。从顶部看，由上到下，圆田螺的螺层是沿顺时针方向旋转的，称之为右旋，也可以根据壳口相对壳轴的位置来判断，尖尖的底部朝上，壳口朝向观察者，如壳口位于壳轴的右边，则称为右旋。请注意手中的圆田螺是左旋还是右旋。体螺层为螺壳中最下面、最大的一个螺层，头和足主要被容于其中；除体螺层外的其他螺层为螺旋部，是容纳其他器官的地方。

取一浸制标本，用小骨剪或镊子自体螺层开始，依次轻轻敲破螺壳，用镊子将碎壳片除去，细心地将软体部剥离并分离各器官：1 对圆锥形的触角，雄性的右触角特化，短而粗，为交配器官；触角基部外侧各有一突起，其上着生黑色的眼，触角所在的部分为头；头部前端有肌肉质吻，吻的前端为口；头的后面两侧有外套膜边缘增厚形成的褶，左侧开口较小，为入水管，右侧开口较大，为出水管；腹面为扁平的肌肉质足，足背方为内脏团，内脏团被薄而略透明的外套膜包裹；足背后方有一褐色的角质厣。

用三点法将软体部分固定：用镊子将头部轻拉向体左侧，用 1 根大头针插入头部并固定；将足拉向右侧用 1 根大头针固定足末端；用 1 根大头针固定外套膜的增厚部分。

### （二）解剖观察

将解剖剪沿出水管插入，沿膜下淡黄色的鳃和暗褐色的肠管剪开外套膜，见外套腔，依次进行如下观察。

1. 鳃

在外套腔的左侧、紧贴外套膜，有 1 个栉状鳃，由 1 排三角形的小片组成。

2. 消化管和消化腺

最前端有口，口后为膨大的咽，内有内舌。咽后接细长的食道，食道后为膨大的胃，胃后为管状的肠和直肠，最后以肛门开口于外套腔内。

唾液腺位于食道与胃之间，有管入咽。肝褐色，位于胃的周围，扭曲盘旋于内脏团的顶端。

3. 循环系统

在鳃的末端、胃前方有 1 个薄膜状的围心腔，内有 1 肌肉质心室和 1 个壁薄的心耳。心室向前端发出 1 根主动脉，然后分为 2 支。一支为前大动脉（也称头动脉），分支后分别通入头、足、外套膜等器官中；另一支为后大动脉（也称内脏动脉），通到内脏团中。

4. 排泄系统

围心腔之前的淡黄色的圆锥形结构为肾，从肾体右侧伸出的薄壁细管为输尿管，输尿管与直肠平行排列前行，末端以肾孔开口于外套腔中，肾孔位于肛门之后。

5. 生殖系统

卵巢为不规则的细管状结构，位于直肠的上半部，卵巢之后细长的管道为输卵管。子宫发达，位于输卵管之后，生殖季节其内常可见小圆田螺。雌性生殖孔位于外套腔内，和肛门并列。

精巢黄色，长 2~3.5 cm，镰刀状，在外套腔右侧，自精巢前端 1/4 发出的粉红色细管为输精管，输精管很短，不足 1 cm，输精管向左侧横行，后接膨大的贮精囊（前列腺），贮精囊长约 2 cm。贮精囊前行，后接细长的射精管，射精管伸入右触角，以雄性生殖孔开口于触角顶端。

6. 神经系统

仔细剥离咽部的肌肉，可见口球之后、食道周围有多对黄色的神经节。最发达的 1 对脑神经节，位于口球之后、食道的背侧，发出神经到头部的触角、眼、口等器官，2 个脑神经节间有神经索相连。侧神经节 1 对，较小，位于脑神经节之后，发出神经到外套膜等器官。食道腹侧、内脏团与足交界处有 1 对发达的足神经节，发出神经到足，2 个足神经节间以神经索相连。食道神经节 1 对，较小，位于侧神经之后、食道的背腹两侧，其中，食道之上的称食道上神经节，食道之下的为食道下神经节。侧神经节后可见 1 条神经沿食道后行，连于位于食道的末端处的 1 对脏神经节上，为侧脏神经连索，侧脏神经连索为“8”字形。

## 五、课后提升

绘圆田螺内部构造图，并标明其名称。

# 实验 7　中国明对虾外形和内部观察及解剖

## 一、实验目的

（1）掌握中国明对虾的形态结构和机能，理解学习甲壳动物的主要特征。

（2）认识几种甲壳亚门、螯肢亚门和多足亚门的重要类群代表动物。

## 二、实验器材

放大镜、解剖镜、蜡盘、解剖剪、大头针、解剖针、镊子等。

中国明对虾活体标本。

## 三、实验步骤

### （一）中国明对虾的运动方式观察

注意中国明对虾在行走、游泳和取食时各附肢的运动情况，用玻璃棒触动虾体，观察其在受到较大扰动后的运动方式。

### （二）中国明对虾的外形观察

取 1 个中国明对虾活体标本置于解剖盘内，注入清水，进行观察，可见中国明对虾身体分头胸部和腹部，体表被几丁质外骨骼，体色多为淡青色至半透明。

1. 头胸部

头胸甲包在整个头胸部外面，约占体长的一半。头胸甲向前端中央延伸形成 1 个侧扁的棘状突起，为额剑；额剑上缘和下缘有锯齿，锯齿的数量和分布是分类的依据之一。额剑基部的下方两侧各有 1 个粗短的眼柄，端部着生有复眼。

2. 腹部

中国明对虾的腹部长而侧扁，明显分为 6 个体节，其后为 1 尾节。尾节扁平，腹面正中有 1 条纵裂缝，为肛门。

3. 附肢

中国明对虾有附肢 19 对。各附肢内肢和外肢的结构与机能变化非常大。

左手持虾，使其腹面朝向观察者，仔细观察中国明对虾各附肢的形态和着生位置。将附肢从前到后依次取下，按顺序放在解剖盘内。头胸部及腹部附肢由前到后依次如下所示。

（1）头部附肢。

共 5 对，2 对触角、1 对大颚和 2 对小颚。眼柄内侧、额剑下方有 1 对小触角，末端为细的触鞭。眼柄下方为 1 对大触角，触鞭很长，基节腹面有排泄孔。

大颚坚硬，分为门齿部和臼齿部。门齿部扁平，边缘有小齿，可切断食物；臼齿部的齿面有小突起，可研磨食物。

（2）胸部附肢。

共 8 对，3 对颚足和 5 对步足。

第 1 颚足外肢基部大；第 2、第 3 颚足的内肢发达，外肢细长。

步足为 5 对。原肢 2 节，称基节和底节。内肢发达，分为座节、长节、腕节、掌节和指节 5 节，外肢退化。雄虾的第 5 对步足基部内侧各有 1 个雄性生殖孔，雌虾的第 3 对步足基部内侧各有 1 个雌性生殖孔。

（3）腹部附肢。

包括 5 对游泳足和 1 对尾肢。游泳足呈扁平片状，原肢 2 节，内、外肢均不分节，周缘密生刚毛。雄虾第 2 对腹肢的内肢特化为交接器。

### （三）中国明对虾的解剖观察

用解剖剪将左侧头胸甲的下半部剪开并移去，可见鳃腔内的鳃。小心分离头胸甲上半部与其下器官的联系，完全移去左侧头胸甲。

#### 1. 鳃

在第 2、第 3 颚足和第 1~5 步足基部，有 7 对羽状的足鳃。

#### 2. 循环系统

头胸部后半部背侧的囊状结构为围心窦。用镊子轻轻撕开围心窦膜，可见半透明、近六边形的肌肉囊，为心脏。用放大镜观察心脏的背面、侧面和腹面，可见 3 对心孔。用镊子轻轻提起心脏，心脏向前发出 1 条短而粗的半透明的胸上动脉。心脏后端发出 1 条肠上动脉，肠上动脉位于后肠背方，与后肠并行贯穿于整个腹部；肠上动脉基部向腹部分出 1 条动脉，称胸直动脉，胸直动脉通向腹面的动脉。

#### 3. 生殖系统

中国明对虾雌雄异体。生殖腺位于围心窦腹面，紧贴围心窦，用镊子推开心脏即可见如下结构。

雄性具精巢 1 对，白色。轻轻提起精巢，可见每侧精巢向侧下方发出 1 条细长的输精管，雄性生殖孔位于第 5 对步足基部内侧。

雌性有卵巢 1 对，卵巢大小和形状随发育时期的不同而有很大差别。每侧卵巢发出 1 条短小的输卵管，其末端开口于第 3 对步足基部内侧的雌性生殖孔。

#### 4. 消化系统

用镊子移去生殖腺，可见其下方两侧各有一大团黄褐色的肝，移去一侧的肝，可见其前下方囊状的胃。胃分为贲门胃和幽门胃两部分。额剑后下方，较大且壁薄的为贲门胃，透过胃壁可见其内的深色食物；贲门胃之后较小的圆囊为幽门胃，壁较厚。中肠之后，贯穿整个腹部的薄壁细管为后肠，透过肠壁可见内有深色食物。肛门开口于尾肢与尾节之间。

#### 5. 排泄系统

除去贲门胃和肝，在大触角基部外骨骼的内侧，有 1 个扁圆形腺体，为触角腺，是成虾的排泄器官。由于生活状态下中国明对虾的触角腺呈绿色，故又称绿腺，浸制标本常为白色。触角腺后接大而壁薄的膀胱，膀胱伸出短管，开口于大触角基部腹面的排泄孔。

6. 神经系统

用镊子将其他内脏器官除去，仅保留食道。用解剖刀自背侧向腹侧剖开肌肉，可看到腹面中央白色索状的腹神经链，它由 2 条神经干愈合而成，腹神经链上有 12 个神经节。用镊子分离有关组织，沿腹神经链前行，可见管道下的第 1 个神经节较大，为食道下神经节；沿食道下神经节向上小心地剥离，在食道左右两侧有 2 条围食道神经；沿围食道神经向前，在食道之上，围食道神经汇合处（位于两眼基部之间）有 1 个较大神经节，为脑神经节。

## 四、课后提升

绘中国明对虾外形图，注明各部分结构名称。

# 实验 8 鲤鱼（鲫鱼）的外形和内部观察及解剖

## 一、实验目的

（1）通过对鲤鱼（鲫鱼）的结构观察，了解硬骨鱼类的主要特征以及鱼类适应水生生活的形态结构特征。

（2）学习硬骨鱼内部解剖的基本操作方法。

## 二、实验器材

解剖器、解剖盘、棉花等。

新鲜鲤鱼（或鲫鱼），鲤鱼（或鲫鱼）整体和分散骨骼标本。

## 三、实验步骤

### （一）解剖

将新鲜鲤鱼（或鲫鱼）置于解剖盘中，使其腹部向上。用剪刀在肛门前与体轴垂直方向剪一小口，将剪刀尖插入切口，沿腹中线向前经腹鳍中间剪至下颌。使鱼侧卧，左侧向上，自肛门前的开口向背方剪到侧线，沿侧线偏左剪至鳃盖后缘，再沿鳃盖后缘剪至下颌，除去左侧体壁肌肉，使心脏和内脏暴露。用棉花拭净器官周围的血迹及组织液，置入盛水的解剖盘内观察。

注意：剪开体壁时剪刀尖不要插入太深，而应向上翘，以免损伤内脏；移去左侧体壁肌肉前，注意用镊子将体腔腹膜与体壁剥离开，以不致损坏覆盖在前后鳔室之间的肾和紧靠头后部的头肾。

### （二）观察

在腹腔前方，最后一对鳃弓后腹方为围心腔，它借横膈与腹腔分开。心脏位于围心腔内。在腹腔里，脊柱腹方是白色囊状的鳔，覆盖在前、后鳔室之间的三角形暗红色组织，为肾的一部分。鳔的腹方是生殖腺，雄性为乳白色的精巢，雌性为黄色的卵巢。腹腔腹侧盘曲的管道为肠管，在肠管之间的肠系膜上，有暗红色、散漫状分布的肝胰脏。在肠管和肝胰脏之间，有 1 个细长红褐色器官，为脾。

1. 生殖系统

由性腺和生殖导管组成。

性腺外包有极薄的膜。雄性有精巢 1 对，性成熟时纯白色，呈扁长囊状；性未成熟时往往呈淡红色，常左右不对称且有裂隙。雌性有卵巢 1 对，性未成熟时为淡橙黄色，长带状；性成熟时呈微黄红色，长囊状，几乎充满整个腹腔，内有许多小型卵粒。

生殖导管为性腺表面的膜向后延伸的细管，即输精管或输卵管。很短，左右两管后端合并，通入泄殖窦，泄殖窦以泄殖孔开口于体外。

观察毕，移去左侧性腺，以便观察其他器官。

2. 消化系统

包括口腔、咽、食管、肠和肛门组成的消化管，以及肝胰脏和胆囊。此处主要观察食管、肠、肛门和胆囊。用钝头镊子将盘曲的肠管展开。

肠管最前端接食管，食管很短。食管背面有鳔管通入，此处为食管和肠的分界点。肠为体长的2~3倍。肠的前2/3为小肠，后部较细的为大肠，最后一部分为直肠，直肠以肛门开口于臀鳍基部前方。

胆囊为1个暗绿色的椭圆形囊，位于肠管前部右侧，大部分埋在肝胰脏内，以胆管通入肠前部。

3. 鳔

位于消化管背方的银白色囊，一直伸展到腹腔后端，分前后两室。后室前端腹面发出细长的鳔管，通入食管背壁。

观察毕，移去鳔，以便观察排泄系统。

4. 排泄系统

包括1对肾、1对输尿管和1个膀胱。

肾紧贴于腹腔背壁正中线两侧，为红褐色狭长形器官。在鳔的前、后室相接处扩大，称头肾，是拟淋巴腺。

左右肾最宽处各通出1条细管，即输尿管，沿腹腔背壁后行，在近末端处两管汇合通入膀胱。

两输尿管后端汇合后稍扩大形成的囊为膀胱，其末端稍细，开口于泄殖窦。

5. 循环系统

主要观察心脏、腹大动脉及入鳃动脉。心脏位于两胸鳍之间的围心腔内，由1心室、1心房和静脉窦组成。

心室位于围心腔中央处，淡红色，其前端有1个白色厚壁的圆锥形小球体，为动脉球。

心房位于心室的背侧，暗红色，薄囊状。

静脉窦位于心房后端，暗红色，壁很薄，不易观察。

自动脉球向前发出1条较粗大的血管，为腹大动脉。沿腹大动脉向前剥离，可见4对分支的入鳃动脉分别进入鳃弓。

以上观察毕，将剪刀伸入口腔，剪开口角，并沿眼后缘将鳃盖剪去，以暴露口腔和鳃。

6. 口腔与咽

口腔由上、下颌包围合成，颌无齿，口腔背壁由厚的肌肉组成，表面有黏膜，腔底后半部有不能活动的三角形舌。

口腔之后为咽部，其左右两侧有5对鳃裂，相邻鳃裂间生有鳃弓，共5对。第5对鳃弓特化成咽骨，其内侧着生咽齿。咽齿与咽背面的基枕骨腹面角质垫相对，能压碎食物。

7. 鳃

鳃是鱼类的呼吸器官。鲤鱼（或鲫鱼）的鳃由鳃弓、鳃耙、鳃片组成，鳃间隔退化。

鳃弓位于鳃盖之内，咽的两侧，共 5 对。每鳃弓内缘凹面生有鳃耙；第 1~4 对鳃弓外缘并排长有 2 个鳃片，第 5 对鳃弓没有鳃片。

鳃耙为鳃弓内缘凹面上成行的三角形突起。第 1~4 对鳃弓各有 2 行鳃耙，左右互生，第 1 对鳃弓的外侧鳃耙较长；第 5 对鳃弓只有 1 行鳃耙。

鳃片薄片状，鲜活时呈红色。每个鳃片称半鳃，长在同一鳃弓上的 2 个半鳃合称全鳃。剪下 1 个全鳃，放在盛有少量水的培养皿内，置于解剖镜下观察。可见每一鳃片由许多鳃丝组成，每一鳃丝两侧又有许多突起状的鳃小片，鳃小片上分布着丰富的毛细血管，是气体交换的场所。横切鳃弓，可见 2 个腮片之间退化的鳃间隔（图 4-1）。

## 四、示范

示范观察鲤鱼的脑。从两眼眶下剪，沿体长轴方向剪开头部背面骨骼；再在两纵切口的两端间横剪；小心移去头部背面骨骼，用棉球吸去银色发亮脑脊液，脑便显露出来。从脑背面观察。

1. 端脑

由嗅脑和大脑组成。大脑分左右两个半球，各呈小球状位于脑的前端，其顶端各伸出 1 条棒状的嗅柄，嗅柄末端为椭圆形的嗅球，嗅柄和嗅球构成嗅脑。

2. 中脑

位于端脑之后。较大，受小脑瓣所挤而偏向两侧，各呈半月形突起，又称视叶。

3. 延脑

是脑的最后部分，由 1 个面叶和 1 对迷走叶组成，面叶居中，其前部被小脑遮蔽，只能见到其后部，迷走叶较大，左右成对，在小脑的后两侧。延脑后部变窄，连脊髓。

## 五、课后提升

（1）据观察，绘鲤鱼（或鲫鱼）的内部解剖图，注明各器官名称。

（2）归纳硬骨鱼类的主要特征，以及鱼类适应于水中生活的形态结构特征。

# 实验 9 青蛙（蟾蜍）的外形和内部观察及解剖

## 一、实验目的

（1）通过对青蛙或蟾蜍外形、皮肤、肌肉、消化、生殖、泌尿系统的观察，了解脊椎动物由水生到陆生的过渡中，两栖类在结构和功能上所表现出的初步适应陆生的特征。

（2）学习青蛙（或蟾蜍）的双毁髓处死方法。

## 二、实验器材

蜡盘、解剖剪、解剖针、镊子、解剖刀。

活青蛙（或蟾蜍）。

## 三、实验步骤

### （一）双毁髓处死方法

以左手握住青蛙，背部向上，用食指压住其头部，使其略向下弯，将毁髓针自枕骨大孔插入，先左右横断脊髓，再向前伸入颅腔捣毁脑，然后再将毁髓针撤回至枕骨大孔，反向插入脊椎管破坏脊髓。蛙四肢肌肉完全松弛，表示处死成功。

用双毁髓法处死活青蛙（或蟾蜍），针尖刺入颅腔毁脑时，针的倾斜角度必须很小。实验材料若为蟾蜍，操作中应注意不宜近距离注视，不要挤压其耳后腺，防止耳后腺分泌物射入实验者眼内（如被射入，则立即用清水冲洗眼睛）。

### （二）观察青蛙（蟾蜍）外形

1. 头部

青蛙（或蟾蜍）头部扁平，略呈三角形。口宽大。上颌背侧前端有 1 对外鼻孔，外鼻孔外缘具鼻瓣。眼大而突出，具上下眼睑；下眼睑内侧有半透明的瞬膜。两眼后各有一圆形鼓膜（蟾蜍的鼓膜较小，在眼和鼓膜的后上方有 1 对椭圆形隆起，称耳后腺）。雄青蛙口角内后方各有一浅褐色膜壁为咽侧外声囊，鸣叫时鼓成泡状（蟾蜍为内声囊，外表不可见）。

2. 躯干部

青蛙的躯干部短而宽，躯干后端两腿之间偏背侧有 1 个小孔，为泄殖腔孔。

蟾蜍的体形粗壮，头部宽大，口部宽阔，嘴端呈圆形。它们的眼睛较大且凸出，具有明显的鼓膜和鼓膜棱脊。蟾蜍的前肢粗壮而长，后肢虽然也粗壮，但相对较短。

3. 四肢

前肢短小，由上臂、前臂、腕、掌、指 5 部分组成。4 指，指间无蹼。生殖季节，雄青蛙（或雄蟾蜍）第 1 指基部内侧有一膨大突起，称婚瘤，为抱对之用。后肢长而发达，分为股、胫、跗、跖、趾 5 部分。5 趾，趾间有蹼。在第 1 趾内侧有一较硬的角质化的距。蟾蜍四肢短钝，后肢比青蛙的短，趾间蹼不发达。

## （三）观察青蛙（蟾蜍）皮肤

青蛙背面皮肤粗糙，背中央常有 1 条窄而色浅的纵纹，两侧各有 1 条色浅的背侧褶。背面皮肤颜色变异较大，并有不规则黑斑。腹面皮肤光滑，白色。

蟾蜍体表极粗糙，有大小不等的圆形瘰疣，但头部背面无瘰疣。背面皮肤暗黑色，体侧和腹部浅黄色，间有黑色花纹。

## （四）观察青蛙（蟾蜍）口咽腔

口咽腔为消化和呼吸系统的通道。

1. 舌

左手持镊将青蛙（或蟾蜍）的下颌拉下，可见口咽腔底部中央有一柔软的肌肉质舌，其基部着生在下颌前端内侧，舌尖向后伸向咽部。右手用镊子轻轻将舌从口咽腔内向外翻拉出展平，可看到青蛙的舌尖分叉（蟾蜍舌尖钝圆，不分叉）。用手指触舌面，有黏滑感。右手持剪剪开左右口角至鼓膜下方，令口咽腔全部露出。

2. 内鼻孔

1 对椭圆形孔，位于口腔顶壁近吻端处。取 1 根鬃毛从外鼻孔穿入，可见鬃毛由内鼻孔穿出。

3. 齿

青蛙沿上颌边缘有 1 行细而尖的牙齿，齿尖向后，即颌齿（蟾蜍无齿）。在 1 对内鼻孔之间有 2 丛细齿，为犁齿（蟾蜍无齿）。

4. 耳咽管孔

位于口腔顶壁两侧，颌角附近的 1 对大孔。用镊子由此孔轻轻探入，可通到鼓膜。

5. 声囊孔

雄青蛙口腔底部两侧口角处，耳咽管孔稍前方，有 1 对小孔，即声囊孔（雄蟾蜍无此孔）。

6. 喉门

为舌尖后方、腹面的具有纵裂的圆形突起。内由 1 对半圆形杓状软骨支持，两软骨间的纵裂即喉门，是喉气管室在咽部的开口。

7. 食管口

喉门的背侧，咽底的皱襞状开口。

## （五）观察青蛙（蟾蜍）的消化系统

将处死的蛙腹面向上置于解剖盘内，展开四肢。左手持镊，夹起腹面后腿基部之间泄殖腔稍前方的皮肤，右手持剪剪开一切口，由此处沿中线向前剪开皮肤，直至下颌前端。然后在肩带处向两侧剪开并剥离前肢皮肤；在股部作一环形切口，剥去皮肤至足部，这时蛙的肌肉完全暴露出来，用剪刀剪开腹部肌肉（注意不要破坏蛙的内脏），整个蛙的内脏便暴露出来。

1. 肝

红褐色，位于体腔前端，心脏的后方，由较大的左右两叶和较小的中叶组成。在中叶背面，左右两叶之间有1个绿色圆形小体，即胆囊。用镊子夹起胆囊，轻轻向后牵拉，可见胆囊前缘向外发出2根胆囊管，其中一根与肝管连接，接收肝分泌的胆汁，另一根与总输胆管相接。胆汁经总输胆管进入十二指肠。提起十二指肠，用手指挤压胆囊，可见有暗绿色胆汁经总输胆管进入十二指肠。

2. 食管

将心脏和左叶肝推向右侧，可见心脏背方有1条乳白色短管与胃相连，即食管。

3. 胃

为食管下端所连的1个弯曲的膨大囊状体，部分被肝遮盖。胃与食管相连处称贲门；胃与小肠交接处明显紧缩，变窄，为幽门；胃内侧的小弯曲，称胃小弯；外侧的弯曲称胃大弯；胃中间部称胃底。

4. 肠

可分小肠和大肠两部分。小肠自幽门后开始，向右前方伸出的一段为十二指肠；其后向右后方弯转并继而盘曲在体腔右下部，为回肠。大肠接于回肠，膨大而陡直，又称直肠；直肠向后通泄殖腔，以泄殖腔孔开口于体外。

5. 胰

为1条淡红色或黄白色的腺体，位于胃和十二指肠间的弯曲处。将肝、胃和十二指肠翻折向前方即可看到胰的背面。总输胆管穿过胰，并接受胰管通入。但胰管细小，一般不易看到。

6. 脾

在直肠前端的肠系膜上，有1个红褐色球状物，即脾。它是淋巴器官，与消化无关。

## （六）观察青蛙（蟾蜍）的呼吸系统

青蛙（蟾蜍）为肺皮呼吸。肺呼吸的器官有鼻腔、口腔、喉气管室和肺。

1. 喉气管室

左手持镊轻轻将心脏后移，右手用钝头镊子自咽部喉门处通入，可见心脏背方1条短粗略透明的管，即喉气管室，其后端通入肺。

2. 肺

为位于心脏两侧的1对粉红色、近椭圆形的薄壁囊状物。剪开肺壁可见其内表面呈蜂窝状，密布微血管。

## （七）观察青蛙（蟾蜍）的泄殖系统

青蛙（或蟾蜍）为雌雄异体，观察时可互换不同性别的标本。将消化管移向一侧，仔细观察以下结构。

1. 泌尿器官

①肾。1 对红褐色长而扁平的器官，位于体腔后部，紧贴背壁脊柱的两侧。将其表面的腹腔膜剥离开，即清楚可见。肾的腹缘有 1 条橙黄色的背上腺，为内分泌腺体。

②输尿管。由两肾的外缘近后端发出的 1 对壁很薄的细管，它向后延伸，分别通入泄殖腔背壁（蟾蜍的左右输尿管末端合并成一总管后通入泄殖腔背壁）。

③膀胱。位于体腔后端腹面中央，连附于泄殖腔腹壁的 1 个两叶状薄壁囊。膀胱被尿液充满时，其形状明显可见。

④泄殖腔。为粪、尿和生殖细胞共同排出的通道，以单一的泄殖腔孔开口于体外。

2. 雄性生殖系统

①精巢。1 对，位于肾腹面内侧，近白色，卵圆形（蟾蜍的精巢常为长柱形），其大小随个体和季节的不同而有差异。

②输精小管和输精管。用镊子轻轻提起精巢，可见由精巢内侧发出的许多细管，即输精小管，它们通入肾前端。雄青蛙（或雄蟾蜍）的输尿管兼输精。雄蟾蜍精巢前方，有 1 对扁圆形的比德器，为退化的卵巢。在肾外侧各有 1 条细长管，为退化的输卵管，其前端渐细而封闭，后端左右合一，开口于泄殖腔。

③脂肪体。位于精巢前端的黄色指状体，其体积大小在不同季节里变化很大。

3. 雌性生殖系统

①卵巢。1 对，位于肾前端腹面，形状大小因季节不同而变化很大。在生殖季节极度膨大，内有大量黑色卵，未成熟时呈淡黄色。

②输卵管。为 1 对长而迂曲的管，乳白色，位于输尿管外侧。以喇叭状开口于体腔；后端在接近泄殖腔处膨大成囊状，称为子宫。子宫开口于泄殖腔背壁（蟾蜍的左右子宫合并后，通入泄殖腔）。

③脂肪体。1 对，与雄性的相似，黄色，指状，临近冬眠季节时体积很大。雌蟾蜍的卵巢和脂肪体之间有橙色球形的比德器，为退化的精巢。

## （八）观察青蛙（蟾蜍）的循环系统

心脏位于体腔前端胸骨背面，被包在围心腔内，其后是红褐色的肝。在心脏腹面，用镊子夹起半透明的围心膜并剪开，心脏便暴露出来。从腹面观察心脏的外形及其周围血管。

1. 心房

为心脏前部的 2 个薄且有皱襞的囊腔，左右各一。

2. 心室

1 个，连于心房之后的厚壁部分，圆锥形，心室尖向后。在两心房和心室交界处有明显的冠状沟，紧贴冠状沟有黄色脂肪体。

3. 动脉圆锥

由心室腹而右上方发出的 1 条较粗的肌质管，色淡。其后端稍膨大，与心室相通。

其前端分为两支，即左右动脉干。

4. 静脉窦

在心脏背面，有1个暗红色三角形的薄壁囊。其左右两个前角分别连接左右前腔静脉，后角连接后腔静脉。静脉窦开口于右心房。在静脉窦的前缘左侧，有很细的肺静脉注入左心房。

## 四、课后提升

根据解剖观察，绘制蛙（或蟾蜍）泄殖系统结构图，注明各器官的名称。

# 实验 10　家鸡的外形和内部观察及解剖

## 一、实验目的

（1）通过对家鸡解剖的观察，认识鸟类各器官系统的基本结构及其适应于飞翔生活的主要特征。

（2）学习解剖鸟类的方法。

## 二、实验器材

解剖镜、解剖盘、解剖剪、解剖针、镊子、解剖刀、骨剪等。

活家鸡。

## 三、实验步骤

### （一）家鸡的外形观察

在实验前 20~30 min，将家鸡溺死（紧捏实验动物的胁部，加快窒息）。

解剖标本之前，先进行外形观察。家鸡具有纺锤形的躯体。全身分头、颈、躯干、尾和附肢 5 部分。除喙及跗跖部具角质覆盖物以外，全身被覆羽毛。头前端有喙。上喙基部两侧各有 1 个外鼻孔。眼具活动的眼睑及半透明的瞬膜。眼后有被羽毛遮盖的外耳孔。前肢特化为翼。用水打湿实验鸟腹侧的羽毛，然后拔掉它。在拔颈部的羽毛时要特别小心，每次不要超过 2 枚，要顺着羽毛方向拔。拔时以手按住颈部的薄皮肤，以免将皮肤撕破。把拔去羽毛的家鸡置于解剖盘里。注意观察 3 种羽毛的类型。注意羽毛的分布，并区分羽区与裸区。

### （二）家鸡的解剖观察

沿着龙骨突起切开皮肤。切口前至嘴基，后至泄殖腔。用解剖刀钝端分开皮肤。当剥离至嗉囊处时要特别小心，以免造成破损。

沿着龙骨的两侧及叉骨的边缘，小心切开胸大肌。留下肱骨上端肌肉的止点处，下面露出的肌肉是胸小肌。用骨剪剪断肋骨，将乌喙骨与叉骨连接处用骨剪剪断。将胸骨与乌喙骨等摘除，即可看到内脏的自然位置。将双连球玻璃管插入喉门并充气，可见腹部两侧的腹气囊膨胀。

1. 消化系统

（1）消化管。

①口腔。剪开口角进行观察。上下具有角质喙。舌位于口腔内，前端呈箭头状。在口腔顶部的 2 个纵走的黏膜褶壁中间有内鼻孔。口腔后部为咽部。

②食管。沿颈的腹面左侧下行，在颈的基部膨大成嗉囊。嗉囊可储存食物，并可部分地软化食物。

③胃。胃由腺胃和肌胃组成。腺胃又称前胃，上端与嗉囊相连，呈长纺锤形。剪开腺胃可观察内壁上丰富的消化腺。肌胃又称砂囊，上连前胃，位于肝的左叶后缘，为一扁圆形的肌肉囊。剖开肌胃，检视呈辐射状排列的肌纤维。肌胃胃壁厚硬，内壁覆有硬的角质膜，呈黄绿色。肌胃内藏沙粒，用以磨碎食物。

④十二指肠。位于腺胃和肌胃的交界处，呈“U”形弯曲（在此弯曲的肠系膜内，有胰腺着生）。注意找寻胆管和胰管的入口处。

⑤小肠。细长，盘曲于腹腔内，最后与短的直肠连接。

⑥直肠（大肠）。短而直，末端开口于泄殖腔。在其与小肠的交界处，有 1 对豆状的盲肠。鸟类的大肠较短，不能储存粪便。

（2）消化腺。

观察家鸡的肝，注意其共有几叶。如果所用材料是家鸽，家鸽不具胆囊。在肝的右叶背面有 1 个深的凹陷，自此处伸出 2 支胆管连通十二指肠。

2. 呼吸系统

（1）外鼻孔。

开口于上喙基部（家鸽位于蜡膜的前下方）。

（2）内鼻孔。

位于口顶中央的纵走沟内。

（3）喉。

位于舌根之后，中央的纵裂为喉门。

（4）气管。

一般与颈同长，以完整的软骨环支持。在左右气管分叉处有一较膨大的鸣管，是鸟类特有的发声器官。

（5）肺。

左右 2 叶。位于胸腔的背方，为 1 对弹性较小的实心海绵状器官。

（6）气囊。

与肺连接的数对膜状囊，分布于颈、胸、腹和骨骼的内部。

3. 循环系统

（1）心脏。

心脏位于躯体的中线上，体积很大。用镊子拉起心包膜，然后用小剪刀纵向剪开。从心脏的背侧和外侧除去心包膜，可见心脏被脂肪带分隔成前后两部分。前面褐红色的扩大部分为心房，后面颜色较浅的为心室。

（2）动脉。

靠近心脏的基部，把余下的心包膜、结缔组织和脂肪清理出去，暴露出来的 2 条较大的灰白色血管，即为无名动脉。

（3）静脉。

在左右心房的前方可见到 2 条粗而短的静脉干，为前腔静脉。

### 4. 泌尿生殖系统

（1）排泄系统。

①肾。紫褐色，左右成对，各分成3叶，贴近于体腔背壁。

②输尿管。由中叶内侧分出下行，通入泄殖腔。鸟类不具膀胱。

③泄殖腔。将泄殖腔剪开，可见到腔内具2横褶，将泄殖腔分为3室：前面较大的为粪道，直肠开口于此；中间为泄殖道，输精管（或输卵管）及输尿管开口于此；最后为肛道。

（2）生殖系统。

①雄性。具成对的白色睾丸。从睾丸伸出输精管，与输尿管平行进泄殖腔。不具外生殖器。

②雌性。右侧卵巢退化；左侧卵巢内充满卵泡；有发达的输卵管。输卵管前端借喇叭口通体腔；后方弯曲处的内壁富有腺体，可分泌蛋白并形成卵壳；末端短而宽，开口于泄殖腔。

## 四、课后提升

（1）绘制家鸡十二指肠及附近器官，并注明各部位名称。

（2）绘制正羽的基本结构图。

# 实验 11　家兔的外形和内部观察及解剖

## 一、实验目的

（1）了解哺乳动物肌肉系统的代表性种类和分布。

（2）通过对家兔的内脏系统的解剖观察，掌握解剖哺乳类的基本技术，了解哺乳类内脏各系统的主要特征。

## 二、实验器材

解剖盘、解剖器械、骨剪、10 mL 注射器及针头、棉花等。

活体家兔。

## 三、实验步骤

### （一）空气栓塞法处死家兔

用在耳部注射空气引起空气栓塞的方法处死家兔。一手抓兔耳和颈部皮肤，另一手托其臀部将兔腹面朝上托起（不能只抓双耳或抓提腰部），进入实验室后将其四足朝下放在解剖盘上。找到兔耳背面外缘的耳廓静脉，先拔光注射部位的被毛，用手指弹动或轮揉兔耳，或捏住耳根的血管近端使静脉充盈。在注射器中抽入 5~10 mL 空气，以小指按住针头，将针头尽量从静脉的远端以向心方向插入，将捏住耳根的手放开，此时将空气注入。然后将兔放在地上，数分钟后兔窒息而死。如第一针不成功，可在这一血管近心端再注射一针筒空气。

### （二）家兔外形观察

取处死后的家兔标本观察。

1. 身体分区

身体分为头、颈、躯干、尾和四肢。前肢较短弱，后肢长而有力。肘关节向后，膝关节向前。前肢五指，后肢四趾，指趾端均具爪。体表被毛。嘴边着生长而硬的触须。头部可分为颜面区（眼以前）和脑颅区（眼以后）。口围以肉质唇，上唇中央有纵裂。眼具上下眼睑，瞬膜退化。眼后有 1 对长而大的外耳壳。躯干分胸和腹两部分，胸、腹部的分界为最后的 1 对肋骨及胸骨剑突软骨的后缘。

2. 毛发分区

毛发分为毛干和毛根。毛根埋在皮肤内，由表皮形成的毛囊包裹。毛囊下端膨大成毛球。毛球底部凹陷，含有结缔组织、毛细血管和神经，称为毛乳头。毛囊附近有皮脂腺开口于毛囊。

3. 性别鉴定

雌兔腹部有乳头 4~5 对，尾基部前腹面有 2 个孔，泄殖孔在前，肛门在后。依据泄殖孔的形状可分辨雌雄。雄性为圆形，下接突出的圆锥状阴茎；处于繁殖期的成熟雄兔泄殖孔周围两侧有阴囊，内各有 1 个睾丸。雌性泄殖孔为长裂缝状，裂缝前端呈圆形。

## （三）肌肉观察

兔子肌肉中头部咀嚼肌、颈喉部肌肉、躯干部肌肉和四肢肌肉复杂而强大。

## （四）消化系统观察

将已经处死的家兔仰置于解剖盘中。用棉花蘸清水润湿腹部正中线的毛，然后自生殖器开口稍前方处，提起皮肤，沿腹中线自后向前把皮肤纵行剪开，直达下颌底为止。再从颈部将皮肤向左、右横向剪至耳廓基部。用镊子小心地清除皮下结缔组织，观察以下器官。

1. 唾液腺

兔有 4 对唾液腺。

①耳下腺（腮腺）。位于耳壳基部腹前方，为形状不规则的淡红色腺体。其导管向前越过咬肌表面而穿入上唇，开口在上颌第二前臼齿的部位。

②颌下腺。位于下颌腹面两侧，是1对硬实的卵圆形深红色腺体。将下颌腹表面结缔组织剥离拉开即可见其导管延伸向前，在舌下部连接下颌骨联合缝处开口入口腔。

③舌下腺。位于接近下颌骨联合缝处。将下颌骨联合缝用解剖刀柄撬开，用解剖镊提起颌下腺，找到透明有韧性的导管，伸向二腹肌背面。将二腹肌肌腹剪断，随导管进入舌部，用解剖刀或镊以与舌肌纤维垂直的方向在导管进入处切断部分舌肌，提起导管可看到它连着 1 个色较淡的小而扁长形腺体，即为舌下腺。

④眶下腺。位于眼窝底部前下方，粉红色，形状不规则。用解剖镊伸进眼窝底部前角，将此腺拉出。其导管穿过面颊开口在上颌第三臼齿的部位。哺乳动物一般不具此腺。此外，眼窝底部有较大的白色哈氏腺，眼窝后壁有淡红色泪腺，均具湿润眼球的功能。不要将眶下腺与它们混淆。

2. 口腔及咽

用解剖刀沿口角割开，将咬肌等咀嚼肌切断，用力将下颌拉下，使口张开。观察口腔内牙齿。软腭背面形成鼻咽管，使内鼻孔进一步后移，使呼吸道与消化管完全分开。口腔后部为咽部。

3. 消化管和消化腺

用解剖剪从泄殖孔稍前方开始沿腹中线向前剪开腹壁，直达胸骨剑突处。在胸腔后缘再向两侧剪开腹壁（注意将解剖剪稍向上挑，不要插入过深）。首先观察内脏各器官的自然位置，出前向后辨认肝、胃、盘旋的小肠、粗大的盲肠以及具深褶皱的结肠。将肝和胃向后推可见到横膈。横膈为结缔组织构成的圆形中央腱。横膈上有 3 个孔以通过食管、主动脉和后腔静脉。

食管位于气管背面，由咽部下行穿过横膈与胃相连。胃与食管交界处为贲门，后端以幽门与十二指肠相接。胃前缘较小的弯曲为胃小弯，其后缘为胃大弯，胃大弯左侧有1条长形暗红色腺体为脾。胃接小肠，小肠分化为十二指肠、空肠、回肠。十二指肠接胃。先向后行（降支），复折向前（升支），而呈“U”形弯出。在十二指肠肠系膜上有分散不规则的胰，以1条胰管开口于十二指肠，胰管开口的位置在距十二指肠升支起始位置5~7 cm处。十二指肠升支后接空肠，位于腹腔左侧，形成很多弯曲。其肠壁较厚且富含血管，使肠管略呈淡红色。回肠接空肠，较空肠短。

大肠包括盲肠、结肠和直肠。盲肠粗大。回肠与盲肠相接处形成厚壁的圆小囊，为淋巴组织。盲肠游离缘变细为蚓突。结肠的肠壁突起形成一系列结肠膨袋，以增加结肠表面积。结肠后为直肠，末端开口为肛门。

肝在腹腔前部，是全身最大的腺体，分为6叶：左中叶、左外叶、右中叶、右外叶、尾状叶和方形叶。尾状叶小，左外叶和右中叶最大。右中叶背面有1个长形暗绿色胆囊，以胆总管开口于紧接幽门处的十二指肠。

### （五）呼吸系统观察

气管通入胸腔后分成支气管入肺。肺呈海绵状，左肺2叶，右肺4叶。肺由复杂的支气管树和细支气管末端的肺泡组成。

### （六）排泄系统观察

将腹腔内的消化管移出，可见腰部脊柱两侧的1对深红色肾。右肾稍靠前。肾内侧凹陷为肾门。输尿管从肾门向后延伸，开门于膀胱基部的背侧面。膀胱是1个倒梨形肌肉质囊，顶部圆形，后部缩小通入尿道。雌性尿道仅排尿液，开口于阴道前庭，以泄殖孔通体外；雄性尿道长，兼作输精之用，开口于阴茎头。

### （七）生殖系统观察

1. 雄性

睾丸1对，白色卵圆形，在生殖期位于阴囊内，非繁殖期会缩回到腹腔。睾丸前端有呈索状的粉白色精索，其内包括生殖动脉、生殖静脉和神经。

2. 雌性

卵巢1对，呈淡红色，长椭圆形，位于肾后方，以卵巢系膜悬于第5腰椎横突附近体壁上，腺体较小，要仔细观察。卵巢表面突出有透明小圆泡，为成熟卵泡。输卵管为曲折的管道。输卵管下端膨大为子宫。兔为双子宫，左右子宫各有1个子宫颈连通阴道。

## 四、课后提升

绘制家兔消化管与主要消化腺简图，并注明各部分名称。

# 实验 12　校园昆虫分类见习

## 一、实验目的

（1）学习昆虫分类的基本知识。初步学会分类检索表的使用和制作方法。

（2）了解昆虫纲各重要目的主要特征，认识一些常见的代表种类，以及重要的经济昆虫。

## 二、实验器材

各种昆虫成虫的干制针插标本或浸制标本，部分卵块、幼虫和蛹的浸制标本，不同变态类型昆虫的生活史标本。校园或野外采集数种昆虫标本，供实验鉴定昆虫用。

## 三、实验步骤

### （一）昆虫不同口器类型的观察

1. 咀嚼式

如蝗虫的口器，为典型的咀嚼式。咀嚼式口器是最原始的口器类型。

2. 刺吸式

如蝉和蚊的口器，适合于刺破动植物表皮和吸食动植物汁液。口器各部分特化成细针状，上颚和下颚延长为细长的口针；端部有倒刺，主要起刺入寄主组织的作用；左右下颚口针嵌合形成食物道和唾液道，上颚包在下颚外侧；下唇延长成包被与保护口针的喙。蚊子具有 6 根口针，即除上颚和下颚口针外，上唇和舌也特化为口针。上唇口针较粗大，口针端部尖锐如利剑。

3. 嚼吸式

如蜜蜂的口器，适合于咀嚼花粉和吸吮花蜜。上唇和上颚与咀嚼式口器相同，上颚发达，主要用于咀嚼花粉与筑巢。下颚和下唇特化成可吸食液体食物的喙。下颚的外颚叶发达，刀片状，下唇的中唇舌与下唇须延长，当取食液体食物时，外颚叶包被在中唇舌的背侧两面形成食物道，下唇须合贴在中唇舌的腹面形成唾液道。

4. 舐吸式

如蝇类的口器，适合于舐食和吸取物体表面的液体食物。上、下颚均退化，仅余 1 对棒状的下颚须；下唇特化为喙，喙末端膨大成 1 对大的唇瓣，其上具环沟及纵沟，两唇瓣间有 1 小孔，称为前口，与食物道相通。取食时，唇瓣展开，平贴在食物上，在唧筒的作用下，液体食物经环沟和纵沟流入前口。

5. 虹吸式

如蝶、蛾类的口器，适合于吸吮花蜜。下颚的外颚叶发达，形成长而能卷曲的喙。两叶中间为食物道。取食时，借肌肉与血液的压力伸直。口器其余部分均退化，仅下唇须发达，外侧密生细长的鳞片，内侧光滑。

## （二）昆虫不同类型触角的观察

1. 刚毛状

鞭节纤细似刚毛。如蜻蜓、蝉的触角。

2. 丝状

鞭节各节细长，无特殊变化。如蝗虫、蟋蟀的触角。

3. 念珠状

鞭节各节圆球状。如白蚁的触角。

4. 锯齿状

鞭节各节的端部有一短角突起，整个触角形似锯条，如芫菁的触角。

5. 栉齿状

鞭节各节的端部有一长形突起，整个触角呈栉（梳）状。如一些甲虫、蛾类雌虫的触角。

6. 羽状（双栉状）

鞭节各节端部两侧均有细长突起，整个触角形似羽毛。如雄家蚕蛾的触角。

7. 膝状

鞭节与梗节之间弯曲成一角度。如蚂蚁、蜜蜂的触角。

8. 具芒状

鞭节仅一节，肥大，其上着生 1 根芒状刚毛。如蝇类的触角。

9. 环毛状

鞭节各节基部生有 1 圈刚毛。如雄蚊、摇蚊的触角。

10. 棍棒状

鞭节末端数节逐渐膨大，似棒球杆。如蝶类的触角。

11. 锤状

鞭节末端数节突然膨大。如露尾甲、郭公虫等的触角。

12. 鳃叶状

鞭节各节具片状突起，各片重叠在一起时似鱼鳃。如鳃金龟的触角。

## （三）昆虫不同类型足的观察

1. 行走足

各节均细长，适于行走，如蜚蠊的足。

2. 跳跃足

腿节粗大，胫节细长而多刺。适于跳跃，如蝗虫的后足。

3. 捕捉足

基节长大；腿节发达，腹缘有沟，沟两侧具成列的刺；胫节细长，腹缘亦具两列刺。适于捕捉和把握食物。如螳螂的前足。

4. 开掘足

各节均短而宽大；胫节端部有发达的齿；跗节极小，着生在胫节外侧，呈齿状。适于掘土，如蝼蛄的前足。

5. 游泳足

胫节和跗节皆扁平，边缘具成列的长毛，呈桨状。适于游泳，如龙虱的后足。

6. 抱握足

跗节 5 节，前 3 节特别膨大，呈吸盘状构造，每节有横走的吸盘多列，边缘有缘毛；后 2 节很小，末端具 2 爪。在交配时用以夹抱雌虫，如雄性龙虱的前足。

7. 携粉足

各节均具长毛，胫节下部扁宽，外侧光滑而凹陷，两边有成列长毛，相对环抱，形成“花粉篮”，用以携带花粉；跗节分 5 节，第 1 节膨大，内侧具有数排横列的硬毛，可用以梳刷黏附在体毛上的花粉；胫节与跗节相接处有 1 个缺口为压粉器。如蜜蜂的后足。

8. 攀握足

胫节腹面有 1 个指状突，能与跗节和爪合抱以握持毛发或织物纤维。如虱的足。

### （四）昆虫不同类型翅的观察

1. 膜翅

膜质，薄而透明，翅脉清晰可见。如蜂类的翅。

2. 覆翅

有时又称革翅。革质，稍厚有弹性，半透明，翅脉仍可见。如蝗虫的前翅。

3. 鞘翅

角质，厚而坚硬，不透明，翅脉不可见。如金龟子的前翅。

4. 半鞘翅

基部厚而硬，鞘质或革质，端半部膜质。如蝽类的前翅。

5. 鳞翅

膜质，表面密被由毛特化的鳞片。如蛾、蝶的翅。

6. 缨翅

膜质，狭长，边缘着生成列缨状毛。如蓟马的翅。

7. 毛翅

膜质，表面密被细毛。如石蚕蛾的翅。

8. 棒翅

又名平衡棒，特化成棒状或勺状。如蚊、蝇的后翅。

## （五）昆虫不同类型变态的观察

1. 不全变态

经过卵期—幼期—成虫期，翅在幼期虫态的体外发育，成虫的特征随幼虫的生长发育逐步显现。有翅亚纲外翅类除蜉蝣目以外的昆虫所具有。可分不同类型。

①渐变态。幼期与成虫期在体形、生境、食性等方面非常相似。如蝗虫、螳螂、蟑螂、蝽和蝉等昆虫。

②半变态。幼期水生，其体形、呼吸器官、取食器官、行动器官及行为等与成虫有明显的分化。如蜻蜓、蚊等昆虫。

2. 完全变态

经过卵—幼虫—蛹—成虫期，幼虫在外部形态、内部器官和生活习性上均与成虫不相同。如鞘翅目、鳞翅目、膜翅目等昆虫。

## （六）昆虫纲（广义）分目检索

昆虫纲（广义）分目检索表，如下所示（参照《普通动物学实验指导》）：

1. 有翅2对，后翅正常 …………………………………………………………… 2

　有翅1对，后翅特化为平衡棒 ……………………………………… 双翅目（Diptera）

2. 口器为虹吸式，体被鳞片 …………………………………… 鳞翅目（Lepidoptera）

　口器为非虹吸式，体不被鳞片 ……………………………………………………… 3

3. 前翅为鞘翅 ………………………………………………………… 鞘翅目（Coleoptera）

　前翅为非鞘翅，为覆翅 ……………………………………………… 直翅目（Orthoptera）

昆虫纲分目检索表（两项式），如下所示（参照《普通动物学实验指导》）：

1. 无翅；腹部第6节以前有附肢（无翅亚纲） …………………………………… 2

　有翅或无翅；腹部第6节以前无附肢（有翅亚纲） ………………………… 5

2. 无触角；腹部12节，前3节有附肢；无尾须 ………………… 原尾目（Protura）

　有触角；腹部最多11节 ………………………………………………………… 3

3. 腹部6节或更少，无尾须；附肢为：第1节有腹管，第3节有握弹器，第4、5节有弹器 ………………………………………………………………… 弹尾目（Collembola）

　腹部10或11节，有尾须，附肢为刺突或泡 …………………………………… 4

4. 腹端只有1对尾须（或尾铗），无中尾丝；无复眼 ………… 双尾目（Diplura）

　腹端有1对尾须及1中尾丝；有复眼 ……………………… 缨尾目（Thysanura）

5. 口器咀嚼式，有成对的上颚；或口器退化 ………………………………… 6

　口器非咀嚼式，无上颚；为虹吸式、刺吸式或舔吸式等 ……………………… 26

6. 有尾须 …………………………………………………………………………… 7

　无尾须（少数有尾须则头延伸成喙状） ………………………………………… 17

7. 触角刚毛状，翅竖在背上或平展而不能折叠 ………………………………… 8

　触角丝状，念珠状或剑状等；翅可以向后折叠，或无翅 ……………………… 9

8. 尾须细长而多节（有时还有中尾丝）后翅很小或无后翅，无翅痣……………………………………………………………………………………… 蜻蜓目（Odonata）

9. 后足为跳跃足或前足为开掘足 …………………………… 直翅目（Orthoptera）
后足为非跳跃足，前足也非开掘足 ………………………………………… 10
10. 跗节4或5节 ……………………………………………………………… 11
跗节最多为3节 …………………………………………………………… 14
11. 触角为丝状或梯状等，而不呈念珠状；前翅革质，后翅膜质 …………… 12
触角念珠状，前后翅相似，均为膜质，或无翅 …………… 等翅目（Isoptera）
12. 前胸比中胸长或大 ………………………………………………………… 13
前胸比中胸短小，体细长如枝或扁平似叶 ………………… 䗛目（Phasmodea）
13. 前足为捕捉足，中后足不多刺 …………………………… 螳螂目（Mantodea）
前足非捕捉足，与中后足相似，生有许多刺 ……………… 蜚蠊目（Blattodea）
14. 跗节3节 …………………………………………………………………… 16
跗节2节，尾须不分节，触角9节 ………………………… 缺翅目（Zoraptera）
15. 前足第一跗节极膨大，有丝腺，能纺丝；前后翅相似（雌），或无翅（雄）
……………………………………………………………… 纺足目（Embiodea）
前足正常，不能纺丝，有翅则后翅比前翅宽大 ……………………………… 16
16. 尾须不呈铗状；前翅狭长，后翅臀区扩大，翅均为膜质 ………………
……………………………………………………………… 襀翅目（Plecoptera）
尾须坚硬呈铗状，前翅短小，革质，后翅膜质如折扇 … 革翅目（Dermaptera）
17. 跗节最多分为3节 ………………………………………………………… 18
跗节4节或5节；如3节以下则无爪，或前翅角质 ………………………… 19
18. 跗节2或3节；触角细长而多节；有翅或无翅…啮虫目（Corrodentia）
跗节1或2节；触角短小，最多5节；无翅；外寄生于鸟兽 ………………
……………………………………………………………… 食毛目（Mallophaga）
19. 前翅特化为平衡棒，后翅很大；雌虫无翅，无足；内寄生于昆虫腹 ………
……………………………………………………………… 捻翅目（Strepsiptera）
前翅不特化为平衡棒 ………………………………………………………… 20
20. 前翅角质，和身体一样坚硬如铁 ………………………… 鞘翅目（Coleoptera）
前后翅均为膜质，或无翅 …………………………………………………… 21
21. 腹部第一节并入胸部；后翅前缘有一列小钩；成无翅 ………………………
……………………………………………………………… 膜翅目（Hymenoptera）
腹部第一节不并入胸部；后翅无小钩列 …………………………………… 22
22. 头部向下延伸成喙状，有短小的尾须（雌虫分两节） … 长翅目（Mecoptera）
头部不延伸成喙状 …………………………………………………………… 23
23. 前胸很小；足胫节上有很大的中距和端距；翅面上密生明显的毛…毛翅目（Trichoptera）
前胸发达；足胫节上无中距，端距较小或呈爪状；翅面上无毛或仅有微毛 …
…………………………………………………………………………………… 24
24. 后翅臀区发达；可以折叠 ………………………………… 广翅目（Megaloptera）

后翅臀区很小；不能折叠 ………………………………………………………………… 25

25. 头基部不延长；前胸如延长则前足特化；雌虫无产卵器（个别有细长产卵器则弯在背上） ………………………………………………………………… 脉翅目（Neuroptera）

头基部和前胸均延长，前足不特化；雌虫有针状产卵 ……… 蛇蛉目（Raphidodea）

26. 口器为虹吸式，翅膜质，覆有鳞片 ……………………… 鳞翅目（Lepidoptera）

口器非虹吸式；翅上无鳞片 ………………………………………………………… 27

27. 跗节5节 …………………………………………………………………………… 28

跗节最多3节；或足退化，甚至无足 ……………………………………………… 29

28. 前翅膜质，后翅退化为平衡棒；少数无翅。但体不侧扁 …… 双翅目（Diptera）

无翅，体侧扁；足很发达，喜跳 ………………………… 蚤目（Siphonoptera）

29. 口器位于头的前端，可以缩入头内；足只有1个跗节和1个爪，与胫节突起相对应，适于在毛上攀援；无翅、外寄生于哺乳动物 ……………………… 虱目（Anoplura）

口器位于头下部，不能缩进头内，足不适于攀援 ………………………………… 30

30. 口器常不对称；足端部有泡；无翅和翅围有缨毛 …… 缨翅目（Thysanoptera）

口器对称；足端无泡；翅不围缘毛，或无翅 ……………………………………… 31

31. 前翅基半部革质，端半部膜质；如无翅则喙明显出头部 ……………………… ……………………………………………………………………… 半翅目（Hemiptera）

前翅全部革质或膜质；如无翅则喙出自胸部，或无喙 … 同翅目（Homoptera）

## 四、课后提升

（1）将所鉴定昆虫的重要特征记录下来，制作标本，并分类。

（2）根据自己鉴定的昆虫，制作一个简单的昆虫纲分类检索表（至少包括6个常见目）。

# 实验 13　脊椎动物骨骼标本制作

## 一、实验目的

（1）学习动物骨骼标本制作基本流程。

（2）了解脊椎动物骨骼的主要特征。

## 二、实验器材

1. 仪器与材料

标本缸、解剖盘、解剖器、电炉（或乙醇灯）、大烧杯、台板、棉线、脱脂棉、乳胶、牙刷、电钻（或手摇钻）、铁丝、注射器。

青蛙（或蟾蜍）、家兔。

2. 试剂

乙醚、三氯甲烷、0.5%～0.9%的氢氧化钠（NaOH）或 0.5%～0.9%的氢氧化钾（KOH）、二甲苯、10%过氧化氢（$H_2O_2$）或 1%～3%漂白粉溶液。

## 三、实验步骤

### （一）青蛙（或蟾蜍）的骨骼标本制作

1. 处死

选择体形大而完整的青蛙（或蟾蜍），放入标本缸中用乙醚或三氯甲烷深度麻醉至死。

2. 剔除肌肉

用剪刀剪开腹部皮肤，注意不要剪坏剑突软骨。然后向两侧剪开，分别向前后四肢各方向拉下皮肤，小心不要拉断指、趾骨。剪开体壁，取出全部内脏。把左、右上肩胛骨的肌肉从第 2、第 3 脊椎骨横突上剥离，左右前肢与肩带之间不要分开，仍借助韧带保持相连。剔除前肢肌肉时，用镊子夹住前肢并放入开水中煮烫，使肌肉发紧变硬，利于剔除，但时间要短，避免骨连接处分离。尤其是指、趾骨部位，只需在开水中蘸一下即可，否则韧带收缩，指、趾骨变弯曲，给整形带来困难。去除指骨肌肉时，也可先将指骨摆放在载玻片上，用细线缠紧再放入开水中，以防其卷曲或脱落。后肢在股骨与腰带连接处取下来，按前肢处理方法剔除肌肉。头部和脊柱先在开水中稍煮一下，然后剔除其肌肉。去掉眼球，从枕骨大孔处用镊子清除脑髓，并用清水冲洗。在骨骼上，不易剔除的碎小肌肉，可用刷子刷洗，直到清除干净为止。对薄小的舌骨，应仔细清除肌肉，然后夹在 2 片载玻片之间，用线缠紧，自然干燥。

3. 脱脂

把骨骼浸泡在0.5%~0.9%的氢氧化钠溶液中约3天，去除一些难以除去的肌肉，脱去骨骼中的油脂。在浸泡过程中应经常检查，以防骨骼脱散。后取出在清水中漂洗干净。

4. 漂白

用10%的过氧化氢漂白30 min，或用1%~3%的漂白粉溶液浸泡1~3天。浸泡时间应灵活掌握，主要看骨骼是否已经变白，变白后马上捞出，否则，骨面会被腐蚀而变得粗糙，失去骨骼的光泽，捞出的骨骼用清水冲洗干净并晾干。

5. 整形和装架

取一块泡沫塑料板，将骨骼放在上面。整形时，把躯体和四肢的姿态整理好并按骨骼相应的位置用大头针固定，以免在干燥过程中变形。离散的骨骼可用乳胶将其粘连起来。两块上肩胛骨应附着在第2、第3椎骨横突的两侧，头部略抬起呈倾斜状，前肢的腕骨和后肢的趾骨可用乳胶粘在泡沫板上。骨骼标本制成后，最好装入标本盒中保存。

## （二）家兔的骨骼标本制作

1. 处死

家兔的处死不宜用窒息的方法，以免瘀血积于骨髓中，使骨骼不易漂白。可采用剪断颈动脉放血的方法杀死。

2. 解体

将家兔的皮肤自腹面剪开，然后使其和躯干肌分离，最后将皮肤完全剥下，注意不要损坏尾椎骨。

剪开腹壁，去除内脏，此时需注意保护肋骨，尤其是软肋部分。初步去掉四肢及其他部位的大块肌肉。去肌肉过程并无一定次序，但应注意勿损伤各关节之间的韧带。

按照家兔骨骼构造上的特点，把尸体分解成头部、躯干部和附肢部。在分开头部和躯干时，先把两者间的肌肉剥除，找到枕骨和寰椎的关节部位，割断彼此间的韧带，即可达到分离的目的。此时注意保留锁骨，以免丢失或损坏。

3. 剔除肌肉

剔除肌肉、剥净骨骼是件细致的工作。头骨上的肌肉不易剔除，可将头骨稍煮。在热水中浸煮的时间应根据不同部位的骨骼分别对待。如不熟练，可试探性地进行，切勿粗心，以致骨片煮久了而全部分散。家兔四肢骨中的腕骨、掌骨、指骨、跗骨、跖骨、趾骨等部位及肋骨的肋软骨部分，都不宜在沸水中久浸。骨面凹凸不平部位的碎小肌肉，可用牙刷洗刷，以清除干净。剔除肌肉时，注意不要把髌骨失落。

脑和脊髓必须除净，去脑时可先用镊子或解剖针自枕骨大孔插入，将脑捣碎，然后再用镊子卷一团棉花通入颅腔，把脑挤出，最后用清水冲洗。除脊髓的方法可用小镊子分段自椎间孔中取出，或用细长的小刷伸入椎管中来回刷洗，直到清除干净为止。

长骨中的骨髓也必须去掉。清除的方法是先在长骨的两端各钻一孔，用注射器吸满水自一端注入骨髓腔中，骨髓则从另一孔中随水流出，经几次冲洗，大部分骨髓可以除净。此项工作应较早进行，时间久了骨髓会和骨骼干结在一起。

剥净后的骨骼，可用清水冲洗。如有剥散的小骨片，要注意保存，留待以后装置时使用。

4. 腐蚀和脱脂

腐蚀和脱脂的目的在于将不易剔除的残留肌肉去掉及除去骨骼中的脂肪，以免在长期保存中骨骼发霉及变黄。将骨骼浸于0.7%~0.9%氢氧化钠溶液中数日，应随时观察腐蚀的情况，待残留在骨骼上的肌肉膨胀成半透明状态，把骨骼取出用清水冲洗，再剔除残留肌肉。在浸泡中，要将其经常拿出用水冲洗，直到完全剔除干净。最后，将骨骼浸泡在二甲苯中脱脂7~10天。用二甲苯作脱脂剂时，容器应密闭，以防二甲苯挥发。二甲苯使用过一段时间之后，脂肪已达饱和状态，应更换以保证去脂效果。

5. 漂白

将骨骼浸在10%过氧化氢中1~2天。漂白时间取决于标本的大小及当时的气温，以漂到洁白为度，时间不宜过长，否则较小的骨片易脱落。漂白后取出，用清水冲洗干净并晾干。

6. 整形和装架

取一根长约18 cm、直径5 mm的熟铜条，一端用钢锯锯开2 cm，另一端套3 cm的外丝，上下加垫圈，用螺母固定在台板上，取18#铁丝一根，缠少许脱脂棉，刷一层乳胶，从颈椎插入，沿颈椎、胸椎插至荐椎，颈椎前要留出5 cm的铁丝以固定头骨，将颈椎架在“V”形铜叉上，剪一条与尾椎同宽的铁片或硬纸片，依其生态自然向上弯曲，托住尾椎，用细线和荐椎相连，在髋臼、股骨突上打孔，使后肢与骨盆连接，肋骨与肋软骨之间内外用硬纸片夹住，并用曲别针固定，取4 cm长，缠有脱脂棉的铁丝，将两头分别插在肱骨上，使两前肢相连，并依其生态架在颈椎骨上，在肩胛骨背后涂上乳胶用曲别针固定在肋骨上方，上下颌骨固定后，把颈椎前端留出的铁丝折回插入大脑孔中，在各关节处涂适量乳胶固定，待标本完全干后，取下固定材料。

## 四、课后提升

将自己制作的标本完整保存。

# 参考文献

刘德增，1993. 中国淡水涡虫［M］. 北京：北京师范大学出版社 .
刘凌云，2010. 普通动物学实验指导［M］. 北京：高等教育出版社 .
王所安，1991. 动物学专［M］. 北京：北京师范大学出版社 .
武迎红，2009. 动物骨骼标本的制作［J］. 内蒙古民族大学学报（自然科学版），24（6）：662-663.

# 第三篇
# 微生物学实验

# 实验 1　微生物的显微形态观察

## 一、实验目的

(1) 学习微生物涂片、染色的基本技术，掌握细菌的简单染色法。

(2) 初步认识细菌、放线菌、酵母菌和霉菌的形态特征，了解其区别。

(3) 学习巩固显微镜（油镜）的使用方法和无菌操作技术。

## 二、实验原理

### (一) 简单染色法观察细菌

1. 简单染色法

指利用单一染料对细菌进行染色，可使菌体与背景形成明显的反差，从而便于观察其形态、结构和排列。

2. 染料

常用碱性染料进行简单染色，这是因为在中性、碱性或弱酸性溶液中，细菌细胞通常带负电荷，而碱性染料在电离时，其分子的染色部分带正电荷，因此碱性染料的染色部分很容易与细菌结合使细菌着色。经染色后的细菌细胞与背景形成鲜明的对比，在显微镜下更易于识别。常用的碱性染料有吕氏碱性美蓝（简称美蓝，即亚甲蓝）、草酸铵结晶紫（简称结晶紫）、碱性复红、番红（即沙黄）、孔雀绿等。

当细菌分解糖类产酸使培养基 pH 值下降时，细菌所带正电荷增加，此时可用伊红、酸性复红或刚果红等酸性染料染色。

3. 热固定

染色前常采用热固定法使细菌细胞固定于载玻片上。固定一是使细菌细胞质凝固，菌体黏附于载玻片上，维持细胞原有的形态；二是增加细菌对染料的亲和力。

4. 油镜观察

加香柏油于玻片与显微镜物镜之间，用 100 倍油镜观察标本，使用完后用二甲苯清洁物镜镜头和玻片滴油处。

### (二) 细菌、放线菌、酵母菌和霉菌装片观察

观察一些已经制备好的细菌、放线菌、酵母菌和霉菌装片。通过观察归纳出这些微生物在光学显微镜下的基本形态和大小特征。

## 三、实验器材

1. 仪器与材料

显微镜、酒精灯、载玻片、接种环、玻片搁架、双层瓶（内装香柏油和二甲苯）、擦镜纸、生理盐水或蒸馏水等。

枯草芽孢杆菌 12~18 h 营养琼脂斜面培养物，金黄色葡萄球、大肠杆菌、青霉菌、曲霉菌、酵母菌等装片。

2. 试剂

吕氏碱性美蓝染液（或草酸铵结晶紫染液）。

## 四、实验步骤

### （一）简单染色法观察细菌

1. 涂片

取一块洁净的载玻片，在无菌的条件下滴一小滴生理盐水（或蒸馏水）于玻片中央，用接种环以无菌操作从枯草芽孢杆菌 12~18 h 营养斜面上挑取少许菌苔于水滴中，混匀并涂成薄膜。若用菌悬液（或液体培养物）涂片，可用接种环挑取 2~3 环直接涂于载玻片上。注意滴生理盐水（蒸馏水）和取菌时不宜过多，且涂抹要均匀，不宜过厚。

2. 干燥

使菌液室温自然干燥，或将载玻片涂面朝上在酒精灯上方稍微加热，使其干燥。但切勿离火焰太近，因温度太高会破坏菌体形态。

3. 热固定

涂面朝上，通过火焰 2~3 次。

4. 染色

将载玻片平放于玻片搁架上，滴加草酸铵结晶紫染液 1~2 滴于菌膜上（以染液刚好覆盖菌膜为宜），静置约 1 min。

5. 水洗

倾去染液，用自来水从载玻片一端轻轻冲洗，直至流下的水无色为止。水洗时，不要让水流直接冲洗涂面。水流不宜过急、过大，以免涂片上的菌膜脱落。

6. 干燥

甩去载玻片上的水珠，使其自然干燥，也可用电吹风吹干或用吸水纸吸干（注意勿擦去菌体）。

7. 镜检

涂片干后镜检（低倍镜—高倍镜—油镜）。涂片必须完全干燥后才能用油镜观察。

### （二）细菌、放线菌、霉菌和酵母菌的装片观察

观察 4 类微生物装片，注意比较其大小和形态结构。

## 五、课后提升

（1）按课堂要求撰写实验报告，并图（绘图）示（标注指示）所看到的细菌、青霉和曲霉分生孢子头以及酵母菌等微生物的形态（注意标出对应的显微镜的放大倍数）。

（2）简述利用简单染色法观察细菌时应注意哪些问题。

（3）简述如何在光学显微镜下区分细菌、放线菌、霉菌和酵母菌 4 类微生物。

# 实验 2　革兰氏染色法

## 一、实验目的

（1）加深对革兰氏染色原理及其在细菌分类鉴定中重要性的理解。

（2）学习并掌握革兰氏染色技术，巩固光学显微镜油镜的使用方法。

## 二、实验原理

革兰氏染色法可将所有的细菌区分为革兰氏阳性菌（$G^+$）和革兰氏阴性菌（$G^-$）两大类，是细菌学中最重要的鉴别染色法。

革兰氏染色法的基本步骤是：结晶紫初染→碘液媒染→乙醇（或丙酮）脱色→番红（沙黄）复染。经革兰氏染色后，细胞被染成蓝紫色的细菌为革兰氏阳性菌；被脱色剂洗脱而使细胞染成红色的细菌为革兰氏阴性菌。

革兰氏染色法之所以能将细菌分为革兰氏阳性和革兰氏阴性，是因为这两类细菌细胞壁的结构和组成不同。当用结晶紫初染细菌后，像简单染色法一样，所有细菌都被染成初染剂的蓝紫色。碘作为媒染剂，它能与结晶紫结合成结晶紫-碘的复合物，从而增强了染料与细菌的结合力。当用脱色剂处理时，革兰氏阳性细菌由于其壁厚、肽聚糖层数多、交联度大、类脂质含量低，用乙醇（或丙酮）脱色时肽聚糖层的网状结构孔径缩小，透性降低，使结晶紫-碘的复合物不易被洗脱而保留在细胞内，经脱色和复染后仍保留初染剂的蓝紫色。革兰氏阴性菌则不同，由于其细胞壁薄、肽聚糖层较少、交联度小、类脂含量高，所以当脱色处理时，类脂质被乙醇（或丙酮）溶解，细胞壁透性增大，使结晶紫-碘的复合物比较容易被洗脱出来，当用复染剂复染后，细胞被染上复染剂的红色。

## 三、实验器材

1. 仪器与材料

显微镜、擦镜纸、接种环、载玻片、酒精灯等。

金黄色葡萄球菌和枯草芽孢杆菌约培养 16 h 的斜面菌种。

2. 试剂

结晶紫染液、卢戈氏碘液、95%乙醇、番红染液、蒸馏水、香柏油、二甲苯。

## 四、实验步骤

### （一）涂片

取一洁净无油的载玻片，用记号笔在载玻片的左右两侧标上菌种代号，并在两端各滴一小滴蒸馏水，以无菌接种环分别挑取少量菌体后，涂片→干燥→热固定。

### （二）初染

滴加结晶紫分别于玻片的两个涂面上（以刚好将菌膜覆盖为宜），染色 1～2 min，倾去染色液，细水冲洗至洗出液为无色，将载玻片上的水甩净。

### （三）媒染

用卢戈氏碘液媒染约 1 min，水洗。

### （四）脱色

用滤纸吸去玻片上的残水，将玻片倾斜，在白色背景下，用滴管流加 95% 的乙醇脱色，直至流出液无紫色时，立即水洗，终止脱色，将载玻片上的水甩净。

革兰氏染色结果是否正确，乙醇脱色是关键环节。脱色不足，阴性菌被误染成阳性菌，脱色过度，阳性菌被误染成阴性菌。脱色时间一般为 20～30 s。

### （五）复染

在涂片上滴加番红染液复染 2～3 min，水洗，然后用吸水纸吸干。在染色的过程中，不可使染液干涸。

### （六）镜检

载玻片标本干燥后，用低倍镜→高倍镜→油镜依次观察。菌体被染成蓝紫色的是革兰氏阳性菌（$G^+$），被染成红色的为革兰氏阴性菌（$G^-$）。

### （七）实验结束后处理

清洁显微镜。具体步骤如下。

①用擦镜纸擦去镜头上的油。

②再用擦镜纸蘸取少许二甲苯擦去镜头上的残留油迹。

③最后用擦镜纸擦去残留的二甲苯。

染色玻片用洗衣粉水煮沸、清洗，晾干后备用。

## 五、课后提升

（1）按课堂要求撰写实验报告。对照课堂教学内容说明革兰氏染色机理。

（2）思考：革兰氏染色结果仅仅是一种实验现象吗？染色结果反映了什么？哪些环节会影响革兰氏染色结果的正确性？其中最关键的环节是什么？

（3）思考：进行革兰氏染色时，为什么特别强调菌龄不能太老，用老龄细菌染色会出现什么问题？

（4）思考：制备细菌染色标本时应该注意哪些环节？

（5）思考：为什么要求制片完全干燥后才能用油镜观察？

# 实验 3　显微镜直接计数法

## 一、实验目的

（1）了解血细胞计数板的构造和计数原理。

（2）学会使用血细胞计数板计数微生物的方法。

## 二、实验原理

测定微生物细胞数量的方法很多，通常采用的有显微镜直接计数法和平板菌落计数法。显微镜直接计数法是利用特定的细菌计数板或血细胞计数板，在显微镜下计数和换算出一定容积样品中微生物的数量。显微镜直接计数法适用于各种单细胞的原核微生物、真核微生物酵母菌或霉菌孢子等的计数。

血细胞计数板是一块特制的厚型载玻片，载玻片上有 4 条槽而构成 3 个平台。中间的平台较宽较低，其中间又被一短横槽分隔成两半，每个半边上面各有一个计数区（图 3-3-1、图 3-3-2）。每个计数区均有一个特定的面积 1 $mm^2$和高 0.1 mm 的计数室（大格）（0.1 $mm^3$），在 1 $mm^2$的面积里又被刻划成 25（或 16）个中格，每个中格进一步划分成 16（或 25）个小格，计数室共由 400 个小格组成。

使用血细胞计数板计数时，在计数板上放上盖玻片，将稀释的菌悬液样品从盖玻片边缘滴一小滴，让菌悬液沿着盖玻片下面的缝隙靠毛细渗透作用自动进入并充满计数室空间，然后在显微镜下计数 5（或 4）个中格的细菌数，按下面公式换算出每毫升原样品所含细菌数：

**图 3-3-1　血细胞计数板的构造**

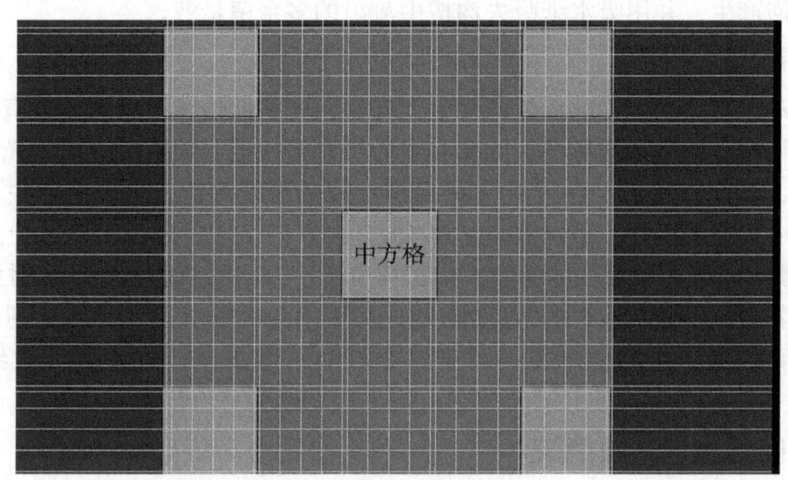


图 3-3-2　血细胞计数板计数室的大格、中格和小格

1 mL 菌液中的总菌数 =（5 个中方格总菌数/5）$\times 25 \times 10^3 \times 10 \times$ 稀释倍数

或

1 mL 菌液中的总菌数 =（4 个中方格总菌数/4）$\times 16 \times 10^3 \times 10 \times$ 稀释倍数

或

1 mL 菌液中的总菌数 = 平均每小格的菌数 $\times 400 \times 10^4 \times$ 稀释倍数

血细胞计数板计数方法的优点是直接在显微镜下计数微生物的细胞（或孢子）数目直观、简便、快速。缺点是不能区分死菌与活菌；不适于对运动细菌的计数，需要相对高的细菌浓度；个体小的细菌在显微镜下难以观察。

## 三、实验器材

1. 仪器与材料

显微镜、血细胞计数板、盖玻片（22 mm × 22 mm）、吸水纸、计数器、无菌滴管、擦镜纸。

酿酒酵母菌悬液。

2. 试剂

无菌水。

## 四、实验步骤

### （一）菌悬液制备

用无菌水梯度稀释酿酒酵母（稀释到每小格 5~10 个菌体）。

### （二）加样

取洁净的血细胞计数板 1 块，加样前镜检计数室以确保洁净无污物。在计数室上盖上 1 块盖玻片。将酵母菌悬液摇匀，用滴管吸取少许，从计数板中间平台两侧的沟槽内沿盖玻片的下边缘滴入一小滴（不宜过多），让菌悬液利用液体的表面张力充满计数区，勿使气泡产生，并用吸水纸吸去沟槽中流出的多余菌悬液。

### （三）计数

静置片刻，将血细胞计数板置载物台上夹稳，先在低倍镜下找到计数室，再转换高倍镜观察并计数。由于活细胞的折光率和水的折光率相近，观察时应减弱光照的强度。

计数时，若计数室是由 16 个中方格组成，按对角线方位，数左上、左下、右上和右下的 4 个中方格的菌数；若计数室是由 25 个中方格组成，计数时除数上述 4 个中方格外，还需数中央 1 个中方格的菌数。如菌体位于中方格的双线上，计数时则“数上线不数下线，数左线不数右线”，以减少误差。对于出芽的酵母菌，芽体达到母细胞大小一半时，即可作为 2 个菌体计算。对于每个样品，将 2 个计数室的计数结果填入计数表。

### （四）血细胞计数板清洗

测数完毕，取下盖玻片，用水将血细胞计数板冲洗干净，切勿用硬物洗刷或抹擦，以免损坏网格刻度。洗净后自行晾干或用吹风机吹干，放入盒内保存。

## 五、课后提升

（1）按课堂要求撰写实验报告。将实验结果填入表 3-3-1。

**表 3-3-1　实验结果**

| 计数室 | 中方格菌数/个 | | | | | 总菌数/个 | 稀释倍数 | 二室均值/个 | 菌数/（个/mL） |
|---|---|---|---|---|---|---|---|---|---|
| | 1 | 2 | 3 | 4 | 5 | | | | |
| 第一室 | | | | | | | | | |
| 第二室 | | | | | | | | | |

（2）思考：在利用血细胞计数板计数微生物的操作过程中，哪些环节容易造成计数误差？如何避免？

# 实验 4　培养基的配制及灭菌

## 一、实验目的

学习制备培养基的基本技术和培养基灭菌的方法。

## 二、实验原理

牛肉膏蛋白胨培养基是一种应用最广泛和最普通的细菌培养基，这种培养基中含有一般细菌生长繁殖所需要的最基本的营养物质。

制作固体培养基时须加 1.5%~2.0%琼脂。培养细菌时，应用稀酸或稀碱将 pH 值调至中性或微碱性。1 000 mL牛肉膏蛋白胨培养基的配方为：牛肉膏 5 g（0.5%），蛋白胨 10 g（1%），NaCl 5 g（0.5%），pH 7.4~7.6。

## 三、实验器材

试管、三角烧瓶、烧杯、量筒、漏斗、乳胶管、弹簧夹、纱布、棉花、牛皮纸、线绳、pH 试纸、电磁炉、台秤。

牛肉膏、蛋白胨、NaCl、琼脂、1 mol/L NaOH、1 mol/L HCl。

## 四、实验步骤

### （一）称量

根据用量按比例依次称取成分，牛肉膏常用玻棒挑取，放在小烧杯或表面皿中称量，用热水溶化后倒入烧杯，蛋白胨易吸湿，称量蛋白胨要迅速。

### （二）溶解

在烧杯（或刻度搪瓷杯）中加入少于所需要的水量，加热，逐一加入各成分，使其溶解，琼脂在溶液煮沸后加入，融化过程需不断搅拌。加热时应注意火力，勿使培养基烧焦或溢出。溶好后，补足所需水分。

### （三）调 pH 值

用 1 mol/L NaOH 或 1 mol/L HCl 把 pH 值调至所需范围。

### （四）过滤（可酌情省略）

趁热用滤纸或多层纱布过滤，以利于某些实验结果的观察，如无特殊要求时可省去此步骤。

### （五）分装

按实验要求，可将配制的培养基分装入试管内或三角瓶内。分装时注意，勿使培养基沾染在容器口上，以免沾染棉塞引起污染。

1. 液体分装

分装高度以试管高度的 1/4 左右为宜，分装三角瓶的量则根据需要而定，一般以不超过三角瓶容积的 1/2 为宜。

2. 固体分装

分装试管（摆斜面），其装量不超过管高的 1/5，灭菌后制成斜面，斜面长度不超过管长的 1/2。分装三角瓶，以不超过容积的 1/2 为宜。

3. 半固体分装

装量以试管高度的 1/3 为宜，灭菌后垂直待凝（试管柱）。

### （六）加塞

分装完毕后，在试管口或三角瓶口塞上棉塞（或硅胶塞、泡沫塑料塞，或试管帽等），以阻止外界微生物进入培养基而造成污染，并保证有良好的通气性能。

### （七）包扎

棉塞头上包一层牛皮纸（防止冷凝水打湿棉塞），扎紧，即可进行灭菌。

### （八）灭菌

高压蒸汽灭菌（一般 121.3 ℃，20~30 min）。

### （九）摆斜面

试管中经过灭菌的培养基摆斜面，等待凝固。

### （十）保存

制备好的三角瓶装固体培养基或试管斜面培养基放入 37 ℃培养箱中培养 24 h，以检验灭菌的效果，无污染方可使用。

## 五、课后提升

（1）按课堂要求撰写实验报告。

（2）思考：培养基配制好后为何要立即灭菌？如何检测灭菌效果？

（3）思考：配制培养基过程中应注意什么问题？说明原因。

# 实验5 微生物的分离纯化和平板菌落计数法

在自然界中，土壤是微生物生活的大本营，在这里生活的微生物种类极其多样，数量庞大，因此土壤是开发利用微生物资源的重要基地。由于土壤中的微生物是各种不同种类微生物的混合体，因此，要研究某微生物的特性，或者要大量地培养和利用某微生物，必须把它们从这些混杂的微生物群中分离出来，获得某一菌株的纯培养。获得纯培养需要对微生物进行分离与纯化。

为了获得某微生物的纯培养，一般是根据该微生物对营养、酸碱度、氧等条件要求不同，而供给它们适宜的生活条件，或加入某种抑制剂造成只利于此菌生长而抑制其他菌生长的环境，从而淘汰其他杂菌，再通过各种稀释法（平板稀释法、平板划线法等），使它们在固体培养基上形成单菌落，从而得到纯菌株。

## 一、实验目的

（1）了解从土壤中分离与纯化微生物的基本原理和方法。

（2）掌握土壤梯度稀释液、倒平板、平板涂布和平板划线分离微生物的基本操作技术。

## 二、实验原理

### （一）微生物的分离与纯化原理

根据目标微生物对营养、酸碱度、氧气等环境条件的特定要求，创造适宜的生长环境。有时，通过加入抑制剂来抑制其他微生物的生长，从而使目标微生物成为优势菌种。微生物的分离与纯化通常涉及稀释和选择培养技术（图3-5-1）。

### （二）固体培养基分离纯化微生物的常用方法

1. 选择适合于目标微生物生长的培养基（可以参考附录2）

营养琼脂培养基是一种无选择性的较低营养成分的固体培养基，主要用于细菌菌落计数，也可以用于细菌的传代和增菌，但一般不用于细菌的鉴定（除非该细菌菌落有比较特殊的形态特征）。营养琼脂培养基配方(1 L)：蛋白胨 10 g，牛肉膏粉 3 g，氯化钠 5 g，琼脂 15 g，最终 pH 值为 7.3±0.2。蛋白胨和牛肉膏粉提供氮源、维生素、氨基酸和碳源，氯化钠能维持均衡的渗透 压，琼脂是培养基的凝固剂。

胰酪大豆胨琼脂培养基又称为 TSA 培养基，是一种基本的非选择性培养基，含有胰酪蛋白胨、大豆胨、氯化钠和琼脂，主要用作无菌检验及一般微生物的培养。在国标中通常用来做医药工业洁净室（区）沉降菌的测试。在待测区域内选取测试点，将 TSA 平板打开，布置在测试点，在空气中暴露 30 min 以上不等时间进行采样，然后培

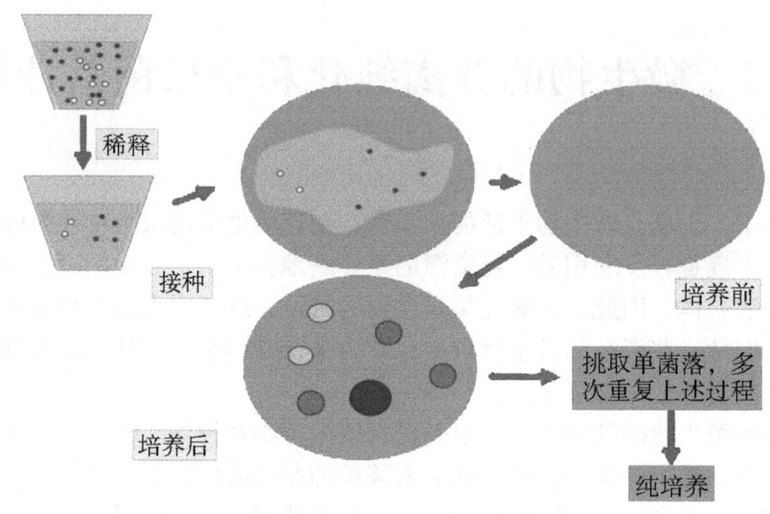


图 3-5-1　微生物的分离与纯化

养进行菌落计数，不同的洁净度等级要求不同的菌落数。胰酪大豆胨琼脂培养基配方（1 L）：胰蛋白胨（酪蛋白胰酶消化物）15 g、大豆蛋白胨（大豆粉木瓜蛋白酶消化物）5 g、氯化钠 5 g、琼脂 15 g，最终 pH 值为 7.3±0.2。

LB 琼脂培养基为一种实验室中广泛使用的普通培养基。主要成分为胰蛋白胨、酵母提取物、琼脂、氯化钠。LB 培养基通常用来培养基因工程受体菌（大肠杆菌），这类菌通常是经过改造无法在外界环境单独存活和扩增的工程菌。培养这类工程菌，可以表达大量的外源蛋白，因此 LB 培养基通常在基因工程、分子生物学中使用比较多。LB 琼脂培养基配方(1 L)：胰蛋白胨 10 g，酵母提取物 5 g，氯化钠 10 g，琼脂 15~20 g，最终 pH 值为 7.4±0.2 。

PDA 培养基是马铃薯葡萄糖琼脂培养基的简称，即 potato dextrose agar medium，分别对应马铃薯、葡萄糖、琼脂的英文。它属于固体培养基、半合成培养基。PDA 培养基有利于微生物生长发育，并且节省原料，一般在培养酵母菌、霉菌、蘑菇等真菌方面应用广泛。PDA 培养基配方（1 L）：马铃薯 200 g，葡萄糖 20 g，琼脂 15~20 g，自然 pH 值。

伊红美蓝培养基通常简称 EMB 培养基，为弱选择性培养基，主要用于大肠杆菌和产气肠杆菌的分离和鉴别，也适用于大肠菌群的分离培养。伊红美蓝培养基配方（1 L）：蛋白胨 10 g，乳糖 10 g，磷酸氢二钾 2 g、琼脂 20~30 g，2%伊红水溶液 20 mL，0.5%美蓝水溶液 13 mL。

2. 设计获取单菌落的有效方法

（1）稀释涂布平板法。

该方法的主要优点包括操作简单、涂布量可控、涂布均匀性好，但也存在一些缺点，如涂膜厚度不能自由控制、涂布速度较慢、生产效率低等。

（2）稀释混合平板法。

这种方法对于分离和识别混合微生物样本中的单个微生物物种非常有效，是微生物学研究中的一项基本技术。

（3）平板划线法。

这是一种用于纯培养微生物的方法。其核心步骤包括使用接种环在琼脂固体培养基表面进行连续的划线操作，以逐步稀释聚集的菌种并分散到培养基表面。通过多次划线，可以在培养后获得由单个细胞繁殖形成的肉眼可见菌落。这种方法的主要优点是能够计数并能观察菌落特征，但其操作相对麻烦。

3. 纯培养的确认

获得的单菌落并不保证一定就是纯培养，还应结合菌落特征、显微镜检测个体形态特征，甚至要经过多次的分离与纯化过程和多种特征鉴定才能获得。

### （三）平板菌落计数方法

用稀释涂布平板法与稀释混合平板法两种方法既可以获取单菌落，也可以进行菌落计数。计数公式如下：

每克鲜土中菌数（cfu/g）= 同一稀释度 3 次重复的菌落平均数×稀释倍数×10

## 三、实验器材

1. 仪器与材料

无菌培养皿、接种环、微量移液器（1 000 μL、100 μL 规格）、无菌吸头、无菌涂布器、酒精灯、超净工作台、玻璃珠、土样采集工具、微波炉等。

土样样品。

2. 试剂

牛肉膏蛋白胨固体培养基。无菌水（90 mL，三角瓶装；9 mL，试管装）。

## 四、实验步骤

实验步骤参照图 3-5-2。

### （一）稀释涂布平板法（涂布法）

1. 制备土壤稀释液

称取土样 10 g，放入装有玻璃珠和 90 mL 无菌水的三角瓶中，振摇约 20 min，使土与水充分混合，将菌分散。用 1 mL 无菌吸管从中吸取 1 mL 土壤悬液注入盛有 9 mL 无菌水的试管中，吹吸 3 次，并振摇使之充分混匀。然后再用 1 支吸管从此试管中吸取 1 mL 注入另一盛有 9 mL 无菌水的试管中，依此类推制成 $10^{-1}$、$10^{-2}$、$10^{-3}$、$10^{-4}$、$10^{-5}$……各种稀释度的土壤溶液。

2. 倒平板

将牛肉膏蛋白胨固体培养基加热熔化，待冷至 55~60 ℃，倒平板，其方法是左手持盛培养基的三角瓶，用右手小指和无名指夹住拨出瓶塞（如果三角瓶内的培养基一次可用完，棉塞可不必夹在手指上），然后将三角瓶交到右手拇指、食指和中指，左手拿平皿，瓶口在火焰上灭菌，然后左手将培养皿盖在火焰附近打开少许，迅速注入培养基 15~20 mL，加盖后轻轻摇动培养皿，使培养基均匀分布，水平置于桌面上，待凝后

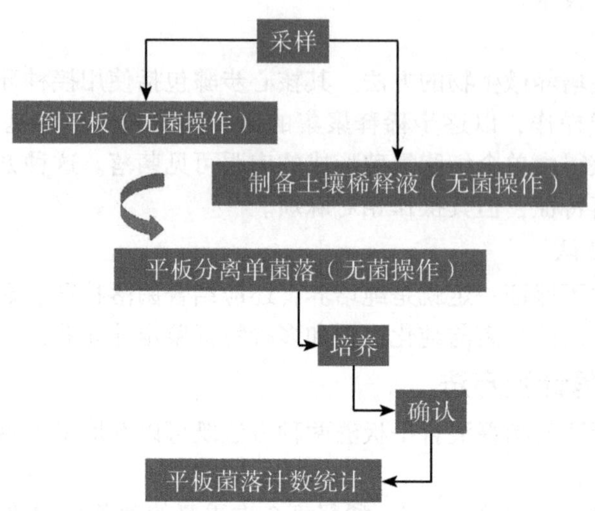


**图 3-5-2　微生物的分离纯化和平板菌落计数步骤**

即成平板。

3. 涂布

将上述培养基平板取 3 个，分别标上 $10^{-4}$、$10^{-5}$、$10^{-6}$三种稀释度，然后用 3 支 1 mL 无菌吸管（或 0.1 mL 微量移液器）分别由 $10^{-4}$、$10^{-5}$、$10^{-6}$三管土壤稀释液中各吸取 0.1 mL，对号放于已标好稀释度的平板中，用无菌玻璃涂棒在培养基表面轻轻地涂布均匀。

4. 培养

将牛肉膏蛋白胨固体培养基平板倒置于 37 ℃温室培养 24 h。

5. 挑菌

将培养后长出的单菌落分别挑取接种到牛肉膏蛋白胨固体培养基斜面上，置 37 ℃培养，待菌苔长出后观察并镜检，检查菌苔是否单纯，若有其他杂菌混杂，就要再一次进行分离纯化，直到获得纯株培养。

6. 计数

第二天观察培养结果，如果平板上菌落均分散开，则计数菌落数并按照公式换算成每克鲜土中菌数（cfu /g）。

## （二）平板划线分离法

1. 倒平板

按前述方法制备好无菌平板，并标明培养基名称。

2. 划线

在近火焰处划线。左手拿培养皿，右手用灼烧灭菌后的种杯挑取上述 $10^{-1}$的土壤悬液一环在平板上划线。划线的方法很多，但无论哪种方法划线，其目的是通过划线将样品在平板上进行稀释，使形成单个菌落。常用的划线方法有下列两种。

（1）将挑取有样品的接种环在平板培养基上作连续划线。划线完毕后，盖上皿盖，倒置于温室培养。

（2）用接种环以无菌操作挑取土壤悬液一环，先在平板培养基的一边作第一次平行划线3条，再转动培养皿约70°角，并将接种环上剩余物烧掉，待冷却后通过第一次平行划线部分进行第二次平行划线，同样通过第二次平行划线部分作第三次平行划线，之后再同样作第四次划线。划线完毕后，盖上皿盖，倒置于37 ℃温室培养。

3. 挑菌

操作方式同前。

## 五、课后提升

（1）按课堂要求撰写实验报告。

（2）思考：如果稀释涂布平板法（涂布法）培养微生物后，菌落如果没有完全分散开，可能的原因出在哪里？

（3）思考：在平板划线法中，为什么每次都需将接种环上的剩物烧掉？

（4）思考：为什么培养微生物时要将培养皿倒置？

# 实验 6　糖发酵试验

## 一、实验目的

（1）了解糖发酵的原理和其在肠道细菌鉴定中的重要作用。

（2）掌握通过糖发酵鉴别不同微生物的方法。

## 二、实验原理

糖发酵试验是常用的鉴别微生物的生化反应实验，在肠道细菌的鉴定上尤为重要。绝大多数细菌都能利用糖类作为碳源，但是它们在分解糖类物质的能力上有很大差异，有的细菌能分解某种糖产生有机酸和气体，有些细菌只产酸不产气。发酵培养基含有蛋白胨、指示剂（溴甲酚紫）、倒置的德汉氏小管和不同的糖类。当发酵产酸时，溴甲酚紫指示剂可由紫色（pH 6.8）转变为黄色（pH 5.2）（图 3-6-1）。气体的产生可由倒置的德汉氏小管中有无气泡来证明（图 3-6-2）。

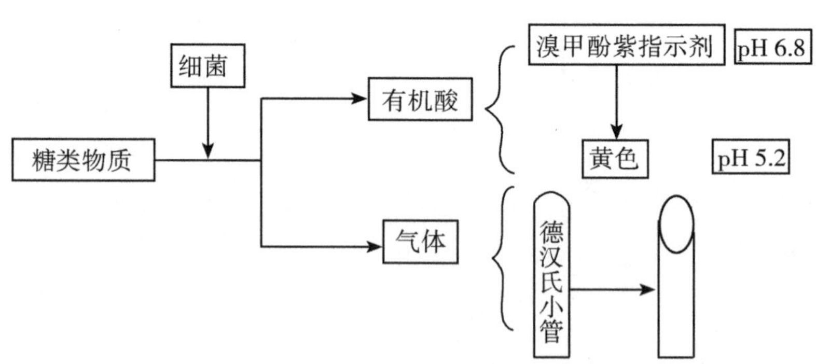


**图 3-6-1　糖发酵实验原理**

## 三、实验器材

试管架，接种环等。

大肠杆菌、普通变形杆菌斜面。

葡萄糖发酵培养基试管和乳糖发酵培养基试管各 3 支（内装有倒置的德汉氏小管）。

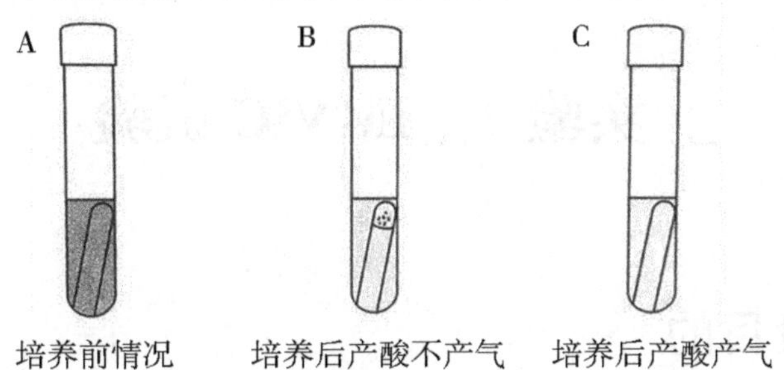


图 3-6-2　糖发酵试验

# 四、实验步骤

## （一）标记

用记号笔在各试管外壁上分别标明发酵培养基的名称和所接种的细菌菌名。

## （二）接种

取葡萄糖发酵培养基试管 3 支，前两支分别加入大肠杆菌、普通变形杆菌，第三支不接种，作为对照。另取乳糖发酵培养基试管 3 支，前两支分别接入大肠杆菌、普通变形杆菌，第三支不接种，作为对照。在接种后，轻缓摇动试管，使其均匀，防止倒置的小管进入气泡。

## （三）培养

将接过种和作为对照的 6 支试管均置 37 ℃恒温培养箱中培养 24~48 h。

## （四）观察

观察各试管颜色变化及德汉氏小管中有无气泡。

# 五、课后提升

（1）按课堂要求撰写实验报告。将实验结果填入表 3-6-1。

表 3-6-1　实验结果

| 糖类发酵 | 大肠杆菌 | 普通变形杆菌 | 对照 |
|---|---|---|---|
| 葡萄糖发酵 | | | |
| 乳糖发酵 | | | |

（2）思考：假如某些微生物培养后培养液未变色，但德汉氏小管中有气泡说明什么？

# 实验 7　IMViC 试验

## 一、实验目的

了解 IMViC 与硫化氢反应的原理，掌握 IMViC 的方法。

## 二、实验原理

IMViC 是吲哚、甲基红、伏-普和柠檬酸盐 4 个试验的缩写。这 4 个试验主要是用来快速鉴别大肠杆菌和产气肠杆菌，多用于水的细菌检查。

### （一）吲哚试验

吲哚试验用来检查吲哚的产生。有些细菌能够产生色氨酸酶，分解蛋白胨中的色氨酸，产生吲哚和丙酮酸，吲哚与二甲基氨基苯甲醛结合，形成红色的玫瑰吲哚；但并非所有的微生物都具有分解色氨酸产生吲哚的能力，因此吲哚试验可以作为一个生物化学检测的指标（图 3-7-1）。吲哚与对二甲基氨基苯甲醛反应：大肠杆菌吲哚反应阳性，产气肠杆菌为阴性。

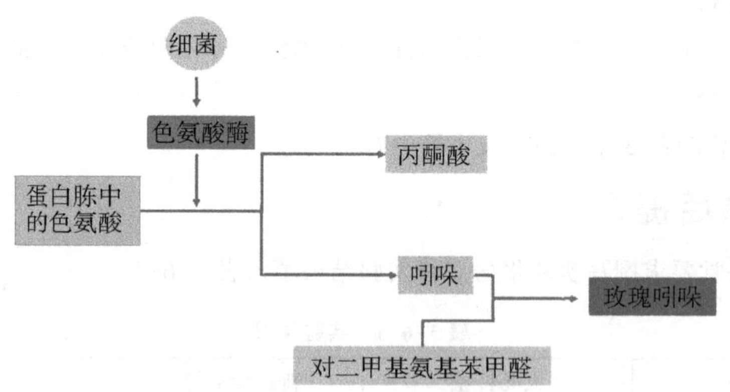


**图 3-7-1　吲哚试验原理**

### （二）甲基红试验

甲基红试验用来检测由葡萄糖产生的有机酸，如甲酸、乙酸、乳酸等。当细菌代谢糖产生酸时，培养基就会变酸，使加入培养基中的甲基红指示剂由橙黄色（pH 6.3）转变为红色（pH 4.2），此即甲基红反应（图 3-7-2）。尽管所有的肠道微生物都能发酵葡萄糖产生有机酸，但这个试验在区分大肠杆菌和产气肠杆菌上仍然是有价值的。这两个细菌在培养的早期均产生有机酸，但大肠杆菌在培养后期仍能维持酸性 pH

4，而产气肠杆菌则转化有机酸为非酸性末端产物，如乙醇、丙酮酸，使 pH 升至大约 6。因此，大肠杆菌为阳性，产气肠杆菌为阴性。

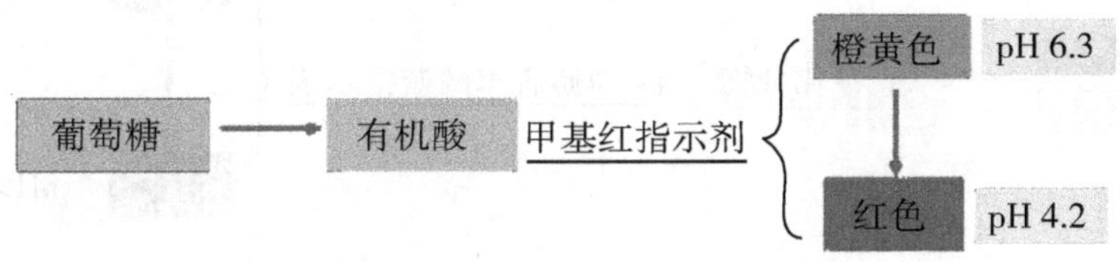


图 3-7-2　甲基红试验原理

## （三）伏-普试验

伏-普试验用来测定某些细菌利用葡萄糖产生非酸性或中性末端产物的能力，如丙酮酸。丙酮酸进行缩合、脱羧生成乙酰甲基甲醇，此化合物在碱性条件下能被空气中的氧气氧化成二乙酰；二乙酰与蛋白胨中精氨酸的胍基作用，生成红色化合物，即伏-普反应阳性，不产生红色化合物者为反应阴性（图 3-7-3）。有时为了使反应更为明显，可加入少量含胍基的化合物，如肌酸等。产气肠杆菌为阳性反应，大肠杆菌为阴性反应。

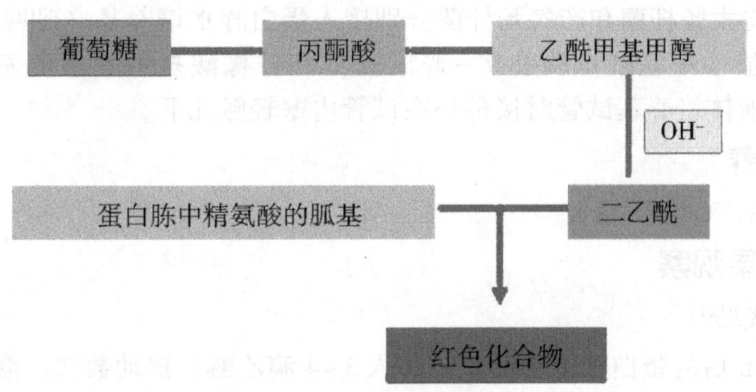


图 3-7-3　伏-普试验原理

## （四）柠檬酸盐试验

是用来检测柠檬酸盐是否被利用。有些细菌利用柠檬酸盐作为碳源，如产气肠杆菌；而另一些细菌不能利用柠檬酸盐，如大肠杆菌。细菌在分解柠檬酸盐及培养基中的磷酸铵后，产生碱性化合物，使培养基的 pH 值升高，当加入 1%溴麝香草酚蓝指示剂时，培养基就会由绿色转变为深蓝色（图 3-7-4）。溴麝香草酚蓝的指示范围为：pH 值在 6.0~7.0 时为绿色，pH>7.6 时呈蓝色。

# 三、实验器材

三角瓶、培养皿、吸管、试管、涂布棒、玻璃搅拌棒、培养箱、培养摇床、高压灭

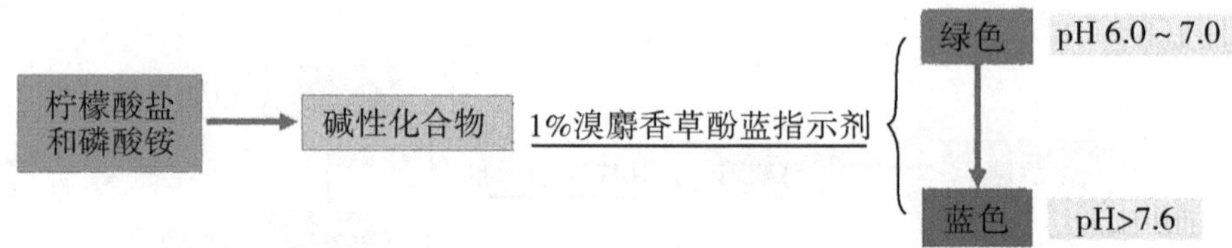


**图 3-7-4　柠檬酸盐试验原理**

菌锅等。

大肠杆菌、产气肠杆菌斜面。

蛋白胨水培养基、葡萄糖蛋白胨水培养基、柠檬酸盐斜面培养基。注意：在配制柠檬酸盐培养基时，pH 不要偏高，以淡绿色为宜；吲哚试验中用的蛋白胨水培养基中宜选用色氨酸含量高的蛋白胨，如用胰蛋白胨水解酪素得到的蛋白胨为好。

乙醚、吲哚试剂、甲基红试剂、40% KOH、5% α-奈酚溶液。

## 四、实验步骤

### （一）接种

用接种环将大肠杆菌和产气肠杆菌分别接入蛋白胨水培养基（吲哚试验）、葡萄糖蛋白胨水培养基（甲基红试验和伏-普试验）和柠檬酸盐斜面培养基（柠檬酸盐试验）中。接种液体培养基试管时接种环在试管内壁轻触几下。

### （二）培养

接种后置 37 ℃培养 48 h。

### （三）结果观察

1. 吲哚试验

于培养 48 h 后的蛋白胨水培养基内加入 3～4 滴乙醚，摇动数次，静置 1 min，待乙醚上升后，沿试管壁徐徐加入 2 滴吲哚试剂。在乙醚和培养物之间产生红色环状物为阳性反应。

2. 甲基红试验

培养 48 h 后，将 1 支葡萄糖蛋白胨水培养基培养物内加入甲基红试剂 2 滴，培养基变为红色者为阳性，变为黄色者为阴性。

3. 伏-普试验

培养 48 h 后，将另 1 支葡萄糖蛋白胨水培养物内加入 5～10 滴 40% KOH，然后加入等量的 5% α-奈酚溶液，用力振荡，再放入 37 ℃温箱中保温 15～30 min，以加快反应速度，若培养物呈红色者，为伏-普反应阳性。

4. 柠檬酸盐试验

培养 48 h 后观察柠檬酸盐斜面培养基上有无细菌生长和是否变色，蓝色为阳性，绿色为阴性。

## 五、课后提升

按课堂要求撰写实验报告。将实验结果填入表 3-7-1。“+”表示阳性反应，“-”表示阴性反应。

表 3-7-1 实验结果

| 菌名 | IMVic 试验 | | | |
|---|---|---|---|---|
| | 吲哚试验 | 甲基红试验 | 伏-普试验 | 柠檬酸盐试验 |
| 大肠杆菌 | | | | |
| 产气肠杆菌 | | | | |
| 对照 | | | | |

# 实验 8　大分子物质的水解试验

## 一、实验目的

（1）证明不同微生物对各种有机大分子物质的水解能力不同，从而说明不同微生物有着不同的酶系统。

（2）掌握进行微生物大分子物质水解试验的原理和方法。

## 二、实验原理

微生物对大分子物质如淀粉、蛋白质和脂肪等不能直接利用，必须依靠产生的胞外酶将大分子物质分解后才能吸收利用。胞外酶主要为水解酶，通过加水裂解大的物质为较小的化合物，使其能被运输至细胞内。

淀粉酶可水解淀粉为小分子的糊精、双糖和单糖，而淀粉遇碘液会产生蓝色，因此能分泌胞外淀粉酶的微生物可利用其周围的淀粉，在淀粉培养基上培养后用碘处理，其菌落周围不呈蓝色，而是无色透明圈。据此可分辨微生物能否产生淀粉酶（图 3-8-1）。

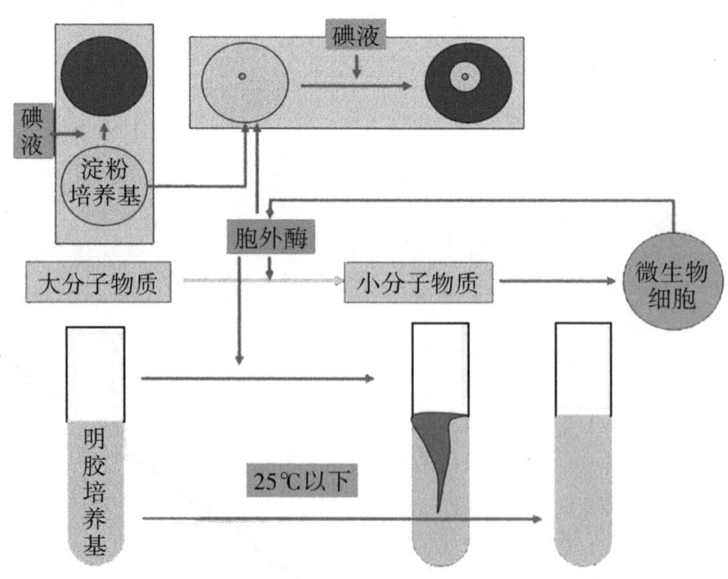


图 3-8-1　大分子物质的水解试验原理

有些微生物生长过程中可以产生明胶水解酶水解培养基中的明胶。明胶是由胶原蛋白水解产生的蛋白质，在25 ℃以下呈固体凝胶状态，而在25 ℃以上则液化为液态。明胶一旦水解，原有的明胶固体培养基在低温（甚至低至4 ℃）下仍然呈现液态。

## 三、实验器材

无菌平皿、接种环、酒精灯、试管、接种针、试管架等。

大肠杆菌斜面、枯草杆菌斜面。

固体淀粉培养基（牛肉膏蛋白胨培养基加0.2%的可溶性淀粉）、明胶培养基试管。

卢戈氏碘液。

## 四、实验步骤

### （一）淀粉水解试验

1. 制备淀粉培养基平板

将熔化后冷却至50 ℃左右的淀粉培养基倒入无菌平皿中，待凝固后制成平板。

在无菌操作台上，用记号笔在平板底部划成2部分，在每部分分别写上菌名。

2. 接种

用接种环取少量的枯草芽孢杆菌和大肠杆菌，分别点种在培养基不同分区表面中央。

3. 培养

将接种后的平皿倒置于37 ℃恒温箱培养24 h。

4. 观察与记录结果

取出平板，打开平皿盖，滴加少量的碘液于平板上，轻轻旋转，使碘液均匀铺满整个平板，菌落周围如出现无色透明圈，则说明淀粉已经被水解，表示该细菌具有分解淀粉的能力，为阳性，反之则为阴性。可以用透明圈大小说明被测试菌株的水解淀粉能力的强弱。记录实验结果。

### （二）明胶水解试验

1. 制备明胶培养基试管柱

100 mL肉浸液中，加入明胶12 g，隔水加热煮化，调pH值至7.2，分装小号试管，用阿诺氏间歇灭菌80 ℃ 30 min，连续3日，或者108 ℃高压灭菌20 min，冷却，贮存备用。

在无菌操作台上，用记号笔在明胶试管柱侧壁分别写上菌名。

2. 接种

用接种针分别取少量的枯草芽孢杆菌和大肠杆菌，穿刺接种。

3. 培养

将接种后的试管柱直立于试管架上，20 ℃恒温箱培养2~5天。

4. 观察结果

取出试管柱，观察明胶液化情况，并记录。

## 五、课后提升

（1）按课堂要求撰写实验报告。将实验结果填入表 3-8-1。“+”表示阳性反应，“-”表示阴性反应。

**表 3-8-1　实验结果**

| 菌名 | 淀粉水解试验 | 明胶水解试验 |
| --- | --- | --- |
| 大肠杆菌 | | |
| 枯草芽孢杆菌 | | |

（2）思考：接种后的明胶可以在 35 ℃培养，在培养后必须做什么才能证明水解的存在？

（3）如果有两种细菌均能够产生淀粉水解酶，该如何设计实验来研究比较二者水解淀粉能力大小？（提示：可比较二种菌的单菌落所产生的水解圈直径与菌落直径的比值）

# 实验 9　环境因素对微生物生长的影响

## 一、实验目的

（1）了解物理因素、化学因素和生物因素对微生物生长的影响及原理。

（2）学习测试一些环境因素对微生物生长影响的方法。

## 二、实验原理

微生物的生命活动受到环境因素影响，对微生物不良的环境因素均能使微生物的生长受抑制，甚至导致菌体死亡。不同的环境因素对微生物的影响机理往往不同。

影响微生物生长的环境因素包括物理、化学和生物因素。

1. 化学因素

一些化学物质可以抑制微生物生长或者杀死微生物细胞。

一些醇类物质是脂溶剂，可导致微生物细胞蛋白质变性及膜损伤，低级醇还是脱水剂，因而具有杀菌能力，但对芽孢无效，如70%~75%的乙醇可进行皮肤及器械消毒；一些醛类物质可使蛋白质烷基化，从而改变酶或蛋白质的结构与活性，使菌生长受到抑制或死亡，如35%~40%的甲醛水溶液（福尔马林）；一些酚类物质在低浓度时可破坏细胞膜组分，高浓度时可凝固菌体蛋白，如苯酚（石炭酸），0.5%可用于皮肤消毒，2%~5%用于粪便与器皿的消毒，5%用于空气喷雾消毒；表面活性剂类能够破坏菌体细胞膜结构，造成胞内物质泄漏，蛋白质变性，菌体死亡，如肥皂、洗洁精、洗衣粉等；一些碱性染料类物质的阳离子可与菌体的羟基或磷酸基作用，形成弱电离的化合物，妨碍菌体的正常代谢，因而具有抑菌作用，如2%~4%结晶紫水溶液。除上述药剂外，还有氧化剂类（如卤素、$H_2O_2$、$K_4MnO_4$、碘酒等）、重金属类（如升汞）、抗代谢药物等。

2. 物理因素

影响微生物生长的物理因素有高温、辐射、过滤、渗透压、干燥、超声波等。高温是最常用的物理杀菌方式，可使重要的生物高分子物质（如蛋白质和核酸等）发生变性；辐射作用，如紫外光（UV），可被蛋白质（约 280 nm）和核酸（约 260 nm）吸收，造成蛋白质和核酸变性失活。

3. 生物因素

影响微生物生长的生物因素包括不同生物生命活动过程以及所产生和分泌的有杀菌或抑菌作用的物质，如抗生素、干扰素、毒素等。

不同环境因素对微生物生长的影响可以通过不同方法加以测定。

## 三、实验器材

无菌滤纸圆片、无菌滤纸条、酒精灯、无菌水、无菌涂布器、牛皮纸或报纸（用于紫外线辐射试验遮盖包装）、超净工作台等。

金黄色葡萄球菌试管斜面、大肠杆菌试管斜面。

牛肉膏蛋白胨培养基无菌平板。

2.5%碘酒、5%苯酚、75%乙醇、无菌水、1%来苏尔、80 万单位/mL 青霉素溶液。

## 四、实验步骤

### （一）化学药剂对微生物的影响

实验步骤见图 3-9-1。

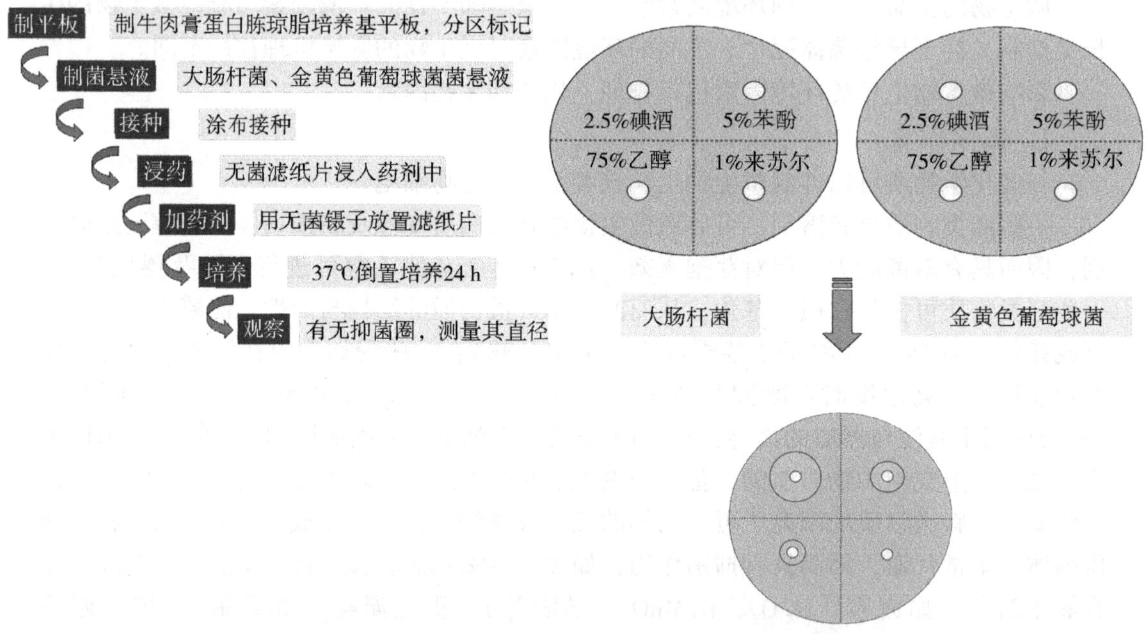


图 3-9-1 检测化学药剂对微生物影响的实验步骤

### （二）紫外线杀菌实验

实验步骤见图 3-9-2。

### （三）生物因素对微生物的影响

实验步骤见图 3-9-3。

## 五、课后提升

（1）按课堂要求撰写实验报告。对于两种不同菌种，分别根据抑菌圈大小对 4 种化学试剂抑菌能力大小进行排序。画图示意青霉素对两种不同菌种的抑菌结果。

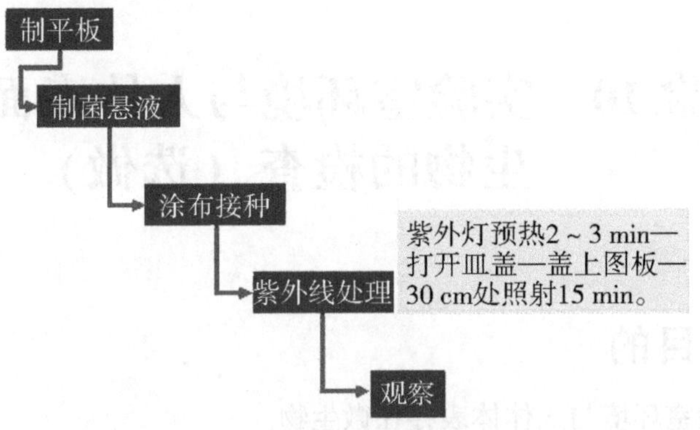


图 3-9-2 紫外线杀菌实验步骤

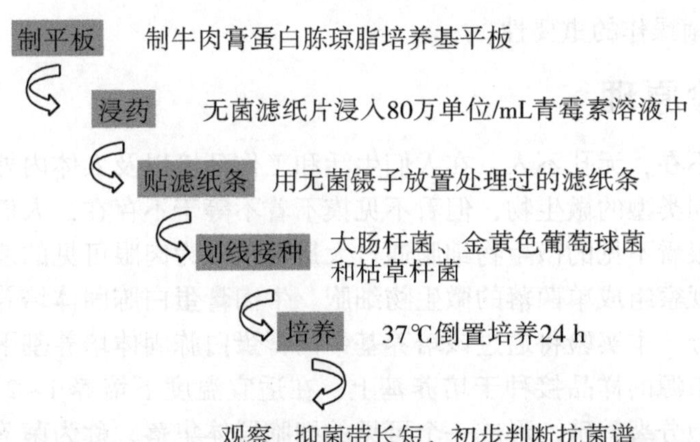


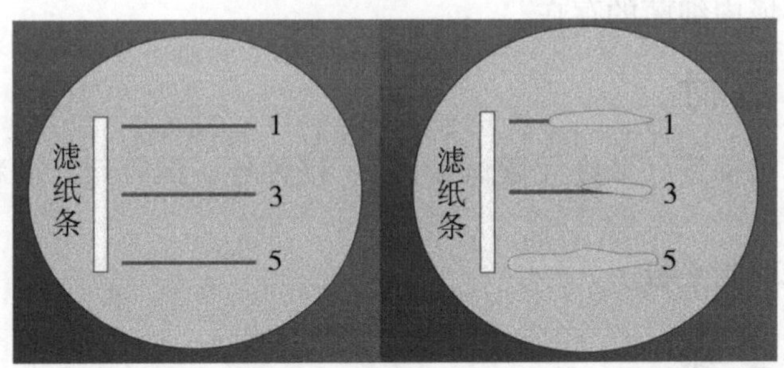


图 3-9-3 检测生物因素对微生物影响的实验步骤

（2）思考：影响抑（杀）菌圈大小的因素有哪些？如何证明抑菌圈是因为化学药剂的杀菌作用还是抑菌作用？

（3）思考：如果抑菌带内隔一段时间后又长出少数菌落，如何解释此现象？

# 实验 10　实验室环境与人体表面微生物的检查（选做）

## 一、实验目的

（1）证明实验室环境与人体体表存在微生物。

（2）比较来自不同场所与不同条件下细菌的数量和类型。

（3）观察不同类群微生物的菌落形态特征。

（4）体会无菌操作的重要性。

## 二、实验原理

微生物无处不在，无孔不入，在人们生活和工作环境以及人体内外都存在着许多人肉眼看不见的不同类型的微生物，但看不见摸不着不等于不存在，人们可以通过培养基培养的方法让肉眼看不见的微生物细胞通过大量繁殖成为肉眼可见的菌落，利用显微观察法进一步可以观察组成单菌落的微生物细胞。牛肉膏蛋白胨固体培养基含有细菌生长所需要的营养成分，本实验将通过该培养基牛肉膏蛋白胨固体培养基平板检测不同环境中的细菌。不同来源的样品接种于培养基上，在适宜温度下培养 1～2 天，每一菌体即能通过很多次细胞分裂繁殖，形成一个可见的细胞群体集落，称为菌落。因此，可通过平板培养来检查环境中细菌的存在。

## 三、实验器材

无菌水、灭菌湿棉签（装在无菌试管内）、接种环、试管架、酒精灯、记号笔、废液缸。

牛肉膏蛋白胨琼脂平板。

## 四、实验步骤

### （一）标记

任何一个实验，在动手操作前均需首先将器皿用记号笔做上记号，写上班级、姓名、日期等，本次实验还要写上样品来源，如实验室空气、无菌室空气、头发等，字尽量小些，写在皿底的一边，可用符号或数字代表以免影响观察（培养皿的记号一般写在皿底边上，不要写在当中，如果写在皿盖上，若同时观察两个以上培养皿的结果，则打开皿盖时，容易混淆）。

## （二）实验室细菌的检查

1. 空气（以无菌室作对照）

将一个牛肉膏蛋白胨琼脂平板放在当时做实验的实验室，移去皿盖，使琼脂培养基表面暴露在空气中，1 h 后盖上皿盖。

同样将另一肉膏蛋白胨琼脂平板放在无菌室，同样操作作为对照。

2. 实验台和门的旋钮（以未擦拭的无菌湿棉签作对照）

（1）取无菌湿棉签。

左手拿装有灭菌湿棉签的试管，在火焰旁用右手的手掌边缘、小指和无名指夹持棉塞（或试管帽）将其取出，将管口很快地通过酒精灯的火焰，烧灼管口；轻轻地倾斜试管，用右手的拇指和食指将棉签小心地取出。塞回棉塞（或试管帽），并将空试管放在试管架上。

（2）取样。

将湿棉签在实验台面或门旋钮上擦拭约 2 $cm^2$ 的范围。

（3）接种。

在火焰旁用左手拇指和食指或中指使平皿开启成一缝，再将棉签伸入，在琼脂表面中央滚动一下即接种，立即闭合皿盖。并将原放棉签的空试管拨出棉塞（或试管帽），烧灼管口，插入用过的棉签，将试管放回试管架。

同样用灭菌湿棉签同样操作作为对照。

## （三）人体细菌的检查

1. 手指（乙醇消毒前与消毒后对照）

（1）培养皿分区标记。

分别在两个琼脂平板上标明消毒前与消毒后（班级、姓名、日期）。

（2）乙醇消毒前接种。

移去皿盖，将未消毒的食指在琼脂平板的表面，轻轻地按一下，盖上皿盖。

同一位操作者同一食指乙醇消毒后同样操作作为对照。

2. 头发

在揭开皿盖的琼脂平板的上方，用手将头发用力摇动数次，使细菌降落到平板表面，然后盖上皿盖。

3. 咳嗽

将去皿盖的琼脂平板放在离口 6～8 cm 处，对着琼脂表面用力咳嗽，然后盖上皿盖。

## （四）培养

将所有的琼脂平板翻转，使皿底朝上，放 37 ℃培养箱，培养 1～2 天。

## （五）观察结果

根据单个菌落的大小、形状、高度、干湿等特征观察不同的菌落类型。

菌落特征描写方法如下。

①大小。大、中、小、针尖状。可先将整个平板上的菌落粗略观察一下，再决定大、中、小的标准。

②颜色。黄色、金黄色、灰色、乳白色、红色、粉红色等。

③干湿情况。干燥、湿润、黏稠。

④形态。圆形、不规则等。

⑤高度。扁平、隆起、凹下。

⑥透明程度。透明、半透明、不透明。

⑦边缘整齐度。整齐、不整齐。

## 五、课后提升

（1）按课堂要求撰写实验报告。

（2）思考：用乙醇消毒后的手指轻按无菌平板表面有时候仍然可能长出少量微生物，这是什么原因？

（3）基于本实验结果简述对在微生物学实验和研究过程中树立无菌意识的理解。

# 实验 11　饮用水中大肠菌群的测定

## 一、实验目的

（1）了解大肠菌群数量在饮用水中的重要性。

（2）学习掌握多管发酵法测定大肠菌群数。

## 二、实验原理

若水源被粪便污染，则有可能也被肠道病原菌污染，然而肠道病原菌在水中容易死亡与变异，因此数量较少，要从中特别是自来水中分离出病原菌常较困难与费时，这样就要找到一个合适的指示菌，此指示菌要求是大量出现在粪便中的非病原菌，并且和水源病原菌相比是较易检出的。若指示菌在水中不存在或数量很少，则大多数情况也保证没有病原菌。最广泛应用的指示菌是大肠菌群，它的定义是：一群好氧和兼性厌氧、革兰氏阴性、无芽孢的杆状细菌，并在乳糖培养基中经 37 ℃、24～48 h 培养能产酸产气。可根据水中大肠菌群的数目来判断水源是否被粪便所污染，并间接推测水源受肠道病原菌污染的可能性。我国规定每升自来水中大肠菌群不超过 3 个；若只经过加氯消毒即供作生活饮用水的水源水，大肠菌群数平均每升不得超过 1 000个；经过净化处理及加氯消毒后供作生活饮用水的水源水，其大肠菌群数平均每升不得超过 10 000个。

检查大肠菌群的方法有多管发酵法与滤膜法两种。多管发酵法使用历史较久，又称水的标准分析方法，为我国大多数卫生单位与水厂所采用；滤膜法是一种快速的替代方法，而且结果重复性好，又能测定大体积的水样，目前国内已有很多大城市的水厂采用此法。

## 三、实验器材

自来水样、革兰氏染色液、NaCl、1. 6%溴甲酚紫乙醇溶液、无菌水等。

牛肉膏蛋白胨琼脂培养基、乳糖蛋白胨发酵管（内有倒置小套管）培养基、3 倍浓缩乳糖蛋白胨发酵管（瓶）（内有倒置小套管）培养基、伊红美蓝琼脂平板。

锥形瓶（500 mL）、试管（18 mm×180 mm）、大试管（容积 150 mL）、1 mL 移液枪头、培养皿、接种环、试管架、显微镜、载玻片、灭菌三角瓶、灭菌带玻璃塞的空瓶、灭菌培养皿、灭菌吸管、灭菌试管、无菌过滤器、镊子、夹钳、真空泵、滤膜、烧杯等。

## 四、实验步骤

### （一）配制培养基

1. 乳糖蛋白胨培养液（供多管发酵法的复发酵用）

（1）配方。

蛋白胨 10 g、牛肉膏 3 g、乳糖 5 g、NaCl 5 g、1.6%溴甲酚紫乙醇溶液 1 mL、蒸馏水 1 000 mL，pH 7.2~7.4。

（2）制备。

按配方分别称取蛋白胨、牛肉膏、乳糖及 NaCl 加热溶解于 1 000 mL蒸馏水，调整 pH 值为 7.2~7.4。加入 1.6%溴甲酚紫乙醇溶液 1 mL，充分混匀后分装于试管内，每管 10 mL，另取一德汉氏小管装满培养基倒放入试管内。塞好棉塞、包扎。置于高压灭菌锅内以 0.7 kg/cm$^2$（115 ℃）灭菌 20 min，取出置于阴冷处备用。

2. 三倍浓缩乳糖蛋白胨培养液（供多管发酵法初发酵用）

按上述乳糖蛋白胨液体培养基浓缩三倍配制，分装于试管中，每管 5 mL。再分装大试管，每管装 50 mL，然后在每管内倒放装满培养基的德汉氏小管、塞棉塞、包扎，置高压灭菌锅内以 0.7 kg/cm$^2$（115 ℃）灭菌 20 min，取出置于阴冷处备用。

3. 伊红美蓝培养基

依照配方配制。蛋白胨 10 g、乳糖 10 g、$K_2HPO_4$ 2 g、琼脂 20 ~ 30 g、蒸馏水 1 000 mL、2%伊红水溶液 10 mL、0.5%美蓝水溶液 13 mL。现市场上有售配制好的伊红美蓝培养基，使用方便。

### （二）大肠菌群的多管发酵法（MPN 法）测定

1. 初步发酵试验

在 2 支各装有 50 mL 三倍浓缩乳糖蛋白胨培养液的三角瓶中，以无菌操作各加入 100 mL 水样。在 10 支各装有 5 mL 三倍浓缩乳糖蛋白胨培养液的发酵管中，以无菌操作各加入 10 mL 水样。混匀后置于 37 ℃恒温箱中培养 24 h，观察其产酸产气的情况。

①若培养基红色不变为黄色，德汉氏小管内没有气体，即不产酸不产气，为阴性反应，表明无大肠菌群存在。

②若培养基由红色变为黄色，德汉氏小管内有气体产生，既产酸又产气，为阳性反应，说明有大肠菌群存在。

③培养基由红色变为黄色说明产酸，但不产气，需要进一步培养至 48 h，48 h 后仍不产气视为阴性。

④若培养基红色不变，也不浑浊，德汉氏小管内有气体，是操作上有问题，应重作检验。

2. 平板划线分离

将经培养 24 h 后产酸产气及 48 h 后产酸产气的发酵管（瓶）取出，以无菌操作，用接种环挑取 1 环发酵液于伊红美蓝培养基平板上划线分离，置于 37 ℃恒温箱内培养

18~24 h，观察菌落特征。挑取符合如下特征的单菌落的一部分涂片和革兰氏染色，镜检。

①菌落深紫黑色，具有金属光泽。

②菌落紫黑色，不带或略带金属光泽。

③菌落淡紫红色，中心色较深。

3. 复发酵试验

以无菌操作，用接种环在具有上述菌落特征、革兰氏染色阴性的无芽孢杆菌的菌落上挑取剩余一部分于装有 10 mL 普通浓度乳糖蛋白胨培养基的发酵管内，每管可接种同一平板上（即同一初发酵管）的 1~3 个典型菌落的细菌。盖上棉塞置于 37 ℃恒温箱内培养 24 h，有产酸、产气者证实有大肠菌群存在。

4. 大肠菌群数估计

证实有大肠菌群存在后，再根据初发酵试验的阳性管（瓶）数查大肠菌群检数表（表 3-11-1）得到每升水样中的大肠菌群数。

**表 3-11-1　大肠菌群检数表**

（接种水样共计 300 mL，其中 100 mL 2 份、10 mL 10 份）　　单位：个/L

| 项目 | | 100mL 水样阳性管 | | |
|---|---|---|---|---|
| | | 0 号 | 1 号 | 2 号 |
| 10 mL 水样阳性管 | 0 号 | <3 | 4 | 11 |
| | 1 号 | 3 | 8 | 18 |
| | 2 号 | 7 | 13 | 27 |
| | 3 号 | 11 | 18 | 38 |
| | 4 号 | 14 | 24 | 52 |
| | 5 号 | 18 | 30 | 70 |
| | 6 号 | 22 | 36 | 92 |
| | 7 号 | 27 | 43 | 120 |
| | 8 号 | 31 | 51 | 161 |
| | 9 号 | 36 | 60 | 230 |
| | 10 号 | 40 | 69 | >230 |

## 五、课后提升

（1）按课堂要求撰写实验报告。

（2）记录结果，根据结果判断所取水样是否符合标准。

（3）思考：测定大肠菌群数有何实际意义？为什么选用大肠菌群作为水的卫生指标？

# 参考文献

黄秀梨，辛明秀，2019. 微生物学实验指导［M］. 3 版 . 北京：高等教育出版社.
沈萍，陈向东，2022. 微生物学实验［M］. 北京：高等教育出版社 .
孙燕，2015. 微生物学实验指导［M］. 西安：陕西师范大学出版社 .
周德庆，徐德强，2013. 微生物学实验教程［M］. 3 版 . 北京：高等教育出版社 .

# 第四篇
# 生物化学实验

# 实验1　牛奶中酪蛋白的提取

## 一、实验目的

（1）学习从牛奶中制备酪蛋白的方法。

（2）了解从牛奶中制取酪蛋白的原理。

## 二、实验原理

牛乳中主要的蛋白质是酪蛋白，含量约为3.5 g/100 mL。酪蛋白是含磷蛋白质的混合物，相对密度为1.25~1.31，不溶于水、醇、有机溶剂，等电点为4.7。利用等电点时溶解度最低的原理，将牛乳的pH值调至4.7时，酪蛋白就沉淀出来。用乙醇洗涤沉淀物，除去脂质杂质后便可得到纯的酪蛋白。

## 三、实验器材

纯牛奶、乙酸、无水乙醇、滤纸、烧杯、水浴锅等。

## 四、实验步骤

（1）将250 mL或200 mL牛奶置于水浴锅中，隔水水浴小火加热，不断搅拌，加热至沸腾时停止搅拌和加热。

（2）在牛奶中加入少量氯化钠，并慢慢加入乙酸，轻轻搅拌，观察到牛奶中开始有白色絮状沉淀出现后，停止搅拌和加乙酸，静置10 min。

（3）待上述悬浮液冷却至室温，用滤纸过滤，得到滤渣。

（4）用蒸馏水清洗滤渣3次，每次都过滤得滤渣。

（5）滤渣再用无水乙醇清洗3次，每次都过滤得滤渣。

（6）将滤渣摊在滤纸上风干，得酪蛋白制品。

（7）称重并品尝酪蛋白制品。

计算公式为

酪蛋白浓度（g/100 mL）＝实验所得酪蛋白质量（g）/200 mL（或250 mL）×100

得率＝测得含量/理论含量×100%

## 五、课后提升

计算本实验中蛋白提取率。

# 实验2 蛋白质的颜色反应和沉淀反应

## 一、实验目的

（1）掌握鉴定蛋白质的原理和方法。
（2）熟悉蛋白质的沉淀反应。
（3）进一步掌握蛋白质的有关性质。

## 二、实验原理

蛋白质分子中的某种或某些基团与显色剂作用，可产生特定的颜色反应，不同蛋白质所含氨基酸不完全相同，颜色反应亦不同。颜色反应不是蛋白质的专一反应，一些非蛋白物质亦可产生相同颜色反应，因此不能仅根据颜色反应的结果决定被测物是否为蛋白质。颜色反应是一些常用的蛋白质定量测定的依据。

多数蛋白质是亲水胶体，当其稳定因素被破坏或与某些试剂结合成不溶解的盐后，即产生沉淀。

## 三、实验器材

吸管（1.0 mL 4 支、0.5 mL 1 支、2.0 mL 4 支、5.0 mL 2 支）、滴管、试管（1.5 cm×15 cm 14 支）、酒精灯、水浴锅、漏斗等。

卵清蛋白液、0.5%苯酚溶液、米伦试剂、0.1%茚三酮溶液、结晶尿素、10% NaOH 溶液、浓硝酸、1% $CuSO_4$溶液、$(NH_4)_2SO_4$、95%乙醇、NaCl、1%乙酸铅溶液、5%单宁酸溶液、饱和苦味酸溶液、1%乙酸溶液。

（1）卵清蛋白液：将鸡蛋白用蒸馏水稀释 5~10 倍，2~3 层纱布过滤，滤液冷藏备用。

（2）米伦试剂：40 g 汞溶于 60 mL 浓硝酸（比重 1.42），水浴加温助溶，溶解后加 2 倍体积蒸馏水，混匀、静置、澄清，去上清液备用，此试剂可长期保存。注意在通风橱进行配制。

（3）0.1%茚三酮溶液：0.1 g 茚三酮溶于 95%乙醇并稀释至 100 mL。

## 四、实验步骤

### （一）米伦氏反应

取 0.5%苯酚溶液 1 mL 于试管中，加米伦试剂约 0.5 mL，小心加热，溶液即出现玫瑰红色。

取 2 mL 卵清蛋白液，加 0.5 mL 米伦试剂，此时出现蛋白质的沉淀。小心加热，凝固的蛋白质出现红色。

### （二）双缩脲反应

取少量结晶尿素放在干燥试管中，微火加热，尿素熔化并形成双缩脲，至试管内有白色固体出现停止加热，冷却。加 10% NaOH 溶液 1 mL 摇匀，再加 2 滴 1% $CuSO_4$溶液，混匀，观察有无紫色出现。（$CuSO_4$ 溶液不能多加，否则会产生蓝色沉淀$Cu(OH)_2$。）

另取一试管，加卵清蛋白液 10 滴，再加 10% NaOH 溶液 10 滴及 1% $CuSO_4$溶液 2 滴，混匀，观察是否出现紫玫瑰色。

### （三）黄色反应

于一试管内，置卵清蛋白液 10 滴及浓硝酸 3~4 滴，加热，冷却后再加 10% NaOH 溶液 5 滴，有黄色出现。

### （四）茚三酮反应

取 1 mL 卵清蛋白液置于试管中，加 6~8 滴 0.1%茚三酮溶液，加热至沸，即有蓝紫色出现。反应必须在 pH 5~7 进行。

### （五）蛋白质盐析作用

取卵清蛋白液 2 mL，缓慢加入少量（$(NH_4)_2SO_4$）粉末，然后微微摇动试管，使溶液混合静置数分钟，球蛋白即析出。反应中应先加卵清蛋白液，然后加（$(NH_4)_2SO_4$）。$(NH_4)_2SO_4$ 若加到过饱和则有结晶析出，勿与蛋白质沉淀混淆。

将上述混合液过滤，滤液中加（$(NH_4)_2SO_4$）粉末，至其不再溶解，析出的即为清蛋白，再加水稀释，观察沉淀是否溶解。

### （六）乙醇沉淀蛋白质

取卵清蛋白液 1 mL，加 NaCl 少许，待溶解后再加入 95%乙醇 2 mL 混匀，观察到有沉淀析出。

### （七）重金属盐沉淀蛋白质

取试管 2 支各加卵清蛋白液 2 mL。一管内滴加 1%乙酸铅溶液，另一管内滴加 1% $CuSO_4$溶液，至有沉淀生成。

### （八）生物碱试剂沉淀蛋白质

取试管 2 支各加 2 mL 蛋白液和 1%乙酸溶液 4~5 滴，向一管中加 5%单宁酸溶液数滴，另一管内加饱和苦味酸溶液数滴，观察结果。

## 五、课后提升

列表比较本实验中的反应的现象，总结注意事项。

# 实验 3　氨基酸的分离（纸层析法）

## 一、实验目的

（1）掌握分配层析的原理，学习氨基酸纸层析法的操作技术（包括点样、平衡、展层、显色、鉴定及定量）。

（2）学习未知样品的氨基酸成分（水解、层析及鉴定）分析的方法。

## 二、实验原理

层析法又称色谱法，是一种物理的分离方法。利用混合物中各组分物理化学性质的差异（如吸附力、分子形状及大小、分子亲和力、分配系数等），使各组分以不同程度分布在固定相和流动相两相中，并使各组分以不同速度移动，从而得到有效的分离。

根据操作方式不同，层析法可分为纸层析法、薄层层析法、柱层析法等。根据分离机理不同，层析法可分为分配层析法、吸附层析法、离子交换层析法、凝胶层析法、亲和层析法等。

纸层析法是用滤纸作为惰性支持物的分配层析法，展层溶剂由有机溶剂和水组成。滤纸纤维上的羟基具有亲水性，在滤纸上水被吸附在纤维素的纤维之间形成固定相。当有机溶剂（流动相）沿纸流动经过层析点时，溶质就在水相和有机相之间不断进行分配。由于溶质中各组分的分配系数不同，移动速率也不同，因而可以彼此分开。

分配系数为

$$\text{分配系数}=\frac{\text{溶质在固定相中的浓度}}{\text{溶质在流动相中的浓度}}$$

物质被分离后在滤纸上的移动速率用 $R_f$ 值表示为

$$R_f=\frac{\text{原点到层析点中心的距离}}{\text{原点到溶剂前沿的距离}}$$

只要条件（如温度、展层溶剂的组成）不变，$R_f$ 值是常数，故可根据 $R_f$ 值作定性依据。

氨基酸无色，利用茚三酮反应，可将氨基酸层析点显色作定性、定量用。

## 三、实验器材

滤纸、层析缸、培养皿、量尺、铅笔、订书针、剪刀、毛细管、电吹风。

（1）标准氨基酸溶液（5 mg/mL）：甘氨酸（Gly）标准液、苯丙氨酸（Phe）标准液、脯氨酸（Pro）标准液、组氨酸（His）标准液、氨基酸混合液；冰乙酸；正丁醇；0.1%茚三酮溶液。

（2）酸相溶剂：$V_{正丁醇(A.R)}:V_{冰乙酸}:V_{水}=4:1:3$。

（3）显色贮备液：0.1%水合茚三酮正丁醇溶液。

## 四、实验步骤

### （一）点样

量取30 mL层析溶剂、1 mL显色贮备液于层析缸中，混匀密闭，静置。

戴好手套，在桌上铺好一层保鲜膜。取一张干净滤纸，将其剪裁为18 cm×14 cm。在纸的一端距边缘2 cm处用铅笔轻轻划1条直线，在此直线上等距离分出几个点作为点样原点。

用毛细管将标准氨基酸溶液和未知样品分别点在点样点上，每次点样后用电吹风冷风吹干再点下一次，点样点直径不超过5 mm。

量取20 mL层析溶剂、1 mL显色贮备液（每10 mL展层剂加0.1~0.5 mL的显色储备液）于培养皿中，将层析缸倒扣于混匀后的培养皿上，密闭，静置。

### （二）层析与显色

将滤纸卷成圆筒形，用订书针固定成圆筒状，纸的两边不能接触。

将滤纸垂直放入层析缸中盛有展层剂的培养皿上，迅速盖紧层析缸（点样点的一端朝下，展层剂液面需低于点样线1 cm左右）。

待溶液前沿线距滤纸末端1~2 cm（展层长度10 cm，约2 h）后，取出滤纸（需戴上手套），用铅笔将前沿线作一标记。拆除缝合线，电吹风热风吹干（通风橱中进行），即可看见层析斑点。

### （三）结果处理

用铅笔将层析图谱上的斑点圈出，分别测量点样点到层析点中心和点样点到层析前沿的距离，计算各种标准氨基酸的$R_f$值，并根据样品分离的情况鉴定混合样品中氨基酸的组分。注意事项主要有以下3点。

（1）做纸层析时，应严格保证展层剂各组分的比例，因为$R_f$值与展层剂的组成密切相关，且比例不对时还可能引起展层剂分层，严重影响实验结果。

（2）将纸筒放入层析缸时一定要小心放平，否则层析方向发生偏离，后续测量层析点到原点的距离时容易产生误差。

（3）实验时一定要避免用手直接接触滤纸，也不要将滤纸随意放置，否则容易沾上蛋白质或氨基酸，给实验带来干扰。

## 五、课后提升

填写表4-3-1。

**表 4-3-1　实验结果**

| 项目 | Gly | Phe | Pro | His | 混合氨基酸溶液 | | |
|---|---|---|---|---|---|---|---|
| 中心到原点距离/cm | | | | | | | |
| 前沿/cm | | | | | | | |
| $R_f$/cm | | | | | | | |
| 参考值 $R_f$ | 0.30 | 0.73 | 0.48 | 0.11 | — | — | — |

附：实验结果图，仅供参考。

层析结束后，结果示例如图 4-3-1 所示。滤纸放置 2 天后，如图 4-3-2 所示。

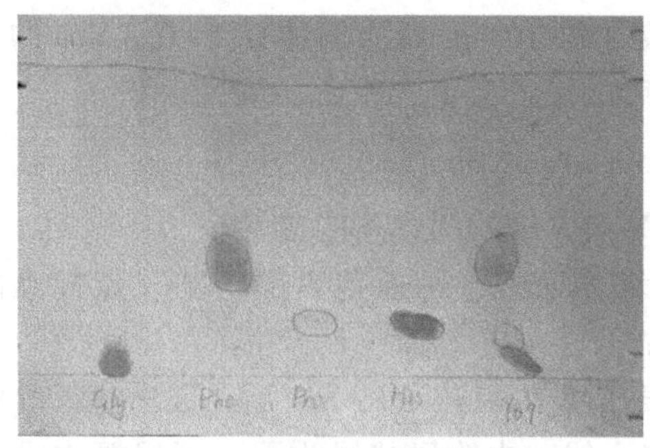


**图 4-3-1　氨基酸样品纸层析结果**

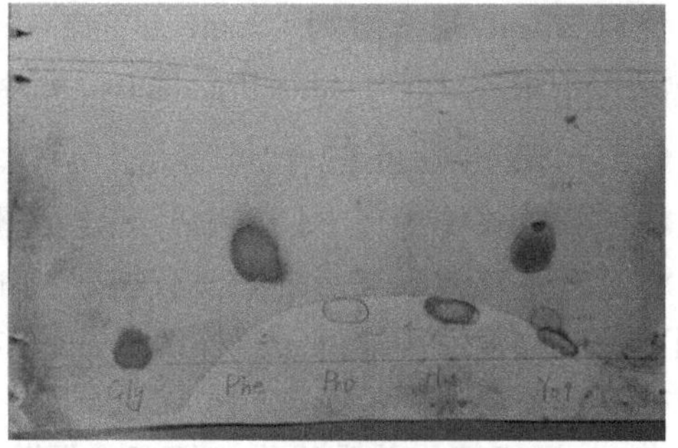


**图 4-3-2　层析结果放置 2 天后情况**

# 实验4 植物DNA的提取与测定

## 一、实验目的

随着基因工程等分子生物学技术的迅速发展及广泛应用，人们经常需要提取高分子量的植物DNA，用于构建基因文库、基因组Southern分析、酶切及克隆等，这是研究基因结构和功能的重要步骤。本实验目的是学习从植物材料中提取和测定DNA的原理并掌握提取DNA的CTAB法，进一步了解DNA的性质。

## 二、实验原理

细胞中的DNA绝大多数以DNA-蛋白复合物（DNP）的形式存在于细胞核内。提取DNA时，一般要先破碎细胞释放出DNP，再用含少量异戊醇的氯仿除去蛋白质，最后用乙醇把DNA从抽提液中沉淀出来。DNP与核糖核蛋白（RNP）在不同浓度的电解质溶液中溶解度差别很大，利用这一特性可将二者分离。以NaCl溶液为例：RNP在0.14 mol/L NaCl中溶解度很大，而DNP在其中的溶解度仅为纯水中的1%。当NaCl浓度逐渐增大时，RNP的溶解度变化不大，而DNP的溶解则随之不断增加。当NaCl浓度大于1 mol/L时，DNP的溶解度最大，为纯水中溶解度的2倍，因此通常可用1.4 mol/L NaCl提取DNA。为了得到纯的DNA制品，可用适量的RNA酶（RNase）处理提取液，以降解DNA中掺杂的RNA。

植物总DNA的提取主要有两种方法：CTAB（十六烷基三甲基溴化铵，hexadecyltrimethylammonium bromide）法和SDS（十二烷基磺酸钠，sodium dodecyl sulfate）法。

CTAB是一种阳离子去污剂，可溶解细胞膜，它能与核酸形成复合物，在高盐溶液（0.7 mol/L NaCl）中是可溶的，当降低溶液盐的浓度到一定程度（0.3 mol/L NaCl）时从溶液中沉淀。通过离心就可将CTAB与核酸的复合物同蛋白质、多糖类物质分开，然后将CTAB与核酸的复合物沉淀溶解于高盐溶液中，再加入乙醇使核酸沉淀，CTAB则溶解于乙醇中。

SDS是阴离子去垢剂，高浓度的SDS可使DNA与蛋白质分离，在高温（55~65 ℃）条件下裂解细胞，使染色体离析，蛋白变性，释放出核酸，然后采用提高盐浓度及降低温度的方法使蛋白质及多糖杂质沉淀，离心后除去沉淀，上清液中的DNA用酚/氯仿抽提，反复抽提后用乙醇沉淀水相中的DNA。

在基因克隆工作中，通常要求制备的大分子DNA的分子量为克隆片段长度的4倍以上，否则会由于制备过程中随机断裂的末端多为平末端，导致酶切后有效末端太少，可用于克隆的比例太低，严重影响克隆工作。有效制备大分子DNA的方法必须考虑两个原则：一是尽量去除蛋白质、RNA、次生代谢物质（如多酚、类黄酮等）、多糖等杂质，并防止和抑制内源 DNA 酶（DNase）对 DNA 的降解；二是尽量减少对溶液中 DNA 的机械剪切破坏。

几乎所有的 DNase 都需要 $Mg^{2+}$ 或 $Mn^{2+}$ 作为辅因子，因此要实现尽量去除蛋白质的要求，需加入一定浓度的螯合剂，如 EDTA、柠檬酸，而且整个提取过程应在较低温度下进行（一般利用液氮或冰浴）。要减少对溶液中 DNA 的机械剪切破坏，需要在 DNA 处于溶解状态时，尽量减弱溶液的涡旋，动作要轻柔，在进行 DNA 溶液转移时用大口（或剪口）吸管。

提取的 DNA 是否为纯净、双链、高分子的化合物，一般要通过紫外吸收、化学测定、“熔点”（Tm，melting temperature）测定、电镜观察及电泳分离等方法鉴定。

本实验采用 CTAB 法提取 DNA，并通过紫外吸收法鉴定。

## 三、实验器材

高速冷冻离心机、751 型分光光度计、恒温水浴、液氮或冰浴设备、磨口锥形瓶、核酸电泳设备。

新鲜菠菜幼嫩组织、花椰菜花冠或小麦黄化苗等。

（1）CTAB 提取缓冲液：100 mmol/L Tris-HCl（pH 8.0）、20 mmol/L EDTA-$Na_2$、1.4 mol/L NaCl、2% CTAB、使用前加入 0.1%的 β-巯基乙醇。

（2）TE 缓冲液：10 mmol/L Tris-HCl（pH 8.0）、1 mmol/L EDTA。TE 缓冲液、Tris-HCl（pH 8.0）需要高温高压灭菌。

（3）DNase-free RNase A（去除 DNA 酶的 RNA 酶 A）：溶解 RNase A（RNA 酶 A）于 TE 缓冲液中，浓度为 10 mg/mL，沸水浴加热 10~30 min 以除去 DNase 活性，-20 ℃贮存。

（4）氯仿/异戊醇（24∶1）：240 mL 氯仿加 10 mL 异戊醇混匀。

（5）3 mol/L 乙酸钠（$CH_3COONa$，pH 6.8）：称取 $CH_3COONa \cdot 3H_2O$ 81.62 g，用蒸馏水溶解，配制成 200 mL，用乙酸调 pH 值至 6.5。高温高压灭菌。

（6）70%乙醇。

## 四、实验步骤

（1）称取 3 g 新鲜菠菜幼嫩组织或小麦黄花苗等植物材料，用自来水、蒸馏水先后冲洗叶面，用滤纸吸干水分备用。叶片称重后剪成 1 cm 长，置研钵中，经液氮冷冻后研磨成粉末，移至 2 mL 离心管并加入 900 μL 预热（60~65 ℃）的 CTAB 裂解液和 20 μL的 β-巯基乙醇。将离心管插入漂浮板上，颠倒混匀，65 ℃水浴 0.5~1 h。

（2）10 000 r/min 离心 10 min 后取上清至 2 mL 离心管。加等体积的氯仿/异戊醇（24∶1），盖上瓶塞，温和摇动，使其成乳状液。

（3）上清液中加入等体积的氯仿/异戊醇预混液，颠倒混匀（3~5 r/min）10 000 r/min离心 10 min，取上清液至 1.5 mL 离心管。静置，离心管中出现 3 层，小心吸取含有核酸的上层清液于量筒中，弃去中间层的细胞碎片和变性蛋白以及下层的氯仿。

（4）根据需要，上清液可用氯仿/异戊醇反复提取多次。

（5）上清液中加入 1/3 体积的乙酸钠溶液和等体积预冷的异丙醇，轻柔混匀，放置10 min即沉淀 DNA，10 000 r/min离心 5 min 后弃上清，在管侧或管底有肉眼可见的白色沉淀。加 1~2 mL 70%乙醇冲洗沉淀，轻摇几分钟，除去乙醇，即为 DNA 粗制品。

（6）上述 DNA 粗制品含有一定量的 RNA 和其他杂质。若要制取较纯的 DNA，可将粗制品溶于 TE 缓冲液中，加入 10 mg/mL 的 DNase-free RNaseA，使其终浓度达 50 μg/mL。混合物于 37 ℃水浴中保温 30 min 除去 RNA。重复步骤（2）~（5）的操作，可制得较纯的 DNA 制品。

（7）将 DNA 制品溶于 250 μL 的 TE 缓冲液中，完全溶解 DNA 样品。

（8）在 751 型分光光度计上测定该溶液在 260 nm 紫外光波长下的光密度值（$OD_{260\ nm}$）。代入下式计算 DNA 的含量：

$$\text{dsDNA 浓度}\ (\mu g/mL) = 50\times (OD_{260\ nm}) \times \text{稀释倍数}$$

DNA 的紫外吸收高峰为 260 nm，吸收低峰为 230 nm，而蛋白质的紫外吸收高峰为 280 nm。上述 DNA 溶液适当稀释后，在 751 型分光光度计上测定其 $OD_{260\ nm}$、$OD_{230\ nm}$ 和 $OD_{280\ nm}$。如 $OD_{260\ nm}/OD_{230\ nm} \geqslant 2$，而 $OD_{260\ nm}/OD_{280\ nm} \geqslant 1.8$，表示 RNA 已经除净，蛋白含量不超过 0.3%。

## 五、注意事项

如果植物样品不经液氮处理，提取液中的 CTAB 浓度需要提高到 4%。在许多情况下，使用 0.1% β-巯基乙醇，并不能完全抑制叶片中的氧化作用，但是，这种氧化作用不会影响限制性内切酶的活性。如果使用的 β-巯基乙醇浓度高于 0.1%，则会大大降低 DNA 的得率。

## 六、课后提升

（1）思考制备的 DNA 在什么溶液中较稳定。

（2）简述为了保证植物 DNA 的完整性，在吸取样品、抽提过程中应注意什么。

# 实验 5　琼脂糖凝胶电泳检测 DNA

## 一、实验目的

掌握琼脂糖凝胶电泳检测 DNA 的方法。

## 二、实验原理

琼脂糖凝胶电泳是分离、纯化、鉴定 DNA 片段的典型方法，其特点为简便、快速。DNA 片段琼脂糖凝胶电泳的原理与蛋白质的电泳原理基本相同，DNA 分子在高于其等电点的 pH 溶液中带负电荷，在电场中向正极移动。DNA 分子在电场中通过介质而泳动，除电荷效应外，凝胶介质还有分子筛效应，与分子大小及构象有关。线状 DNA 片段分离的有效范围与琼脂糖凝胶浓度关系如表 4-5-1 所示。对于线形 DNA 分子，其电场中的迁移率与其分子量的对数值成反比。在凝胶中加入少量 GoldView™（一种可代替溴化乙锭的新型核酸染料），其分子可插入 DNA 的碱基之间，形成一种光络合物，在 254~365 nm 波长紫外光照射下，呈现绿色的荧光，因此可对分离的 DNA 进行检测。电泳时以溴酚蓝及二甲苯氰（蓝）作为双色电泳指示剂。其目的有：增大样品密度，确保 DNA 均匀进入样品孔内；使样品呈现颜色，了解样品泳动情况，使操作更为便利；以 0.5×TBE 作电泳液时，溴酚蓝的泳动率约与长 300 bp 的双链 DNA 相同，二甲苯氰（蓝）则与 4 bp 的 DNA 相同。

**表 4-5-1　线状 DNA 片段分离的有效范围与琼脂糖凝胶浓度关系**

| 琼脂糖凝胶浓度/% | 分离线状 DNA 分子的有效范围/kb |
|---|---|
| 0.3 | 60~5 |
| 0.6 | 20~1 |
| 0.7 | 10~0.8 |
| 0.9 | 7~0.5 |
| 1.2 | 6~0.4 |
| 1.5 | 4~0.2 |
| 2.0 | 3~0.1 |

## 三、实验器材

塑料薄膜、电泳仪、水平电泳槽、凝胶成像系统。

（1）5×TBE 溶液：54 g Tris、27.5 g $H_3BO_3$、4.6 g EDTA-$Na_2$溶于去离子水中，定容至 1 L。电泳时 10 倍稀释使用。

（2）5×上样缓冲液：用 5×TBE 溶液配制 0.5%溴酚蓝，再加等体积甘油混匀，按照比例加入荧光核酸染料 GoldView™。

（3）0.7%琼脂糖：用 1×TBE 溶液配制。

（4）TE Buffer 的配制同实验 4。

## 四、实验步骤

### （一）琼脂糖凝胶电泳平板制备

琼脂糖溶液的制备：配制 0.7%琼脂糖溶液，在沸水浴中煮沸直到完全溶解；将溶液冷却到约 50～60 ℃。

将琼脂糖溶液倒入电泳支架上，放上梳子，梳子须离开电泳支架底部 1 mm 左右。待凝胶凝聚后，小心拔去梳子，将支架放入装有电泳缓冲液（0.5×TBE）的电泳槽中，电泳缓冲液应淹没凝胶。

### （二）电泳

取塑料薄膜，滴加溴酚蓝上样缓冲液和 DNA 样品 5～10 μL，混匀，用微量移液器加入样品槽中。点样端朝负极，通电。电场强度为 10 V/cm。至溴酚蓝移到距边 1 cm 处，取出凝胶，放在凝胶成像系统检测拍照。

## 五、课后提升

简述 DNA 在电场中的迁移率取决于哪些因素。

# 实验 6　影响酶促反应速度的因素

## 一、实验目的

观察温度、pH 值、激活剂、抑制剂对酶促反应速度的影响。

## 二、实验原理

唾液淀粉酶催化淀粉水解，生成一系列水解产物，即糊精、麦芽糖和葡萄糖等。淀粉及其水解产物遇碘会呈现不同的颜色。

在不同温度、不同 pH 值下，唾液淀粉酶活性不同，催化淀粉水解程度不一，生成的产物也就不同。此外，激活剂、抑制剂也能影响淀粉酶活性，影响淀粉的水解。因此可根据在不同反应条件下，溶液加碘呈现的不同颜色来判断淀粉的水解程度（图 4-6-1），从而验证温度、pH 值、激活剂、抑制剂对酶促反应速度的影响。

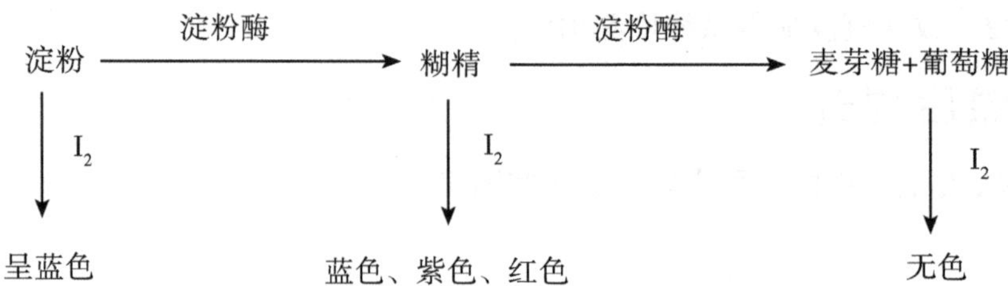


**图 4-6-1　淀粉不同水解程度的产物对碘不同的呈色反应**

## 三、实验器材

试管、移液器、试管架等。

pH 值为 3、6. 8、8 的磷酸缓冲液、1%淀粉溶液、碘液、1% NaCl 溶液、1% $CuSO_4$ 溶液、1% $Na_2SO_4$溶液、蒸馏水。

## 四、实验步骤

### （一）检测温度对酶促反应速度的影响

取 3 支试管，编号，按表 4-6-1 操作。

表 4-6-1　检测温度对酶促反应速度的影响操作步骤

| 步骤 | 试管 1 | 试管 2 | 试管 3 |
| --- | --- | --- | --- |
| 1. 加入 pH 6.8 磷酸缓冲液/mL | 1 | 1 | 1 |
| 2. 加入 1%淀粉溶液/mL | 2 | 2 | 2 |
| 3. 加入稀释唾液/mL | 1 | 1 | 1 |
| 4. 混匀、水浴 | 37 ℃水浴 10 min | 沸水浴 10 min | 冰水浴 10 min |
| 5. 加入碘液/滴 | 1 | 1 | 1 |
| 6. 记录现象 | | | |

## （二）检测 pH 值对酶促反应速度的影响

取 3 支试管，编号，按表 4-6-2 操作。

表 4-6-2　检测 pH 值对酶促反应速度的影响操作步骤

| 步骤 | 试管 1 | 试管 2 | 试管 3 |
| --- | --- | --- | --- |
| 1. 加入 pH 3.0 磷酸缓冲液/mL | 3 | — | — |
| 2. 加入 pH 6.8 磷酸缓冲液/mL | — | 3 | — |
| 3. 加入 pH 8.0 磷酸缓冲液/mL | — | — | 3 |
| 4. 加入 1%淀粉溶液/mL | 2 | 2 | 2 |
| 5. 加入稀释唾液/mL | 2 | 2 | 2 |
| 6. 水浴、加碘液、取样 | 混匀，置 37 ℃水浴保温，每隔 1 min 从各管中吸取 1 滴反应液于白瓷板上，加碘液 1 滴检查反应进行情况，直至反应液不与碘液反应时，向各管中各加入 1 滴碘液，摇匀，观察并记录颜色变化 | | |
| 7. 记录现象 | | | |

## （三）检测激活剂与抑制剂对酶促反应速度的影响

取 4 支试管，编号，按表 4-6-3 操作。

表 4-6-3　检测激活剂与抑制剂对酶促反应速度的影响操作步骤

| 步骤 | 试管 1 | 试管 2 | 试管 3 | 试管 4 |
| --- | --- | --- | --- | --- |
| 1. 加入 1%淀粉溶液/mL | 3 | 3 | 3 | 3 |
| 2. 加入 pH 6.8 缓冲液/mL | 3 | 3 | 3 | 3 |
| 3. 加入 1% NaCl 溶液/mL | — | 1 | — | — |
| 4. 加入 1% $CuSO_4$溶液/mL | — | — | 1 | — |
| 5. 加入 1% $Na_2SO_4$溶液/mL | — | — | — | 1 |

（续表）

| 步骤 | 试管 1 | 试管 2 | 试管 3 | 试管 4 |
|---|---|---|---|---|
| 6. 加入蒸馏水/mL | 1 | — | — | — |
| 7. 加入稀释唾液/mL | 1 | 1 | 1 | 1 |
| 8. 水浴 | 混匀，置 37 ℃水浴 10 min | | | |
| 9. 加入碘液/滴 | 1 | 1 | 1 | 1 |
| 10. 记录现象 | | | | |

## 五、课后提升

观察各管颜色变化，说明温度、pH 值、激活剂、抑制剂对酶促反应的影响。

# 实验 7　水果中维生素 C 含量的测定

## 一、实验目的

（1）了解基准物质维生素 C 的化学性质及其应用。

（2）掌握维生素 C 标准溶液的配制、标定过程。

（3）掌握碘水滴定维生素 C 的滴定过程、突跃范围及指示剂的选择。

（4）掌握定量转移操作的基本要点。

## 二、实验原理

维生素 C 具有强还原性。在酸性溶液中，它可将碘单质还原为碘离子。利用这一反应，可以通过实验测定果汁中维生素 C 的含量。

用医用维生素 C 片配制一定浓度（$a$ mg/L）的维生素 C 标准溶液。向一定体积的维生素 C 标准溶液中滴加稀碘水，用淀粉溶液作指示剂，至加入碘水呈蓝色且半分钟内不褪色为止，记录加入碘水的体积（$V_1$）。

在相同体积的果汁中，用淀粉溶液作指示剂，滴加相同浓度的碘水，记录溶液显蓝色且半分钟内不褪色时消耗碘水的体积（$V_2$）。根据 2 次反应消耗碘水的体积比值，可粗略测定出水果中维生素 C 的含量。

$$维生素\text{ C }的含量=(V_2/V_1)\,a$$

## 三、实验器材

纱布，漏斗，滤纸，烧杯，玻璃棒，研钵，容量瓶。

100 mg 维生素 C 药片、果汁或蔬菜汁、0.010 mol/L 碘水、淀粉溶液、0.1 mol/L HCl 溶液。

## 四、实验步骤

### （一）维生素 C 标准溶液的配制

将 5 片 100 mg 的维生素 C 药片投入盛有 50 mL 蒸馏水的烧杯中，边搅拌边用玻璃棒的顶部压维生素 C 药片，以加速维生素 C 药片的溶解。当维生素 C 药片全部溶解后，把溶液转移到 250 mL 容量瓶中，并稀释至刻度。

### （二）果汁或蔬菜汁的准备

取 50 mL 橙汁，过滤备用；或取 50 g 卷心菜，在研钵中捣烂，加 50 mL 蒸馏水，充分搅拌，取出用纱布过滤，滤液备用。

### （三）维生素 C 药片中维生素 C 含量的测定

移取 20 mL 维生素 C 标准溶液注入 250 mL 锥形瓶中，加入 1 mL 0.1 mol/L HCl，调节溶液的酸度。加入 1~2 mL 淀粉溶液，用 0.010 mol/L 碘水滴定，直到溶液显蓝色且半分钟内不褪色，记录消耗碘水的体积（表 4-7-1）。重复上述操作 1 次，取 2 次的平均值。

### （四）果汁或蔬菜汁中维生素 C 含量的测定

移取 20 mL 橙汁（或蔬菜汁）注入 250 mL 锥形瓶中，加入 1 mL 0.1 mol/L HCl，调节溶液的酸度。加入 1~2 mL 淀粉溶液，用 0.010 mol/L 碘水滴定，直到溶液显蓝色且半分钟内不褪色，记录消耗碘水的体积（表 4-7-1）。重复上述操作 1 次，取 2 次的平均值。

## 五、课后提升

将实验结果填入表 4-7-1。

**表 4-7-1　实验结果**

| 分类 | 编号 | 滴定前的读数/mL | 滴定后的读数/mL | 消耗碘水的体积/mL | 消耗碘水体积的平均值/mL |
| --- | --- | --- | --- | --- | --- |
| 维生素 C 标准溶液 | 1 | | | | |
| | 2 | | | | |
| 橙汁（或蔬菜汁） | 3 | | | | |
| | 4 | | | | |

# 实验 8　植物体内可溶性糖含量的测定（蒽酮法）

## 一、实验目的

（1）了解蒽酮法测定可溶性糖含量的原理。

（2）掌握分光光度计的使用。

## 二、实验原理

糖类物质是构成植物体的重要组成成分之一，也是新陈代谢的主要原料和贮存物质。不同栽培条件、不同成熟度都可以影响水果、蔬菜中糖类的含量。因此对水果、蔬菜中可溶性糖进行测定，可以了解和鉴定水果、蔬菜的品质。

蒽酮比色定糖法（简称蒽酮法）是一个快速而方便的定糖方法，在强酸性条件下，蒽酮可以与游离的或多糖中存在的己糖、戊糖及己糖醛酸（还原性和非还原性）作用生成蓝绿色的糖醛衍生物，其颜色的深浅与糖的含量在一定范围内成正比。蒽酮也可以和其他一些糖类发生反应，但显现的颜色不同。当存在含有较多色氨酸的蛋白质时，反应不稳定，呈现红色。上述特定的糖类物质，反应较稳定。该方法的特点是灵敏度高、测定量少、快速方便。

## 三、实验器材

植物种子、白菜叶、柑橘。

分光光度计、恒温水箱、20 mL 具塞刻度试管、漏斗、100 mL 容量瓶、刻度试管、试管架、剪刀、研钵。

（1）200 μg/mL 标准葡萄糖：葡萄糖（A. R.）100 mg，蒸馏水溶解，定容至 500 mL（加入几滴甲苯作防腐剂）。

（2）蒽酮试剂：1 g 蒽酮，用乙酸乙酯溶解，定容至 50 mL，棕色瓶避光处贮藏。

（3）浓硫酸。

## 四、实验步骤

### （一）葡萄糖标准曲线的制作

取 6 支 20 mL 具塞刻度试管，编号，按表 4-8-1 配制一系列不同浓度的标准葡萄糖溶液。在每管中均加入 0.5 mL 蒽酮试剂，再缓慢地加入 5 mL 浓 $H_2SO_4$，摇匀后，打开试管塞，置沸水浴中 10 min，取出冷却至室温，在 620 nm 波长下比色，测各管溶液的光密度值（OD），以标准葡萄糖含量为横坐标，光密度值为纵坐标，作出标准曲线。

表 4-8-1　不同浓度的标准葡萄糖溶液配制

| 成分 | 试管 | | | | | |
|---|---|---|---|---|---|---|
| | 1 | 2 | 3 | 4 | 5 | 6 |
| 200 μg/mL 标准葡萄糖原液/mL | 0 | 0.2 | 0.4 | 0.6 | 0.8 | 1.0 |
| 蒸馏水/mL | 2.0 | 1.8 | 1.6 | 1.4 | 1.2 | 1.0 |
| 葡萄糖含量/μg | 0 | 40 | 80 | 120 | 160 | 200 |

### （二）样品中可溶性糖的提取

称取 1 g 白菜叶，剪碎，置于研钵中，加入少量蒸馏水，研磨成匀浆，然后转入 20 mL 刻度试管中，用 10 mL 蒸馏水分次洗涤研钵，洗液一并转入刻度试管中。置沸水浴中加盖 10 min，冷却后过滤，滤液收集于 100 mL 容量瓶中，用蒸馏水定容至相应刻度，摇匀备用。

### （三）糖含量测定

用移液管吸取 1 mL 提取液于 20 mL 具塞刻度试管中，加 1 mL 水和 0.5 mL 蒽酮试剂，再缓慢加入 5 mL 浓 $H_2SO_4$，盖上试管塞后，轻轻摇匀，置沸水浴中 10 min（比色空白用 2 mL 蒸馏水与 0.5 mL 蒽酮试剂混合，并一同置于沸水浴 10 min），冷却至室温后，在波长 620 nm 下比色，记录光密度值。

查标准曲线得知对应的葡萄糖含量（μg）。

## 五、结果计算

样品含糖量（g/100 g 鲜重）= 查表所得糖含量（μg）×稀释倍数×100/样品重（g）×$10^6$

## 六、注意事项

（1）加浓 $H_2SO_4$时应缓慢加入，以免产生大量热量而爆沸，灼伤皮肤。如出现上述情况，应迅速用大量自来水冲洗。

（2）水浴加热时应打开试管塞。

## 七、课后提升

思考本方法多用于测定什么样品。

# 实验9　酵母核糖核酸的分离及组分鉴定

## 一、实验目的

（1）学习和掌握稀碱法提取酵母 RNA 的原理和方法。

（2）了解核酸的组分，并掌握鉴定核酸组分的方法。

## 二、实验原理

酵母核酸中 RNA 含量较多。RNA 可溶于碱性溶液，在碱提取液中加入酸性乙醇溶液可以使解聚的核糖核酸沉淀，由此可得到 RNA 的粗制品。

核糖核酸含有核糖、嘌呤碱、嘧啶碱和磷酸各组分。加硫酸煮沸可使其水解，从水解液中可以检测出上述组分的存在。

## 三、实验器材

研钵、150 mL 锥形瓶、水浴锅、量筒、吸管、洗耳球、漏斗、滴管、试管、试管架、烧杯、离心机、滤纸、试管夹。

酵母粉、0.04 mol/L NaOH 溶液、95%乙醇、乙醇、1.5 mol/L $H_2SO_4$溶液、浓氨水、0.1 mol/L $AgNO_3$溶液。

（1）酸性乙醇溶液：将 0.3 mL 浓盐酸加入 30 mL 的乙醇中。

（2）三氯化铁-浓盐酸溶液：将 2 mL 10%三氯化铁溶液（用 $FeCl_3 \cdot 6H_2O$ 配制）加入 400 mL 浓盐酸。

（3）苔黑酚乙醇溶液：将 6 g 苔黑酚溶解于 100 mL 95%乙醇中。

（4）定磷试剂：临用时将 17%硫酸溶液、2.5%钼酸铵溶液、10%维生素 C 溶液、水按体积比 1∶1∶1∶2 混合。17%硫酸溶液：将 17 mL 浓硫酸缓缓加入 83 mL 水中。2.5%钼酸铵溶液：将 2.5 g 钼酸铵溶于 100 mL 水中。10%维生素 C 溶液：将 10 g 维生素 C 溶于 100 mL 水中，储于棕色瓶保存（溶液呈淡黄色时可用，如呈深黄色或棕色则失效）。

## 四、实验步骤

### （一）酵母 RNA 提取

将 5 g 酵母悬浮于 30 mL 0.04 mol/L NaOH 溶液中，并在研钵中研磨均匀。将悬浮液转移至 150 mL 锥形瓶中。在沸水浴上加热 30 min 后，冷却。3 000 r/min离心 10 min，将上清液缓缓倾入 10 mL 酸性乙醇溶液中。注意要一边搅拌一边缓缓倾入。待核糖核酸沉淀完全后，3 000 r/min离心 5 min，弃去上清液，用 95%乙醇洗涤沉淀 2 次，每次

10 mL。乙醇洗涤沉淀 1 次后，用乙醇将沉淀转移至漏斗中过滤。沉淀即为粗 RNA，可在空气中干燥，作鉴定或测定含量用。

### （二）鉴定

取 200 mg 提取的 RNA，加入 1.5 mol/L $H_2SO_4$溶液 10 mL，在沸水浴中加热 10 min 制成水解液并进行组分的鉴定。

1. 嘌呤碱

取 1 支试管加入水解液 1 mL，加入过量浓氨水，再加入约 1 mL 0.1 mol/L $AgNO_3$ 溶液。若有沉淀，说明有嘌呤碱存在。

2. 核糖

取 1 支试管加入水解液 1 mL、三氯化铁-浓盐酸溶液 2 mL 和苔黑酚乙醇溶液 0.2 mL，置于沸水浴中加热 10 min。若溶液变成绿色，说明有核糖存在。

3. 磷酸

取 1 支试管加入水解液 1 mL 和定磷试剂 1 mL，置于沸水浴中加热 10 min。若溶液变成蓝色，说明有磷酸存在。

## 五、课后提升

（1）记录并解释各实验现象。

（2）简述酵母的核酸有几种。

# 参考文献


孟腾飞，韩愈杰，王敬，等，2015. 猪血清免疫球蛋白 IgG 的分离纯化及抗大肠杆菌作用［J］. 饲料工业，36（7）：34-37.

王德亚，丁诚实，李庆亮，等，2022. 生物化学实验教学中的核酸纯化实验［J］. 实验室科学，25（4）：58-60.

熊子奕，马鑫，陈红兵，等，2021. 牛乳主要过敏原酪蛋白的特性和分离纯化研究进展［J］. 食品工业科技，42（20）：391-399.

杨丽，尤丽，叶金秀，等，2011. 纸层析分离鉴定氨基酸实验的改进［J］. 云南民族大学学报，20（3）：22-23.

张春兰，缪梦杰，2023. 果蔬中维生素 C 含量测定时不同方法比较［J］. 潍坊学院学报，23（2）：21-23，90.

张芳萍，2022. “蛋白质变性”生物化学实验教学实践研究［J］. 现代盐化工，49（3）：128-130.

# 第五篇
# 生态学实验

# 实验1 生态因子的综合测定技术

## 一、实验目的

掌握几种常见的生态测定仪器的工作原理及使用方法，并通过不同群落或同一群落不同环境生态因子的质量和数量的比较，认识生物与环境之间的相互联系。

## 二、实验原理

生态因子的综合测定技术包括太阳辐射强度的观测、大气降水的观测、蒸发量的测定、空气和土壤温度的测定、空气湿度的测定、土壤水分和养分的测定、水质分析。

## 三、实验器材

辐射电流表或微安表、虹吸式雨量计、小型蒸发器、最高温度表、最低温度表、曲管地温表、直管地温表、自计温度计、干湿球温度表、通风干湿表、发毛湿度计。

## 四、实验步骤

### （一）太阳辐射强度的观测

（1）测量时，将天空辐射表热电堆的热端（+）和冷端（-）分别与辐射电流表的正极和负极相接。

（2）用仪器罩盖住感应面，松开电流表的绝电器，从零点读数，并记录观测时间。

（3）暴露感应面，待电流指针稳定性，每隔10~20 s读数1次，连续读3次。辐射电流表的读数单位为mA，经换算，可得出以J/（$cm^2$·min）为单位的辐射能。

### （二）大气降水的观测

（1）将虹吸式雨量计安装在观测场平整的地面上，用3根钢丝绳牢固，以免因震动使记录发生变化，承水口面用水平仪调整至水平。

（2）把自计纸卷在钟筒上，再把自计钟上满发条放在支柱上的钟抽上，注意齿轮的啮合情况是否良好。

（3）将虹吸管的短弯曲端插入浮子室出水管内，并用连接器密封紧固。

（4）将笔尖注入自计墨水，用手指夹住记录笔杆，使笔尖接触纸面。对准时间消除齿隙。

（5）用清水缓慢倒入盛水器至虹吸作用开始出现为止，虹吸管溢流停止后笔尖停留在零线上。偏离多时，要拧松笔杆固定螺钉进行粗调；微调时，用手指扳动记录笔杆，调节笔杆指零线。虹吸作用应在10 mm上开始，若未达到或超过10 mm线，需旋松虹吸管连接器，上下移动虹吸管。若虹吸作用不正常溢流时间超过 14 s 时，则是虹吸管弯曲部分脏污，可取下虹吸管，用软布系于绳中央，先用肥皂水，后用清水拖擦洗净。若虹吸时有气泡产生，不能溢完，说明虹吸管内漏气，可用白蜡或凡士林的油脂混合物涂堵密封。

当仪器工作正常时，雨量记录有如下特点：无雨时，记录为水平线；有雨时，记录为平滑的上升曲线；当水从浮子室溢出时，记录为垂直线。贮水筒备校验降水量用。

### （三）蒸发量的测定

（1）蒸发器的安装。在观测场地内的安置地点竖 1 根圆柱，柱顶安 1 个圈架，将蒸发器安放其中，蒸发器口缘面用水平仪调整至水平，距地面高度 70 cm。

（2）测量于每天 20:00 进行观测，测量前一天 20:00 注入的 20 mm 清水（即今日原量）经 24 h 蒸发剩余的水量，计入观测簿余量栏。然后倒掉余量，重新量取 20 mm（干燥地区和干燥季节需量取 30 mm）清水注入蒸发器内，并计入观测簿次日原量栏。

（3）蒸发量的计算公式为

$$E = Q + P - R$$

式中，$E$ 为蒸发量，mm；$Q$ 为原量，mm；$P$ 为降水量，mm；$R$ 为余量，mm。

### （四）空气和土壤温度的测定

#### 1. 最高温度表

最高温度表专门用于测定一定时间段内的最高温度，其构造与普通温度表不同。它的感应部分内有 1 根玻璃针，深入毛细管使感应部分与毛细管之间形成 1 条窄道。感应球内水银体积膨胀产生压力，压力大于窄道处摩擦力时可将水银挤过窄道进入毛细管，导致毛细管中水银柱上升，温度下降时，球部内水银收缩，由于窄道极窄，窄道摩擦力大于水银柱的内聚力而不能缩回感应部分，水银就在此处中断。因而处在窄道上部的水银柱顶端的示度就是一定时间内曾经出现过的最高温度值。

调整方法：手握住表身，球部向下，刻度磁板面与甩动方向平行；手臂向外伸出约 30°的角度，用大臂将表于前后 45°范围内甩动，毛细管内水银就可落入球部，使示度接近当时的干球温度。调整后，放回时应先放球部再放表身。动作要迅速，避免日光直接照射，甩动角度不得过大，以防止球部翘起。

#### 2. 最低温度表

最低温度表是测定 2 次定时观测时间之内的最低温度的仪器。由于酒精的表面张力，可以使指针不会突出酒精柱顶。当温度上升的时候，酒精柱伸长，则指标以水平状态停留原处。这样当温度表处于水平状态时，其指标处于离球部较远的一端的顶端，指示出温度表放置后时间间隔内的最低温度。

调整方法：抬高最低温度表的感应部分，表身倾斜，使游标回到酒精柱的顶端游标停止滑动，再把温度表放回原处，先放表身，后放球部。

#### 3. 曲管地温表

曲管地温表是测定浅层（5~20 cm）土壤温度使用最普遍的温度计。这种温度计是具有乳白玻璃插入式温标的水银温度表，标杆近球部弯曲成 135°的角，温度计下部的毛细管与玻璃套管之间充满棉花或草灰，其作用是消除温度表上部和埋在地下的部分因温度不同而引起套罐内空气对流而产生的读数不准确性。一套曲管地温表包括4支不同长度的温度计，可供测定5 cm、10 cm、15 cm、20 cm深处的土壤温度。在更深的土层中测定地温则可使用直管地温表。

4. 直管地温表

直管地温表分内外2个部件，外部鞘筒由铁管或硬胶管制成，如由硬胶管制成的鞘筒，其下端连接1根传热良好的铜管；内部部件是1支装在特制铜套管中的水银温度表，表球部与套管之间充满铜屑，形成了良好的传导介质，并提高温度表的惯性。特制铜套管被系在链子上或木板上端与鞘筒帽相连接。每组直管地温表共4~8根，可供测定0.2 m、0.4 m、0.6 m、0.8 m、1.2 m、1.4 m、1.6 m、2.4 m和3.2 m深处的土壤温度。

5. 自记温度计

自记温度计是连接记录温度变化过程的变形温度计。仪器由感应部分、杠杆系统和钟筒3部分组成。感应部分的双金属片是由2条不同性质的金属（铜和铁）薄片沿平面焊接成双层的1块平板，温度变化时，它的2个组成部分因膨胀量不同引起挠曲。如果双金属片做成弧形，并将它的一端固定不动，那么在温度改变时引起变形，其自由端将发生移动，并通过杠杆系统放大传递给杠杆长臂上的笔尖，使装有甘油墨水的笔尖与钟筒上的记录纸相接触。钟筒的转动靠装在钟筒下部时钟装置驱动，于是记录纸上可得到连续的温度变化记录。特制的记录纸印有弧形坐标线，横坐标表示时间，纵坐标表示温度。

自记钟有“日记型”（钟转1周为24 h）和“周记型”（钟转1周为7 d）。日记型纸每一小格代表10 min或15 min，周记型纸每一小格代表2 h，温度刻度每小格代表1 ℃。

## （五）空气温度的测定

1. 干湿球温度表

干湿表由2支同样的温度表组成，其中1支的感应部分不包纱布，称干球温度表，其示度即空气温度；另1支的感应部分包着浸透纯水或已结冰的纱布，称湿球温度表，因湿球纱布上水分蒸发耗热，前者示度在未饱和空气里总是高于后者。根据两者的差值利用气象专用表查出绝对湿度。

干湿表安放在空气自由流通的百叶箱内，或用人工通风方法使空气自由流动，后者如通风干湿球温度表或阿斯曼通风干湿表以及手摇干湿球温度表，这些干湿表在野外工作中经常使用。

2. 通风干湿表

在进行干湿表读数前约4分钟时按下列步骤完成读数前的准备工作。

（1）湿润湿球纱布：用橡皮囊吸满蒸馏水（水温应同当时气温相近），管口向上，轻捏橡皮囊，使玻璃管中水面升到离管口约1 cm处，将玻璃管插入湿球感应球部的护管中，8~10 s后抽出。每湿润1次纱布，白天可维持8~10 min，夜间可维持20 min。

（2）上发条通风：上发条使通风器的风扇开始转动通风，上发条时不要上得过满，以免折断发条。

（3）悬挂：将通风干湿表悬挂在测杆的横钩上，干湿表的感应球部处在所要测量的高度。当所测的高度在 100 cm 或以上时，通风干湿表通常采用垂直悬挂，当所测的高度在 100 cm 以下时，通风干湿表通常采用水平悬挂，以便于进行观测读数。

在完成上述步骤后，应等待 4 min 左右，让通风干湿表充分感应测量高度空气的温度、湿度状况。之后即可对干湿表进行读数，先读干球，再读湿球。读数时切忌用手接触双重护管，身体也不要与仪器靠得过近。当风速大于 4 m/s（约 3 级风）时，应将防风罩套在通风器的迎风面上，防风罩的开口部分顺着风扇旋转的方向。

注意：在 1 次观测中，1 个通风干湿表可以用来观测几个不同高度的空气温度、湿度。当 1 个高度观测完毕，移到另一高度时，要让其适应环境约 1 min 后才能进行读数。在观测读数时注意一定要待温度表的示数稳定后才能读数，并且在整个观测过程中要保持通风器的匀速通风，如果通风器风扇转速有所减慢，就要再加上发条。此外，湿球纱布应保持洁白，注意及时更换。

3. 毛发湿度计

发毛湿度计是自动记录相对湿度连续变化的仪器，它的结构由两部分组成。

（1）感应部分。1 束脱脂人发（40~42 根），发束的两端用毛发压板固定于毛发支架上。

（2）传感放大部分。发束中央借小钩与仪器的传递放大部分相连接，传递部分由 2 个弯曲的杠杆即双曲臂组成。上曲臂带有平衡锤，使毛发束总是处于微微拉紧状态。上、下曲臂杠杆分别借平衡锤和笔杆的重量得以保持轻轻接触。当相对湿度增大时，发束伸长，平衡锤下降，迫使笔杆抬起，笔尖上移；相对湿度减小时，发束缩短，平衡锤抬起，笔杆由于本身重量而往下落，笔尖下降，指示出相对湿度变小。

## 五、课后提升

（1）测定辐射强度、降水、温度、蒸发、湿度主要有哪些仪器，简述它们各自的工作原理。

（2）观测百叶箱、降水量仪、地表温度计和土壤温度计的布置及其观测方法。

# 实验 2　植物物候期观测

## 一、实验目的

（1）学会观察自然界中生物随季节变化的过程，推断将来气候变化趋势。

（2）学会通过物候推断群落结构与功能随环境变化的动态趋势，增强对环境变化及生态系统的关注度。

## 二、实验原理

植物长期适应于一年中温度节律性变化而形成的植物发育节律，叫作物候。在植物一年的整个生长发育周期中，每一个生长发育阶段叫作物候期。物候是综合性气象条件对植物影响的反映，利用物候指导农业生产和各种科研活动，比平均温度、积温和节令都要准确。

物候观测简单易行，随地可做。主要用眼睛观察，用手记录，不需要仪器设备。但是，大自然的季节变化是大范围的，各地区之间互有关联，同时又因为不似仪器观测，容易发生偏差，所以就要求各地区的观测对象、观测标准和观测方法必须一致，否则观测记录就不能和其他地区比较，耗费人力却不能普遍使用。

## 三、实验器材

放大镜 20 只、钢直尺 10 只、铅笔 50 只、橡皮 10 只。

## 四、实验步骤

### （一）了解植物物候期划分

在植物物候地表观测中，将物候期划分为萌发、展叶、孕蕾、开花、结实和种子扩散等生长发育阶段。通常植物群落中双子叶植物物候期划分为 7 个阶段，禾本科物候期划分为 5 个阶段。

1. 双子叶植物物候期

（1）展叶期（$F_0$）。地表露出新叶，或老叶恢复弹性，叶色由黄转青。

（2）孕蕾期（$F_1$）。花芽出现期。

（3）花期（$F_2$）。花被绽放，显露雌蕊和雄蕊。

（4）终花期（$F_3$）。花瓣颜色变浅和枯萎，雌蕊柱头变色，雄蕊枯萎和无花粉，通常花托上仍有花瓣、雌蕊和雄蕊附生。

（5）始果期（$F_4$）。花冠开始脱落，但子房尚未膨大。

（6）结实期（$F_5$）。子房膨大，果实开始成熟。

（7）果实凋落期（$F_6$）。果实散落，植株开始枯黄。

2. 禾本科物候期

（1）营养生长期（$F_0$）。从返青到抽穗前生长期。

（2）抽穗期（$F_1$）。穗已出现，仍在苞叶内。

（3）花期（$F_2$）。花柱伸出，露出雄蕊和雌蕊。

（4）结实期（$F_3$）。雄蕊和雌蕊凋落，小穗开始膨大。

（5）凋落期（$F_4$）。植株枯黄，果实开始脱落。

### （二）观测校园植物种，并记录物候期

将所观测到的植物种的物候期记录在表5-2-1中。

1. 记录生活型

乔木、藤本、灌木、直立草本、匍匐草本。

2. 记录花冠颜色

蓝、白、红、粉、黄、紫等。

3. 花冠形状及计算公式

（1）圆形花冠面积：$S = \pi R^2$。

（2）扁形花冠面积：$S = LW$。

（3）凸形花冠面积：$S = 4\pi R^2$。

（4）钟形花冠面积：$S = 4\pi R^2$。

（5）管形花冠面积：$S = 24\pi RD + \pi R^2$。

以上式中，$R$为花冠半径，mm；$L$为花冠长度，mm；$W$为花冠宽度，mm；$D$为花冠深度，mm。

**表5-2-1　植物种物候期观测表**

| 观测地点 | 植物种 | 生活型 | 植株高/cm | 花冠形状 | 花冠颜色 | 花冠半径/mm | 花冠宽度/mm | 花冠长度/mm | 花冠深度/mm | 物候期 |
| --- | --- | --- | --- | --- | --- | --- | --- | --- | --- | --- |
| | | | | | | | | | | |
| | | | | | | | | | | |
| | | | | | | | | | | |
| | | | | | | | | | | |

## 五、课后提升

（1）观测记录校园植物生活型与物候期。

（2）分析乔木、藤本、灌木、直立草本、匍匐草本物候期差异。

（3）分析植物生活型与物候期的关系。

# 实验3　种群生命表的编制与存活曲线

## 一、实验目的

（1）了解生命表的意义和用途。

（2）以某动物的生命表为例，学会生命表的编制。

## 二、实验原理

生命表是描述种群死亡过程及存活情况的一种有用工具。可以体现各年龄或各年龄组的实际死亡数、死亡率、存活数目和群内个体未来预期余年（即平均期望年龄）。生命表的意义在于提供一个分析和对比种群个体起作用生态因子的函数数量基础。也可以利用生命表中的数据，描述存活曲线图，说明种群各年龄组在生命过程中的数量，说明不同年龄的生存个体随年龄的死亡和生存率的变化情况。由于动物和植物在年龄的区分上有所不同，因此，在编制生命表时也会有所差别。

## 三、实验步骤

### （一）划分年龄阶段

划分的方法依生物类别的不同而有所不同。人通常以5年为一年龄组；鹿科动物等以1年为一年龄组；鼠类以1个月为一年龄组。

### （二）调查数据

按年龄阶段分别记入表中。如“$n_x$”表示实际观察值或实际调查数，只有1列数值，就可以算出生命表中其他各栏的值。许多生命表习惯采用10的倍数个体为基础计算。

### （三）数据计算

生命表中各栏数据的关系和计算方法如下。

$$n_{x+1} = n_x - d_x$$

$$q_x = \frac{d_x}{n_x}$$

$$L_x = \frac{n_x + n_{x+1}}{2}$$

$$T_x = L_x + L_{x+1} + \cdots + L_{\max}$$

$$E_x = \frac{T_x}{n_x}$$

式中，$x$ 为年龄段；$n_x$为在 $x$ 期开始时的存活数目；$d_x$为从 $x$ 期到 $x$+1 期死亡数目；$q_x$为种群从出生到年龄长到 $x$ 期开始时存活个体所占的比率，即特定年龄存活率；$L_{max}$为最大年龄期存活个体数；$q_x$为从 $x$ 期到 $x$+1 期死亡率；$E_x$为 $x$ 期开始时的平均生命期望或平均余年；$L_x$为从 $x$ 期到 $x$+1 期平均存活数；$T_x$为超过 $x$ 龄期的总个体数。

存活曲线绘制：以年龄 $x$ 为横坐标、lg $L_x$为纵坐标作图进行分析。

## 四、课后提升

（1）任选某动物和某地区人口统计数据，作生命表（表 5-3-1、表 5-3-2）和存活曲线，并分析其存活过程。

**表 5-3-1　某动物年龄数据生命表**

| $x$ | $n_x$ | $d_x$ | $q_x$ | $L_x$ | $T_x$ | $E_x$ | lg $L_x$ |
|---|---|---|---|---|---|---|---|
| 0 | 1 000 | | | | | | |
| 1 | 945 | | | | | | |
| 2 | 880 | | | | | | |
| 3 | 865 | | | | | | |
| 4 | 800 | | | | | | |
| 5 | 735 | | | | | | |
| 6 | 415 | | | | | | |
| 7 | 249 | | | | | | |
| 8 | 132 | | | | | | |
| 9 | 99 | | | | | | |
| 10 | 66 | | | | | | |
| 11 | 33 | | | | | | |
| 12 | 0 | | | | | | |

**表 5-3-2　根据调查某地区人口年龄结构编制生命表**

| $x$ | 男 | | | | 女 | | | |
|---|---|---|---|---|---|---|---|---|
| | $n_x$ | $d_x$ | $L_x$ | $E_x$ | $n_x$ | $d_x$ | $L_x$ | $E_x$ |
| 0 | 100 000 | | | | 100 000 | | | |
| 1 | 97 708 | | | | 97 397 | | | |
| 5 | 96 100 | | | | 96 248 | | | |
| 10 | 95 662 | | | | 95 930 | | | |
| 15 | 95 331 | | | | 95 683 | | | |

（续表）

| x | 男 | | | | 女 | | | |
|---|---|---|---|---|---|---|---|---|
| | $n_x$ | $d_x$ | $L_x$ | $E_x$ | $n_x$ | $d_x$ | $L_x$ | $E_x$ |
| 20 | 94 722 | | | | 95 227 | | | |
| 25 | 93 764 | | | | 94 621 | | | |
| 30 | 92 694 | | | | 93 981 | | | |
| 35 | 91 519 | | | | 93 102 | | | |
| 40 | 89 958 | | | | 92 002 | | | |
| 45 | 84 584 | | | | 90 416 | | | |
| 50 | 80 138 | | | | 88 423 | | | |
| 55 | 73 346 | | | | 85 445 | | | |
| 60 | 63 313 | | | | 81 107 | | | |
| 65 | 50 048 | | | | 73 993 | | | |
| 70 | 50 048 | | | | 63 810 | | | |
| 75 | 34 943 | | | | 49 850 | | | |
| 80 | 20 165 | | | | 33 492 | | | |
| 85 | 8 566 | | | | 17 708 | | | |

（2）参照表5-3-3，谈谈植物的年龄阶段如何划分，编制植物生命表与存活曲线应该如何获取数据，植物生命表与动物生命表的编制有哪些不同的特点。

**表5-3-3　某植物种群静态生命表**

| x | $n_x$ | $d_x$ | $q_x$ | $L_x$ | $T_x$ | $E_x$ |
|---|---|---|---|---|---|---|
| 1 | 67 424 | | | | | |
| 5 | 175 | | | | | |
| 10 | 50 | | | | | |
| 15 | 47 | | | | | |
| 20 | 44 | | | | | |
| 25 | 41 | | | | | |
| 30 | 38 | | | | | |
| 35 | 35 | | | | | |

# 实验 4　植物种群空间分布格局

## 一、实验目的

（1）认识自然植物群落中不同种群个体在空间分布上表现出的不同类型，即随机分布、集群分布和均匀分布。

（2）掌握植物种群空间分布格局的检测方法。

## 二、实验原理

种群空间分布格局是指种群个体在群落中的空间分布状况，它是种群的生物学特性、种内和中间关系以及环境条件综合作用的结果，也是种群对环境长期适应和选择的结果。

## 三、实验器材

皮尺、样方框（20 cm×20 cm，50 cm×50 cm，100 cm×100 cm）、铅笔、野外记录表格、计算器。

## 四、实验步骤

### （一）野外调查

（1）准备工作：分组进行实验，带好相关工具和记录表格（样方框、铅笔、细绳、野外记录表格、计算器）。

（2）以几种常见的植物种群为研究对象，样方面积确定为 1 $m^2$。

（3）使用细绳将样方划分为均匀的 100 个小格子。

（4）计数：数出每个小格子中的植物个体数，记录在记录表中。

### （二）数据处理

应用分布系数法（方差/均值比值）检验种群分布格局为

$$C_x = S^2/m$$

式中，$S^2$为方差；$m$ 为均值；$C_x$为分布系数，$C_x>1$ 表示集群分布，$C_x<1$ 表示均匀分布，$C_x\approx 1$ 表示随机分布。

应用 $t$ 检验确定 $C_x$实测值与理论值的差异显著性。$t$ 检验法，检验 $S^2/\bar{x}$ 对 1.0 的偏离显著性程度，如果不显著，仍认为是随机分布。

$$t=(C_x-1)/s$$

式中，$t$ 为 $C_x$ 对 1.0 的偏离显著性程度；$C_x$ 为分布系数；$s$ 为标准误。

方差和均值分别通过 Excel 的 VAR 函数和 AVERAGE 函数进行计算。

**【例题】** 假设获得的数据为：10、8、2、0、1、5、6、24、12、7。

则：样本数 $n=10$；方差 $S^2=48.5$；均值 $m=7.5$；方差/均值=6.47>1。

初步结果表明为集群分布。

应用 $t$ 检验进一步检验结果显著性。

零假设：随机分布。

经计算

$$t=(S^2/m-1)/\sqrt{2/(n-1)}=11.59$$

式中，$t$ 为上文的 $t$ 检验值；$S^2$ 为方差；$m$ 为均值；$n$ 为样本数。

自由度 9，显著水平 0.05 时的 $t$ 值为 $t_{(9,0.05)}=2.262$（$t_{(99,0.05)}=1.984$），$|t|>t_{(9,0.05)}$，因此 $p<0.05$，达到显著水平，为集群分布。

## 五、课后提升

分析植物种群空间格局形成的可能原因。

# 实验 5　草地群落组成分析

## 一、实验目的

掌握独立开展草地生态学研究和实施草地畜牧业可持续发展的科学方法，实现将生态学理论与野外实践教学相结合的综合性实践教学目标。

## 二、实验原理

群落的数量特征是群落调查的重要内容，包含植群的盖度、高度、多度、密度、频度、优势度等，依调查目的的差异及调查时人力物力等状况，从中选择数量。除非是特别需要，一般耗费大批人力物力的“每木调查”并非必需。调查中常用的取样方法是样区法、直线横截样区法（样线法）、点状样区（点样法）及四分角法（点四分法）。

群落中各种植物遮盖地面的百分率，可以反映草地植物的生长状况和生物量的高低，分投影盖度和基盖度。通常所说的盖度指投影盖度。投影盖度指植物的枝叶在一定的土壤表面所形成的覆盖面积的比例。它表示植物所占有的水平空间面积，在一定程度上反映植物同化面积的大小。主要层植物种的盖度大小决定着群落内植物环境的形成和特点，并影响次要层植物种类、个体数量和生长情况。在表示群落盖度时，可按照全部植物、层、种和个体分别计算其总盖度、层盖度、种盖度和个体盖度。

由于组成植物群落的各种植物生活型和同一生活型植物的生长状况不同，各种植物的生长高度有很大差异。植物高度包括草层高度、生殖枝高度、营养枝高度等。草层高度是草丛叶片集中分布的一般高度；生殖枝高度是穗顶或花、果最上枝条部的高度；营养枝高度是茎最上部的高度。植物高度与产草量相关。

多度指在样地范围内，各植物种植株的相对数量，它是测定群落植物种个体数目多少的相对指标。在植物群落中，组成群落的各种植物的个体数目有时相差很大。个体数目多，证明群落生境适宜该种植物的生长、发育和繁殖，同时这种植物对群落生境的影响作用较大。群落中各种植物的个体数量都要随群落的生长、发育而不断变化，在群落形成初期变动较快，最为明显；在群落发育盛期，木本植物数量变动较小，草本植物，特别是一年生植物变动最大。多度测定通常采用直接计数法（记名样方法）和目测估计法。

密度指某一单位面积上某一特定种的个体数。可用若干样方计算。

频度指草地中某种植物的个体，在一定面积上分布的均匀程度，拥有该种出现的样方数（不论在样方内个体数量多少）占全部样方数的百分比表示。

优势度表示某种植物在群落中所占的优势程度。其目的在于了解和确定种在群落中的生态重要性，通常用多度、盖度、频度和高度等多个指标进行综合评定。

重要值由柯蒂斯（J. T. Curtis）和麦金托什（R. P. McIntosh）于1951年在确定森林群落时提出的概念，即根据密度、频度和优势度来确定群落中每种植物的相对重要性。

$$重要值=\frac{相对密度（\%）+相对频度（\%）+相对优势度（\%）}{300}$$

$$相对密度（\%）=\frac{一个种的密度}{所有种的总密度}\times 100$$

$$相对频度（\%）=\frac{一个种的频度}{所有种的总频度}\times 100$$

$$相对优势度（\%）=\frac{一个种的优势度}{所有种的总优势度}\times 100$$

## 三、实验仪器

数码相机、GPS 、皮卷尺、钢直尺、铅笔、橡皮、记录本、白线。

## 四、实验步骤

### （一）实验组调查采样

每5人组成1个实验组。实验要求各组每个人完成1个样方的调查、采样。

### （二）样方设计与取样方法

各实验组在1个20 m×20 m区组（block）中随机布置5个1 m×1 m样方，在各样方中对物种多度、高度、盖度等进行观测记录（示例见表5-1-1）。对禾本科和莎草科植物种的多度以丛为计数单位记录，对双子叶植物的多度以根系为计数单位记录。

表5-5-1 草地群落样方调查数据

| 样方号 | 物种 | 多度/个 | 高度/cm | 盖度/% |
|---|---|---|---|---|
| 1 | 白喉乌头 | 1 | 8.0 | 1 |
| 1 | 对叶蒲公英 | 1 | 11.0 | 1 |
| 1 | 平车前 | 1 | 14.0 | 3 |
| 1 | 多花毛茛 | 3 | 15.0 | 3 |
| 1 | 毛果蓬子菜 | 8 | 12.5 | 5 |
| 1 | 天山柴胡 | 10 | 13.0 | 6 |
| 1 | 细叶早熟禾 | 26 | 32.5 | 14 |
| 1 | 蓍 | 52 | 15.7 | 16 |
| 1 | 鸭茅 | 120 | 15.0 | 26 |
| 1 | 天山羽衣草 | 125 | 7.8 | 43 |
| 1 | 白三叶 | 210 | 11.0 | 30 |
| 2 | 白喉乌头 | 1 | 5.0 | 1 |

（续表）

| 样方号 | 物种 | 多度/个 | 高度/cm | 盖度/% |
| --- | --- | --- | --- | --- |
| 2 | 平车前 | 1 | 6.0 | 0 |
| 2 | 优雅风毛菊 | 1 | 11.0 | 3 |
| 2 | 对叶蒲公英 | 3 | 6.5 | 1 |
| 2 | 多花毛茛 | 4 | 18.0 | 4 |
| 2 | 毛大戟 | 5 | 15.5 | 1 |
| 2 | 草原老鹳草 | 9 | 15.7 | 5 |
| 2 | 箭头唐松草 | 9 | 15.3 | 5 |
| 2 | 看麦娘 | 10 | 36.0 | 1 |
| 2 | 野草莓 | 43 | 11.3 | 16 |
| 2 | 细叶早熟禾 | 44 | 23.7 | 14 |
| 2 | 鸭茅 | 62 | 35.7 | 15 |
| 2 | 蓍 | 92 | 34.0 | 26 |
| 2 | 天山羽衣草 | 156 | 7.3 | 43 |
| 2 | 白三叶 | 160 | 9.3 | 28 |
| 3 | 白喉乌头 | 1 | 14.0 | 1 |
| 3 | 优雅风毛菊 | 1 | 6.0 | 1 |
| 3 | 平车前 | 2 | 13.5 | 2 |
| 3 | 大叶橐吾 | 3 | 16.0 | 3 |
| 3 | 对叶蒲公英 | 3 | 14.5 | 1 |
| 3 | 箭头唐松草 | 7 | 12.0 | 4 |
| 3 | 毛果蓬子菜 | 15 | 24.0 | 6 |
| 3 | 草原老鹳草 | 18 | 15.7 | 16 |
| 3 | 多花毛茛 | 18 | 18.0 | 15 |
| 3 | 鸭茅 | 23 | 25.7 | 6 |
| 3 | 野草莓 | 38 | 14.0 | 13 |
| 3 | 细叶早熟禾 | 48 | 34.5 | 11 |
| 3 | 天山羽衣草 | 71 | 9.8 | 26 |
| 3 | 蓍 | 72 | 23.8 | 19 |
| 3 | 白三叶 | 198 | 10.5 | 38 |

## 五、课后提升

根据表 5-5-1 草地群落样方调查数据回答如下问题。

（1）计算各样方相对多度、相对高度、相对盖度。

（2）计算各样方物种重要值。

（3）根据物种重要值分别回答各样方中优势种。

（4）制作草地群落样方调查数据分析表（表 5-5-2）。

**表 5-5-2　草地群落样方调查数据分析**

| 样方 | 物种 | 相对多度 | 相对高度 | 相对盖度 | 重要值 |
|---|---|---|---|---|---|
| 1 | | | | | |
| 1 | | | | | |
| 1 | | | | | |
| 1 | | | | | |
| 1 | | | | | |
| 1 | | | | | |
| 1 | | | | | |
| 1 | | | | | |
| 1 | | | | | |
| 1 | | | | | |
| 1 | | | | | |
| 2 | | | | | |
| 2 | | | | | |
| 2 | | | | | |
| 2 | | | | | |
| 2 | | | | | |
| 2 | | | | | |
| 2 | | | | | |
| 2 | | | | | |
| 2 | | | | | |
| 2 | | | | | |
| 2 | | | | | |
| 2 | | | | | |
| 2 | | | | | |

（续表）

| 样方 | 物种 | 相对多度 | 相对高度 | 相对盖度 | 重要值 |
|---|---|---|---|---|---|
| 2 | | | | | |
| 2 | | | | | |
| 3 | | | | | |
| 3 | | | | | |
| 3 | | | | | |
| 3 | | | | | |
| 3 | | | | | |
| 3 | | | | | |
| 3 | | | | | |
| 3 | | | | | |
| 3 | | | | | |
| 3 | | | | | |
| 3 | | | | | |
| 3 | | | | | |
| 3 | | | | | |
| 3 | | | | | |
| 3 | | | | | |

# 实验 6　物种多样性指数分析

## 一、实验目的

(1) 通过比较常用物种多样性指数及其测度方法，了解各类指数的特点和生态学意义。

(2) 熟悉和掌握最常用的物种辛普森（Simpson）样本多样性指数、辛普森样本集中度指数多样性指数、香农-维纳指数（Shannon-Wiener's index）的计算方法。

(3) 了解物种多样性指数在比较群落性质时存在的问题，认识在使用物种多样性指数分析群落时，如何解决可比性问题。

## 二、实验原理

在比较 2 个群落的物种多样性特征时，最简单的方法是比较两群落中的某类群物种的数量，即物种丰富度指数（species richness index）或种数。但由于物种多样性的二元特征，使用物种丰富度比较可能存在误导。例如，表 5-6-1 中两群落的丰富度均等于 4，但第 1 个群落的 4 个物种个体数量是相同的，故在这个群落中，4 个物种起着大致相同的作用；第 2 个群落的 4 个物种个体数量极不均衡，而显然在这个群落中，物种 2~4 在群落中所起的作用是微不足道的，只有优势种，即物种 1 起重要作用。所以如果以物种丰富度来比较 2 个群落，不能真实反映两群落物种多样性的差异。

**表 5-6-1　两群落中的各物种个体数量**

| 群落 | 物种 1 | 物种 2 | 物种 3 | 物种 4 |
|---|---|---|---|---|
| Ⅰ | 250 | 250 | 250 | 250 |
| Ⅱ | 997 | 1 | 1 | 1 |

## 三、实验仪器

电脑（至少配置 CPU 为 PⅢ800、64M 内存、2M 显存、24 倍速光驱、可显示 16 位真彩色的显示器）、多媒体投影仪、具有对数计算功能的计算器。

## 四、实验步骤

### （一）辛普森小样本集中度指数计算

$$D = \sum_{i=1}^{s} (N_i/N)^2$$

式中，$D$ 表示辛普森指数；$N_i$ 表示第 $i$ 个物种的个体数；$s$ 表示物种数；$i$ 表示样本中第 $i$ 个物种；$N$ 表示所有物种的个体数之和。

### （二）辛普森大样本集中度指数计算

$$D = 1 - \sum_{i=1}^{s} p_i^2$$

式中，$D$ 表示辛普森指数；$s$ 表示物种数；$i$ 表示样本中第 $i$ 个物种；$p_i$表示第 $i$ 个物种的相对丰度。

### （三）香农-维纳指数计算

$$H = -\sum_{i=1}^{S} P_i \ln P_i$$

$$P_i = \frac{N_i}{N}$$

式中，$H$ 表示香农-维纳指数；$s$ 表示物种数；$i$ 表示样本中第 $i$ 个物种；$p_i$表示第 $i$ 个物种的相对丰度；$N$ 表示第 $i$ 个样方中物种多度之和；$N_i$ 表示第 $i$ 个物种的多度。

## 五、课后提升

（1）熟练掌握生物多样性指数公式及其应用条件。

（2）根据表 5-6-2 数据分别计算群落样方辛普森多样性集中度指数和香农-维纳多样性指数。

（3）根据表 5-6-2 数据分别计算群落辛普森多样性集中度指数和香农-维纳多样性指数。

**表 5-6-2　草地植物群落调查表**

| 样方 | 物种 | 多度/个 | 样方 | 物种 | 多度/个 | 样方 | 物种 | 多度/个 |
|---|---|---|---|---|---|---|---|---|
| 7 | 蓍 | 102 | 7 | 多花毛茛 | 4 | 8 | 野草莓 | 27 |
| 7 | 细叶早熟禾 | 50 | 7 | 山地蒲公英 | 2 | 8 | 天山羽衣草 | 14 |
| 7 | 无芒雀麦 | 27 | 7 | 红三叶 | 2 | 8 | 细果苔草 | 13 |
| 7 | 新疆棘豆 | 23 | 7 | 红杆酸模 | 2 | 8 | 野胡萝卜 | 11 |
| 7 | 野草莓 | 23 | 7 | 野胡萝卜 | 2 | 8 | 梅花草 | 10 |
| 7 | 天山羽衣草 | 21 | 7 | 勿忘我 | 1 | 8 | 草原老鹳草 | 9 |
| 7 | 鹿蹄草 | 15 | 7 | 大叶橐吾 | 1 | 8 | 鹿蹄草 | 8 |
| 7 | 细果苔草 | 13 | 7 | 毛果蓬子菜 | 1 | 8 | 箭头唐松草 | 6 |
| 7 | 箭头唐松草 | 7 | 8 | 蓍 | 76 | 8 | 牛至 | 4 |
| 7 | 梅花草 | 6 | 8 | 细叶早熟禾 | 56 | 8 | 准噶尔金莲花 | 1 |
| 7 | 草原老鹳草 | 6 | 8 | 无芒雀麦 | 40 | 8 | 山地蒲公英 | 1 |

（续表）

| 样方 | 物种 | 多度/个 | 样方 | 物种 | 多度/个 | 样方 | 物种 | 多度/个 |
|---|---|---|---|---|---|---|---|---|
| 8 | 平车前 | 1 | 10 | 看麦娘 | 16 | 11 | 鹿蹄草 | 10 |
| 8 | 香薷 | 1 | 10 | 山地蒲公英 | 10 | 11 | 山地蒲公英 | 6 |
| 9 | 蓍 | 163 | 10 | 箭头唐松草 | 7 | 11 | 草原老鹳草 | 5 |
| 9 | 无芒雀麦 | 44 | 10 | 鹿蹄草 | 7 | 11 | 婆婆纳 | 2 |
| 9 | 细叶早熟禾 | 30 | 10 | 新疆棘豆 | 5 | 11 | 蓟 | 1 |
| 9 | 天山羽衣草 | 21 | 10 | 草原老鹳草 | 4 | 12 | 箭头唐松草 | 44 |
| 9 | 梅花草 | 14 | 10 | 梅花草 | 3 | 12 | 蓍 | 43 |
| 9 | 草原老鹳草 | 10 | 10 | 野草莓 | 3 | 12 | 细叶早熟禾 | 40 |
| 9 | 野草莓 | 9 | 10 | 勿忘我 | 1 | 12 | 野草莓 | 30 |
| 9 | 新疆棘豆 | 7 | 10 | 天山胡柴 | 1 | 12 | 天山羽衣草 | 18 |
| 9 | 箭头唐松草 | 7 | 10 | 婆婆纳 | 1 | 12 | 鹿蹄草 | 14 |
| 9 | 细果苔草 | 6 | 10 | 平车前 | 1 | 12 | 无芒雀麦 | 9 |
| 9 | 勿忘我 | 3 | 10 | 红三叶 | 1 | 12 | 毛果蓬子菜 | 6 |
| 9 | 山地蒲公英 | 3 | 10 | 鸭茅 | 1 | 12 | 新疆棘豆 | 4 |
| 9 | 毛果蓬子菜 | 3 | 11 | 无芒雀麦 | 57 | 12 | 藨草 | 4 |
| 9 | 野胡萝卜 | 1 | 11 | 蓍 | 46 | 12 | 准噶尔金莲花 | 3 |
| 10 | 蓍 | 116 | 11 | 箭头唐松草 | 30 | 12 | 红三叶 | 2 |
| 10 | 天山羽衣草 | 36 | 11 | 新疆棘豆 | 25 | 12 | 草原老鹳草 | 2 |
| 10 | 毛果蓬子菜 | 35 | 11 | 细叶早熟禾 | 22 | 12 | 平车前 | 1 |
| 10 | 细叶早熟禾 | 32 | 11 | 天山羽衣草 | 19 | 12 | 野胡萝卜 | 1 |
| 10 | 无芒雀麦 | 19 | 11 | 野草莓 | 13 | 12 | 鸭茅 | 1 |

# 实验 7　植物群落种间关联分析

## 一、实验目的

（1）通过对校园内植物群落的调查，找出空间上经常配置在一起的植物种对关系。

（2）练习群落生态学中计算种间联结的方法，对群落中植物种对的相关性进行判别和关联系数的计算。

## 二、实验原理

种间关系研究在生态学中占有重要的地位。各种各样的种间关系决定了群落的结构现状和动态发展。种间关系是各种生物和非生物环境因子作用的结果。在自然界中，一些植物种类，由于生态因子需求相似、对单方或双方有利而分布在一起，而有些种类，由于竞争、他感作用或对生态因子需求相差较远而很少生长在一起，甚至相互回避。在校园植物群落中，除了环境条件不同外，植物之间的相互关系往往还受人为设计的影响。种间联结的测定可以帮助人们寻找、证实这些关系，从而为合理的植物配置设计与校园植物群落管理提供依据。

## 三、实验仪器

数码相机、GPS 、皮卷尺、钢直尺、铅笔、橡皮、记录本、白线、电脑、多媒体投影仪、具有对数计算功能的计算器。

## 四、实验步骤

在所研究的校园植物群落中设置样方进行调查，收集数据。研究对象为草本植物群落，样方面积 1 $m^2$。总计调查 5 个群落类型，每个群落类型设置 3 个样方。分种记录物种多度，多度采用法瑞学派六级制多度记录方法。将获得的数据按照表 5-7-1 进行整理，然后计算物种对的关联系数。

表 5-7-1　植物群落调查汇总表

| | 样方 1 | 样方 2 | 样方 3 | …… | 样方 $m$ |
|---|---|---|---|---|---|
| 物种 1 | | | | | |
| 物种 2 | | | | | |
| 物种 3 | | | | | |
| ⋮ | | | | | |
| 物种 $n$ | | | | | |

汇总后得到大小为 $n \times m$ 矩阵，依此矩阵计算每个物种对的关联系数 $V$。公式为

$$V=\frac{ad-bc}{\sqrt{(a+b)(b+c)(a+c)(b+d)}}$$

式中，$V$ 为关联系数；$a$ 为两个物种均出现的样方数；$b$ 为仅出现物种 1 的样方数；$c$ 为仅出现物种 2 的样方数；$d$ 为两个物种均不出现的样方数。

对获得的关联系数 $V$ 采用卡方检验测定其显著性为

$$\chi^2=NV^2$$

式中，$N$ 为样方数。根据概率表，自由度为（1，0.05）水平时的卡方值为 $\chi^2_{(0.05,1)}=3.84$。如果计算的卡方值大于 3.84，则拒绝原假设（两个物种无关），表明关联系数显著。若系数为正，则为显著正相关；若系数为负，则为显著负相关。若小于 3.84，则接受原假设，两个物种无关。

【例题】假设获得 3 物种×8 样方的矩阵，计算物种 1 和物种 2 的关联系数，并检验显著性。

| | 样方 1 | 样方 2 | 样方 3 | 样方 4 | 样方 5 | 样方 6 | 样方 7 | 样方 8 |
|---|---|---|---|---|---|---|---|---|
| 物种 1 | 1 | | | 1 | 1 | 1 | | |
| 物种 2 | 1 | 1 | 1 | | 1 | | 1 | |
| 物种 3 | 1 | | 1 | 1 | 1 | 1 | | 1 |

第一步：计算关联系数 $V$。

根据此表可得：

$a=2$（包含样方 1 和样方 5，表格中浅灰色背景）；

$b=2$（包含样方 4 和样方 6，表格中中灰色背景）；

$c=3$（包含样方 2、样方 3 和样方 7，表格中深灰色背景）；

$d=1$（包含样方 8，表格中黑色背景）；

$N=8$。

代入公式 $V=\frac{ad-bc}{\sqrt{(a+b)(b+c)(a+c)(b+d)}}$，计算出关联系数 $V_{1-2}=-0.23$。此处 $V$ 值下角标表示物种 1 和物种 2 的关联系数，若是物种 1 和物种 3 的关联系数，可相应地写为 $V_{1-3}$。

第二步：检验系数显著性。列式为

$$\chi^2=NV^2=8\times(-0.23)^2=0.42$$

$0.42<3.84$ $[\chi^2_{(0.05,1)}]$，表明物种 1 和物种 2 无关。

其他物种对的关联系数计算方法以此类推。

## 五、课后提升

（1）计算出群落所有物种的物种对之间的关联系数，并以半矩阵图（图 5-7-1）形

式给出结果。

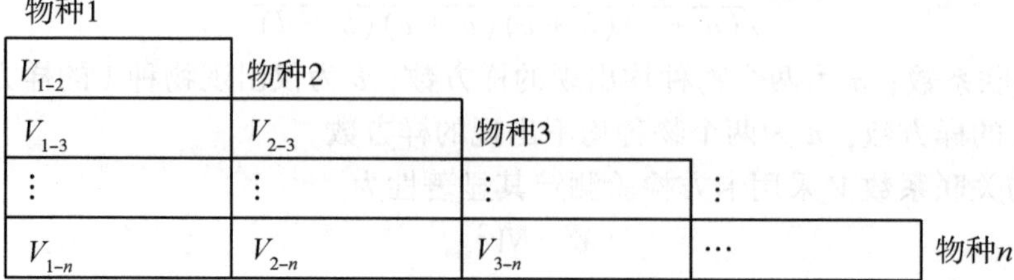


**图 5-7-1　植物群落物种关联分析半矩阵图**

（2）统计分析群落中不同关联类型物种对的比例，如负相关种对、正相关种对和无关种对的数量和比例。根据获得的结果，分析正相关和负相关物种对形成的原因，并分析种间关系对群落结构的影响。

## 六、其他说明

种间关联分析依赖于样方大小。如果样方面积小于种间关系作用范围，会使两个相互关系种无法出现在同一个样方里；相反过大的样方面积可能超出种间关系作用范围，会使互不相关的物种出现在同一个样方里。因此要根据调查对象确定适宜的样方面积，也可以通过不同样方大小的调查确定种间关系的作用距离。

# 实验8　生态系统多样性分析

## 一、实验目的

生态系统是自然界发挥作用与存在的结构和功能单位。生态系统的划分往往可以根据研究目的不同，进行合理的设计。一般划分生态系统边界的最好界限是自然边界，大到海洋生态系统、陆地生态系统，小到湖泊、池塘生态系统，甚至一个小流域、一块农田、一个人工气候箱，都可以当作一个生态系统来处理。在较大的空间尺度上，不同区域由于在地球上的相对位置不同，导致水、热配置的不同，同时还由于生物区系构成不同和发育阶段不同，使各区域生物的构成、环境特征及其相关关系不同，从而出现了结构和功能互有差异的不同生态系统，形成了生态系统的多样性。

一般情况下，生态系统往往是根据水热条件和生物构成特点划分的。如热带雨林生态系统、亚热带常绿阔叶林生态系统、温带落叶阔叶林生态系统、寒带针叶林生态系统等。

通过本实验要求学会认识生态系统多样性成因，理解不同生态系统结构和功能的特点，分析生态系统保护和合理利用的基础。

## 二、实验器材

计算机（至少配置CPU为PⅢ800、64M内存、2M显存、24倍速光驱、可显示16位真彩色的显示器）、多媒体投影仪。

## 三、实验步骤

观看中国地理栏目的视频或阅读相关的杂志文章，并查阅关于纬度、经度、海拔高度、气候等因素影响植物分布的资料，分析相应的动物群落的分布特点，进而分析其如何影响生物多样性的分布格局。

## 四、课后提升

(1) 思考生态系统多样性形成的原因有哪些。

(2) 从生态系统结构和功能方面比较不同类型生态系统的特点。

(3) 简述人类管理和保护生态系统应该遵循哪些基本原则。

(4) 思考如何认识和研究生态系统。

# 实验9　生态系统结构与功能分析

## 一、实验目的

生态系统结构和功能评价是生态系统生态学研究的重要内容，科学合理的评价结果可为生态系统管理提供理论依据。生态系统结构是其功能的基础，合理的结构才能具有完善的功能。从组成成分来讲，生态系统结构包括了生产者、分解者、一级消费者、二级消费者等。生态系统功能既有直接功能，诸如为人类提供食用、药用和工业原料等各类产品，也有间接功能，诸如净化水质、改善空气质量、调蓄洪水、保持水土、吸收$CO_2$等。通过本实验，使学生了解生态系统结构和功能评价的基本原理和方法。

## 二、实验步骤

### （一）调查方法

1. 资料收集法

收集现有的能反映生态现状或生态背景的资料，从表现形式上分为文字资料和图形资料，从时间上分为历史资料和现状资料，从收集行业类别上可分为农、林、牧、渔和环境保护部门，从资料性质上可分为环境影响报告书、有关污染源调查、生态保护规划、规定、生态功能区划、生态敏感目标的基本情况以及其他生态调查材料等。使用资料收集法时，应保证资料的现时性，引用资料必须建立在现场校验的基础上。

2. 现场勘查法

现场勘查应遵循整体与重点相结合的原则，在综合考虑主导因子结构功能完整性的同时，突出重点区域和关键时段的调查，并通过对影响区域的实际踏勘，核实实际资料的准确性，以获取实际资料和数据。

3. 专家和公众咨询法

专家和公众咨询法是对现场勘查的有益补充。通过咨询有关专家，收集评价范围内的公众、社会团体和相关管理部门对项目影响的意见，发现现场勘查中遗漏的生态问题。专家和公众咨询应与资料收集和现场勘查同步开展。

4. 生态监测法

当资料收集、现场勘查、专家和公众咨询提供的数据无法满足评价的定量需要或项目可能产生潜在的或长期累积效应时，可以考虑选用生态监测法。生态监测应根据生态因子的生态学特点和干扰活动的特点确定监测位置和频次，有代表性地布点。生态监测方法与技术要求须符合国家现行的有关生态监测规范和监测标准分析方法；对于生态系统生产力的调查，必要时现场采样、实验室测定。

5. 遥感调查法

涉及区域范围较大或者主导因子的空间等级尺度较大，通过人力勘查较为困难或难以完成评价时，可采用遥感调查法。遥感调查过程必须辅助必要的现场勘查工作。

### （二）生态系统结构调查

1. 生物组分

应用实地样方调查或者结合遥感技术测定植被生物量，获取生态系统初级产力。通过目测或样方测定不同营养级消费者种群数量或生物量。调查分解者，主要是观测枯枝落叶层、表层土壤中的土壤动物种群数量或生物量。

另外，也要关注受保护的珍稀濒危物种、关键种、土著种、建群种、特有种、天然的重要经济物种等。如涉及国家级和省级保护物种、珍稀濒危物种和地方特有物种时，应逐个或逐类说明其类型、等级、分布、保护对象、功能区划、保护要求等。

2. 非生物环境要素调查

根据生态影响的时间和空间尺度的特点，调查气候、土壤、地形地貌、水文、地质等非生物因子特征。

3. 主要生态问题调查

调查区域内已经存在的本区域可持续发展的主要生态问题，如水土流失、沙漠化、石漠化、盐渍化、自然灾害、生物入侵和污染危害等，指出其类型、成因、空间分布、发生特点等。

## 三、课后提升

（1）总结分析所研究的生态系统结构和功能。

（2）分析所研究的生态系统受到哪些问题的威胁，应该如何解决，给出方法。

# 参考文献

巴雅尔塔，2010. 青藏高原东缘高寒草甸群落花期物候研究［D］. 兰州：兰州大学.

巴雅尔塔，塔西买买提·买合苏木，崔东，2016. 伊犁河谷山地草甸群落割草地功能群组合分析［J］. 草食家畜，179（4）：57-61.

白永飞，潘庆民，邢旗，2016. 草地生产与生态功能合理配置的理论基础与关键技术［J］. 中国科学，61（2）：201-212.

方精云，王襄平，沈泽昊，等，2009. 植物群落清查的主要内容、方法和技术规范［J］. 生物多样性，17（6）：533-548.

帕提古丽·亚森，巴雅尔塔，2020. 新疆翻飞鸽形态构造研究［J］. 新疆师范大学学报（自然科学版），39（1）：64-76.

吴东辉，肖文宏，肖治术，等，2020. 野生动物监测技术和方法应用进展与展望［J］. 植物生态学报，44（4）：409-417.

DÍAZ S，KATTGE J，CORNELISSEN J H C，et al.，2016. The global spectrum of plant form and function［J］. Nature. 529（7585）：167-171.

PÉREZ-HARGUINDEGUY N，DÍAZ S，GARNIER E，et al.，2013. New handbook for standardised measurement of plant functional traits worldwide［J］. Australian Journal of Botany，61（3）：p. 167-234.

SUDING K N，LAVOREL S，CHAPIN F S，et al.，2008. Scaling environmental change through the community-level：a trait-based response-and-effect framework for plants［J］. Global Change Biology，14（5）：1125-1140.

TOBIAS J A，SHEARD C，PIGOT A L，et al.，2022，AVONET：morphological，ecological and geographical data for all birds［J］. Ecology Letters，25（3）：581-597.

# 第六篇
# 人体解剖生理学实验

# 实验1　用显微镜观察4种基本组织

## 一、实验目的

结合组织功能，观察了解4种基本组织的结构特点及分布。

## 二、实验器材

HE染色切片，包括肠系膜、气管、甲状腺、食管、肾、膀胱、跟腱、舌、淋巴结；兔的坐骨神经纵切片及横切片（HE染色）、小肠切片、结肠切片；人骨的横磨片；猴或刺猬心肌切片（铁苏木精染色）；脊髓灰质涂片（Nissl染色）；猫的脊髓横切片（Cajal银染色）。

## 三、实验步骤

### （一）上皮组织观察

1. 单层扁平上皮观察

取肠系膜切片观察。在低倍镜下找到间皮细胞的染色部分，高倍镜下注意观察细胞的形态、细胞边界以及细胞核的位置、形态和颜色。

2. 单层立方上皮观察

取甲状腺切片观察。用低倍镜在切片上找到大小不等，内含红色胶状物质的甲状腺滤泡；再用高倍镜观察细胞质的颜色、细胞核的颜色、形态和位置。

3. 单层柱状上皮观察

取小肠切片观察。先用低倍镜在切片上分辨出黏膜层，观察黏膜表面形成的突入管腔的指状突起；再用高倍镜观察指状突起上柱状细胞和杯状细胞的形态、颜色以及细胞核的位置和形态；将显微镜的光圈缩小，可见柱状细胞游离面有1层较亮的粉红色膜状结构，即纹状缘。

4. 假复层纤毛柱状上皮观察

取气管切片观察。先用低倍镜在切片上分辨出黏膜层，观察黏膜上皮细胞的排列情况；再用高倍镜区分基细胞、梭形细胞、柱状细胞和杯状细胞，注意观察细胞的形态、细胞核位置、游离面的纤毛、基底面的基膜（呈亮白色的一层）。

5. 复层扁平上皮观察

取食管切片观察未角质化的复层扁平上皮。先用低倍镜在切片上分辨出黏膜层，观察黏膜面复层扁平上皮的细胞排列情况；再用高倍镜观察不同层次的细胞形态及细胞核形态。

6. 变移上皮观察

取膀胱切片观察上皮形态特点，比较其与复层扁平上皮的区别。

### （二）结缔组织观察

1. 疏松结缔组织观察

取气管切片观察。低倍镜下在上皮深层找到染色略浅的疏松结缔组织；高倍镜下观察纤维和细胞的形态，有时可见卵圆形的浆细胞，该细胞核位于细胞一侧，其染色质呈辐射状排列，细胞质近核处有一浅染区域。

2. 致密结缔组织观察

取跟腱切片观察。低倍镜下可见染成红色呈平行而紧密排列的胶原纤维；高倍镜下观察胶原纤维的形态以及纤维之间被染成蓝紫色的成纤维细胞核（椭圆形或杆状）。

3. 软骨组织观察

取气管切片观察，可了解透明软骨的结构特点。显微镜下观察蓝紫色的软骨基质和陷窝内的椭圆形或圆形的软骨细胞，软骨周围包有淡红色软骨外膜（致密结缔组织）。

4. 骨组织观察

取人骨的横磨片观察。这种磨片是腐烂的股骨的骨密质部分锯成薄片，再用磨石磨成。骨组织内的软组织（神经、血管、淋巴管、结缔组织）及细胞都已腐烂，仅留下空腔和管道。因光线折射关系，这些空腔和管道均呈现为黑色，观察时可缩小光圈使光线稍暗些，更为清晰。

### （三）肌肉组织观察

1. 平滑肌观察

取结肠切片（HE 染色）观察。

2. 骨骼肌观察

取舌切片（HE 染色）观察。掌骨骼肌纤维的一般形态（核的位置及明暗相间的横纹）。

3. 心肌观察

取猴或刺猬心肌切片（铁苏木精染色）观察。

### （四）神经组织观察

1. 尼氏体观察

取脊髓灰质涂片（Nissl 染色）观察尼氏体的特点及分布。

2. 神经元纤维及突触观察

取猫的脊髓横切片（Cajal 银染色）观察，观察神经元纤维及突触的形态。

3. 有髓鞘神经纤维及神经观察

取兔的坐骨神经纵切片及横切片（HE 染色）观察。

## 四、课后提升

（1）举例说明上皮组织的结构与机能的统一性。

（2）比较 3 种肌肉组织在结构上有什么不同。

（3）光镜下观察疏松结缔组织可见哪些细胞和纤维，它们有何作用。

（4）选取四大组织之一，说明其特点功能，并绘图。

# 实验 2 人体骨与骨连结的观察

## 一、实验目的

(1) 观察人体各部骨的组成与重要骨的形态，分析与其功能相适应的特征。

(2) 观察人体主要关节的结构，理解关节的结构特征与其稳固性和灵活性的关系。

## 二、实验器材

人体全身骨架标本、人体各部分分离骨标本、人体主要关节骨标本、成人分离纵剖标本、人体颅底与颅顶标本。

## 三、实验步骤

### (一) 骨的形态与构造观察

依据各类型骨的结构与形态特点，从分离骨标本中分辨出长骨、短骨、扁骨、不规则骨，从人体全身骨架标本上观察与分析各类型骨在人体的分布规律。

### (二) 脊柱的观察

1. 脊柱的构成与整体观察

观察人体全身骨架标本，可见脊柱由 7 块颈椎、12 块胸椎、5 块腰椎、1 块骶骨、1 块尾骨和它们之间的骨连接构成。观察整个脊柱，发现脊柱的颈曲、腰曲凸向前，胸曲、骶曲凸向后，分析脊柱的生理弯曲意义。

2. 椎骨的一般形态

观察一块胸椎标本。椎骨由位于前方圆柱形的椎体和后方板状的椎弓构成。椎体和椎弓共同围成椎孔，各部椎孔相连成椎管。椎体呈扁圆柱形，表层为密质，内部为松质。椎弓左右对称，前部缩窄的部分为椎弓根，其上、下缘为椎骨上、下切迹。后部较宽的部分为椎弓板。上、下两个相邻椎弓根的椎骨上、下切迹围成椎间孔，内有脊神经根通过。从椎弓板上发出 7 个突起，即椎弓正中向后伸出的 1 个棘突，向两侧突出的 1 对横突，两侧向上的 1 对上关节突和向下的 1 对下关节突。注意思考椎管、椎间孔是怎么形成的。

3. 各部椎骨的形态特征

观察颈椎、胸椎、腰椎、骶骨、尾骨标本。

(1) 颈椎。

椎体小，椎孔大。横突根部有横突孔，第 2～6 颈椎棘突较短，末端分叉。寰椎（第 1 颈椎）呈环形，没有椎体、棘突和关节突，由前弓、后弓和两个侧块构成。前弓后面正中有齿突凹，侧块有上、下关节面。枢椎（第 2 颈椎）的椎体向上伸出 1 个齿突，与寰椎的齿突凹相关节。隆椎（第 7 颈椎）棘突特别长，末端不分叉。

（2）胸椎。

椎体呈心形，在椎体的后外侧上、下缘各有一半圆形肋凹。横突末端前面有横突肋凹。棘突细长向后下方倾斜，彼此掩盖成叠瓦状。

（3）腰椎。

椎体大，椎弓发达，椎孔近似三角形，棘突板状向后平伸。

（4）骶骨。

由 5 个骶椎愈合而成，呈倒三角形。底向上，底的前缘中部向前突，称岬。骶骨前面光滑微凹，有 4 对骶前孔。背面隆凸粗糙，有 4 对骶后孔。由骶椎椎孔连接成骶管。骶管向下开口于骶骨背面下部的骶管裂孔，裂孔两侧向下的突起称骶角。骶骨侧有耳状面与髂骨耳状面相关节。

（5）尾骨。

由 3~4 块尾椎愈合而成。

4. 椎骨间的骨连接

（1）椎间盘。

连接相邻两个椎体间的纤维软骨，由中央的髓核和周边的纤维环构成。

（2）韧带。

相邻椎骨的椎体之间、椎弓板之间、棘突之间、横突之间均有韧带。

（3）椎骨间关节。

主要观察椎间关节、寰枢关节、寰枕关节的组成与运动形式。

### （三）胸廓的观察

1. 胸廓的构成

观察人体全身骨架标本。胸廓由 1 块胸骨、12 块胸椎、12 对肋和它们之间的连接共同构成（注意分析人类胸廓的形态特征和功能）。

2. 胸骨

观察胸骨标本。胸骨可区分为胸骨柄、胸骨体和剑突 3 部分。胸骨柄上缘为颈静脉切迹，其两侧有关节面，为锁骨切迹。胸骨柄与胸骨体连接处有向前微凸的角，为胸骨角。胸骨两侧有 7 对切迹，是与肋骨的连接面。

3. 肋与肋骨

观察人体全身骨架标本，可见肋由肋骨与肋软骨构成。上 7 对肋骨的前端借助软骨连于胸骨，称真肋。第 8~10 对肋骨的前端借助软骨连于上位软骨，形成肋弓，称假肋。第 11 对、第 12 对肋前端游离，称浮肋。

观察肋骨标本，可见肋骨分为肋体和前、后两端。后端膨大叫肋头，与胸椎体上的肋凹相关节。肋头后外方有肋结节，其上有关节面，与横突肋凹相关节。肋体分上、下缘和内、外面，内面下缘处一浅沟称肋沟，肋体的后分急转处称肋角。肋骨前端接肋软骨。

## （四）颅骨的观察

### 1. 颅的组成

观察颅顶骨、颅底骨标本。脑颅骨共 8 块，由成对的顶骨和颞骨，以及不成对的额骨、蝶骨、枕骨和筛骨组成；面颅骨共 15 块，由成对的上颌骨、颧骨、鼻骨、泪骨、腭骨、下鼻甲骨，以及不成对的犁骨、下颌骨及舌骨组成，构成眶、鼻腔、口腔和面部的骨性支架。

### 2. 颅的整体观

观察颅顶骨、颅底骨标本。

（1）颅的顶面观。

呈卵圆形，前宽后窄。颅的上面称颅盖，有 3 条缝，即位于额骨与两侧顶骨的冠状缝，两顶骨之间的矢状缝以及两侧顶骨与枕骨之间的人字缝。

（2）颅底内面观。

由前向后分 3 个窝：

①颅前窝由额骨眶部、筛骨的筛板和蝶骨小翼构成。正中线上由前向后有额嵴、盲孔、鸡冠等结构。筛板上有筛孔通鼻腔。

②颅中窝由蝶骨体和大翼、颞骨岩部等构成。中央是蝶骨体，上面有垂体窝，窝前外侧有视神经管。垂体窝和鞍背统称蝶鞍。其两侧，由前向后依次有眶上裂、圆孔、卵圆孔和棘孔等。

③颅后窝主要由枕骨和颞骨岩部后面等构成。窝中央有枕骨大孔，还有枕内隆凸、横窦沟、乙状窦沟和舌下神经管等结构。

（3）颅底外面观。

颅底外面前部由上颌骨和腭骨水平板围成的部分称骨腭，中部是蝶骨的翼突，后部正中有 1 个大孔，称枕骨大孔，其前外方分别有破裂孔、颈静脉孔、颈动脉管外口等结构。

（4）颅的前面观。

前面有 1 对容纳眼球的眶和位于其间的骨性鼻腔，下方为由上颌骨、下颌骨围成的口腔。眶分为底、尖和四壁，眶尖部有视神经孔，眶下壁有眶下沟、管、孔。骨性鼻腔外侧壁有向下突出的 3 个骨片，自上而下分别称为上鼻甲、中鼻甲和下鼻甲。各鼻甲下方间隙，分别称为上鼻道、中鼻道和下鼻道。鼻腔周围有 4 对鼻旁窦，分别开口于鼻腔。其中额窦、上颌窦以及前筛窦、中筛窦开口于中鼻道；后筛窦开口于上鼻道；蝶窦开口于蝶筛隐窝。

（5）颅的侧面观。

颞骨中部有外耳门，外耳门前方为颧骨与颞骨连接而成的颧弓。颧弓上、下分别为颞上窝、颞下窝。颞上窝内有额骨、顶骨、颞骨和蝶骨 4 骨交界所构成的翼点。

## （五）上肢骨及其骨连接的观察

### 1. 上肢骨

包括上肢带骨和游离上肢骨。观察人体全身骨架标本和上肢各分离骨标本。

（1）上肢带骨。

上肢带骨包括锁骨和肩胛骨。

①锁骨。呈“∽”形，内侧端粗大为胸骨端，有关节面与胸骨柄两侧构成胸锁关节。外侧端扁平为肩峰端，与肩胛骨的肩峰相关节。

②肩胛骨。呈三角形的扁骨，可分为3个缘、3个角和前、后两面。上缘短而薄，外侧有喙突。外侧缘肥厚、内侧缘薄而长。外侧角有关节盂，上角平对第2肋，下角对第7肋或第7肋间隙。前面为肩胛下窝，后面有肩胛冈和肩峰。

（2）游离上肢骨。

游离上肢骨包括肱骨、尺骨、桡骨、手骨。

①肱骨。上端膨大，有半球形的肱骨头。头周围稍细的部分称解剖颈，肱骨头外侧和前方有大结节和小结节，其下方稍细的部分，称外科颈。体后面中份有由上内斜向下外的桡神经沟。下端内侧部有肱骨滑车、内上髁、尺神经沟，外侧部有肱骨小头、外上髁。下端的后面有鹰嘴窝，前面有冠突窝。

②尺骨。位于前臂内侧，上端前面有滑车切迹，在其下方和后上方各有1个突起，分别称冠突和鹰嘴，冠突外侧有桡切迹。尺骨下端称尺骨头，其后内侧向下的突起，称为尺骨茎突。

③桡骨。位于前臂外侧，上端是桡骨头，上面有关节凹，头周围有环状关节面。下端内侧面有尺切迹，下面有腕关节面，下端外侧部向下突出称桡骨茎突。骨体呈三棱柱形。

④手骨。由腕骨、掌骨和指骨组成。腕骨8块，近侧列由桡侧向尺侧依次为手舟骨、月骨、三角骨和豌豆骨。远侧列为大多角骨、小多角骨、头状骨和钩骨。掌骨5块，其近侧端为底，中间为体，远侧端为头。由外侧向内侧依次为第1~5掌骨。指骨共14块，除拇指为2节外，其余均为3节。由近侧至远侧依次为近节、中节和远节指骨。每节分底、体和头3部分。

2. 上肢骨的主要骨连接

（1）肩关节。

肩关节由肱骨头与肩胛骨的关节盂构成，是典型的球窝关节。

其特点是肱骨头大，关节盂小，关节盂周缘有纤维软骨构成的盂唇加深关节窝；关节囊薄而松弛，囊的上方附于关节盂周缘，下方附着于肱骨解剖颈，囊的上、前、后方有肌肉加强，下壁薄弱，肩关节脱位时，肱骨头常从此脱出。肩关节的运动十分灵活，能做屈、伸、收、展、旋内、旋外和环转运动。

（2）肘关节。

肘关节是由肱骨下端与桡骨、尺骨上端构成的复合关节，包括3个关节。

肱尺关节由肱骨滑车与尺骨滑车切迹构成；桡关节由肱骨小头与桡骨头关节凹构成；桡尺近侧关节由桡骨环状关节面与尺骨桡切迹构成。

## （六）下肢骨及其骨连接

1. 下肢骨

下肢骨包括下肢带骨和游离下肢骨。观察人体全身骨架标本和上肢各分离骨标本。

（1）下肢带骨。

下肢带骨即髋骨，由幼年的髂骨、坐骨和耻骨三者愈合而成。在三骨愈合处的外侧面形成深陷的髋臼。

①髂骨。位于髋骨的后上部，分体和翼两部分。髂骨翼内侧面称髂窝，窝的后下方有1条斜行隆起线，称弓状线；其后上方有耳状面，与骶骨的耳状面相关节。髂骨翼上缘称髂嵴，其前端为髂前上棘，其后端为髂后上棘，髂前上棘向后5~7 cm处向后外突起，称髂结节。

②坐骨。位于髋骨后下部，分体和支两部分。坐骨体下方后部肥厚粗糙，称坐骨结节。坐骨体后缘有坐骨棘，其上、下方分别有坐骨大、小切迹。

③耻骨。位于髋骨前下部，分体和上、下两支。上支的上缘锐薄，称耻骨梳，向前终于耻骨结节。耻骨上、下支移行部的内侧，有椭圆形的耻骨联合面。

（2）游离下肢骨。

游离下肢骨包括股骨、髌骨、胫骨、腓骨、足骨。

①股骨。分为一体两端。上端球形的膨大为股骨头。头的外下侧较细的部分称股骨颈。颈、体交界处上外侧的隆起为大转子，下内侧隆起为小转子。下端形成2个膨大，称内侧髁和外侧髁，两髁间有髁间窝，两髁侧面的突起称内、外上髁。股骨体呈圆柱形，后面有纵行的骨嵴，称粗线。体上部外侧有臀肌粗隆。

②髌骨。髌骨是人体最大的1块籽骨，位于膝关节前方，包于股四头肌腱内，略呈三角形，上宽下窄，前面粗糙后面光滑。

③胫骨。上端膨大形成内侧髁和外侧髁，两髁上关节面之间的骨性隆起称髁间隆起。上端与体移行处的前面有胫骨粗隆。下端膨大形成内踝，下端下面和内踝外面的关节面与距骨滑车相关节。体为三棱柱形。

④腓骨。上端膨大称腓骨头，下端膨大为外踝。

⑤足骨。蹭由跗骨、跖骨和趾骨组成。跗骨有7块，属短骨，分成前、中、后3列。后列为跟骨和距骨，跟骨后端有跟结节，距骨上面有距骨滑车；中列为足舟骨；前列为内侧楔骨、中间楔骨和外侧楔骨及骰骨。跖骨有5块，其后端为底，中部为体，前端为头。趾骨共14块，各节趾骨的名称和结构均与手指骨相同。

### 2. 下肢骨的主要骨连接

（1）髋关节。

髋关节由髋臼和股骨头构成。股骨头关节面约为球形的2/3，介乎全部纳入髋臼内。关节囊厚而坚韧，上端附于髋臼周缘，下方前面附于转子间线，后面被股骨颈内侧2/3，颈的外1/3在囊外，故股骨颈骨折有囊内、外支分。另外，关节囊上、后及前壁均有韧带加强，唯有下壁较薄弱，故股骨头脱位常发生在此处。在关节腔内有股骨头韧带。

（2）膝关节。

膝关节由股骨和颈骨的内、外侧髁及髌骨构成。关节囊松弛，附于各关节面周缘，前面有髌韧带加强，两侧由胫侧附韧带和腓侧附韧带加强。膝关节腔内有前、后交叉韧带和内、外侧半月板。前、后交叉韧带可防止胫骨前后移位。内、外侧半月板可加深关节窝，增强关节的稳定性。

（3）骨盆。

骨盆是由骶骨、尾骨和两侧髋骨及其连结构成。骨盆被骶骨的岬、弓状线、耻骨梳、耻骨结节和耻骨联合上缘所围成的界线分为上方的大骨盆和下方的小骨盆。小骨盆上口为界线，下口由尾骨尖、骶结节韧带、坐骨结节、坐骨支、耻骨支和耻骨联合下缘围成。

（4）足弓。

跗骨和跖骨连成的凸向上的弓称为足弓，分为前后方向上的内、外侧纵弓和内外方向上的横弓。横弓由骰骨、3 块楔骨和跖骨构成。

## 四、课后提升

（1）简述上肢骨及其骨连接有哪些特征适应上肢的运动。

（2）从关节的构造分析关节的牢固性与运动灵活性的统一。

（3）试总结脊柱、胸廓、骨盆、足弓适应人直立行走的特征。

# 实验3　坐骨神经-腓肠肌标本与坐骨神经标本制备

## 一、实验目的

（1）学习蛙类动物单毁髓和双毁髓的实验方法。

（2）学习并掌握坐骨神经-腓肠肌标本的制备方法。

## 二、基本原理

蛙类动物的某些基本生命活动，如神经的生物电活动、肌肉收缩等与哺乳动物相似。其离体组织所需的生活条件比较简单，易于控制和掌握，而且动物来源丰富，因此在生理学实验中常用蟾蜍或蛙生物坐骨神经-腓肠肌标本和坐骨神经标本来观察组织的兴奋性、刺激与反应的规律以及骨骼肌收缩的特点等。

## 三、实验器材

蟾蜍或蛙。

常用蛙类手术器械（手术剪、手术镊、眼科剪、眼科镊、金冠剪、毁髓针、玻璃解剖针、固定针）、蛙板、玻璃板、锌铜弓、小烧杯、滴管、纱布、细棉线、任氏液。

## 四、实验步骤

### （一）双毁髓法处死蟾蜍

此法在第二篇的实验9已经介绍。

### （二）剥制后肢标本

将双毁髓的蟾蜍用中式剪在腋窝水平横断躯干，左手拇指和食指捏住脊柱的断端，右手持手术剪在胸腹部纵向剪开皮肤，用组织镊或手术剪小心除去内脏（应尽量避免金属器械触及腹后壁神经），此时可见脊柱及其两侧的神经。然后用右手向后方撕剥皮肤，将剥制完成的标本放入盛有任氏液的培养皿中。清洗手及手术器械。

### （三）分离两后肢

左手捏住标本的脊柱，右手持中式剪或金冠剪直接沿耻骨联合和脊柱的中线纵向剪开（切勿剪断坐骨神经），随后用手术剪剪开两后肢相连的肌肉组织，将标本一分为二，一只继续剥制标本，另一只放入任氏液中备用。

### （四）分离坐骨神经

取一侧后肢的脊柱端腹面向上，趾端向外侧翻转，使其足底朝上，用固定针将标本固定在玻璃板下面的蛙板上。用玻璃针沿脊神经向后剥离坐骨神经（图 6-3-1）沿腓肠肌正上方的股二头肌和半膜肌之间的肌缝找出股部的坐骨神经，坐骨神经基部有一梨状肌盖住神经。再用玻璃针轻轻挑起神经，自上而下剪去支配腓肠肌之外的其他分支，将坐骨神经游离至腘窝处。用金冠剪剪去多余的脊柱骨及肌肉，只保留坐骨神经发出部位的一小块脊柱骨（图 6-3-2）。取下脊柱端的固定针，用手术镊轻轻提起脊柱骨的骨片，将神经搭在腓肠肌上。

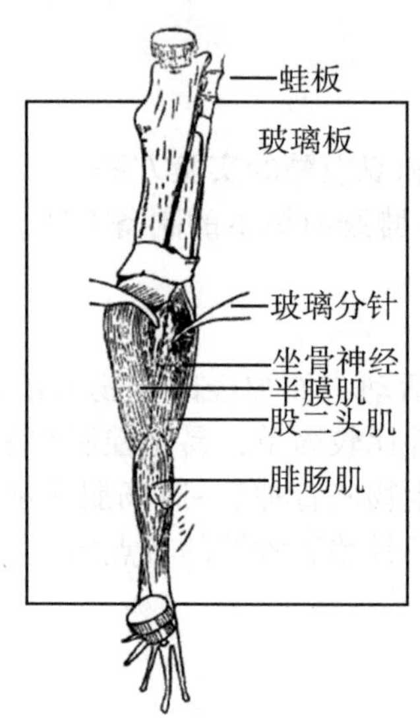


**图 6-3-1　坐骨神经分离法**

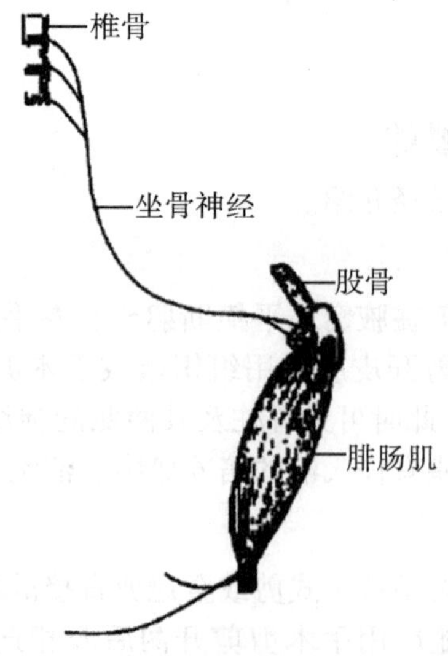


**图 6-3-2　坐骨神经–腓肠肌标本**

1. 游离腓肠肌

用玻璃针将腓肠肌与胫腓骨分离开，用手术刀片将腓肠肌跟腱与胫腓骨分离开一段，用手术镊在腓肠肌跟腱下穿线并结扎，提起结扎线，剪断跟腱与胫腓骨的联系，游离腓肠肌。

2. 分离股骨

一手捏住股骨，沿膝关节剪去股骨周围的肌肉，用金冠剪刮干净股骨上的肌肉，保留股骨的远端 2/3，剪断股骨。剪去膝关节下部的后肢，保留腓肠肌与股骨的联系。

3. 检验标本

用手术镊轻轻提起标本的脊柱骨片，使神经离开玻璃板，持经任氏液蘸湿的锌铜弓，使其两级轻触神经，如腓肠肌发生收缩，则表示标本机能正常。提起腓肠肌上的结扎线，勿使神经受到牵拉，轻轻将标本放入任氏液中，稳定 5～10 min，即可用于实验。

4. 制备坐骨神经标本

按上述方法分离另一侧后肢坐骨神经。坐骨神经在腘窝处分为内侧的胫神经和外侧的腓总神经两支，用玻璃针沿胫神经和腓总神经主干走向将神经分离至踝部，剪断侧支。结扎坐骨神经脊柱及胫神经和腓总神经足端，游离神经干即制成坐骨神经标本。

## 五、注意事项

标本制备过程中应频繁滴加任氏液，防止标本干燥。

## 六、课后提升

(1) 思考为什么要将制备好的神经肌肉标本放入任氏液中，可否放入自来水或蒸馏水中。

(2) 思考为什么锌铜弓接触坐骨神经会导致腓肠肌出现明显的收缩，这一现象说明了什么。

# 实验4　反射时的测定、反射弧的分析及搔扒反射的观察

## 一、实验目的

（1）学习测定反射时的方法。

（2）掌握反射弧的组成。

## 二、实验原理

从皮肤接受刺激至机体出现反应的时间为反射时。反射时是兴奋通过反射弧所用的时间。反射弧的任何一部分缺损，反射不再出现。由于脊髓的功能比较简单，所以常选用只毁脑而保留脊髓的动物（脊动物）为实验材料，以利于观察和分析。

普鲁卡因、可卡因、乙醇等可以影响 $Na^+$ 通道，阻断神经冲动的产生和传导，产生局部麻醉作用。细神经纤维先被麻醉，粗纤维后被麻醉。皮肤的痛觉传入纤维较细，骨骼肌的运动纤维较粗。

## 三、实验器材

常用手术器械、支架、蛙嘴夹、蛙板、蛙腿夹、小烧杯、小玻璃皿、细棉线、小滤纸片、棉花、秒表、纱布。

蟾蜍或蛙。

0.5%硫酸溶液、1%硫酸溶液、2%普鲁卡因。

## 四、实验步骤

（1）取蟾蜍（或蛙）1只，毁脑（保留脊髓）后，俯卧位固定于蛙板上。剪开右侧股部皮肤，用玻璃针分离肌肉和结缔组织，暴露坐骨神经，在神经下穿1条细棉线（预先用生理盐水浸湿）备用。

（2）用蛙嘴夹夹住脊蟾蜍下颌，悬挂于支架上。将蟾蜍右后肢的最长趾浸入0.5%硫酸溶液中2~3 mm（浸入时间最长不超过10 s），立即记下时间（以秒计算）。当出现屈反射时，则停止计时，此为屈反射时。立即用清水冲洗受刺激的皮肤并用纱布擦干（注意：不能让清水浸泡到分离出的坐骨神经），重复测试屈反射时3次，求出均值作为右后肢最长趾的反射时。用同样方法测定左后肢最长趾反射时。

（3）用手术剪自右后肢最长趾基部环切皮肤，然后再用手术镊剥净长趾上的皮肤。用硫酸刺激去皮的长趾，记录结果。

（4）改换右后肢有皮肤的趾，将其浸入硫酸溶液中，测定反射时，记录结果。

（5）取1浸有1%硫酸溶液的滤纸片，贴于蟾蜍右侧下背部或下腹部的皮肤上，蟾蜍会抬起下肢将滤纸片扒掉，此为搔扒反射。记录搔扒反射的反射时。

（6）用1细棉条包住分离出的坐骨神经，在细棉条上滴几滴2%普卡因溶液（或75%乙醇）后，每隔2 min重复步骤（4）。记录加药时间。

（7）当右下肢屈反射刚刚不能出现时（记录时间），立即重复步骤（5）。每隔2 min重复1次步骤（5），直到右下肢的搔扒反射不再出现为止（记录时间）。记录加药至右下肢屈反射消失时间及加药至右下肢搔扒反射消失的时间。

（8）将左侧后肢最长趾再次浸入0.5%硫酸溶液中（条件不变），记录反射时有无变化。毁坏脊髓后再重复实验，记录结果。

## 五、注意事项

（1）每次实验时，要使皮肤接触硫酸的面积不变，以保持受刺激的感受器数量不变。

（2）刺激后要立即用清水冲洗去硫酸，以免损伤皮肤。

## 六、课后提升

（1）画图说明下肢屈反射和搔扒反射反射弧的区别。

（2）在这个实验中，能观察到哪个现象表明中枢内存在兴奋的扩散？

（3）思考普鲁卡因麻醉坐骨神经后，为什么感觉机能先丧失而运动技能后丧失。

# 实验5　视力、视野、盲点的测定及瞳孔对光反射

## 一、实验目的

（1）学习测定视力的原理和方法，掌握视敏度的概念。
（2）学习视野的测定方法，了解测定视野的意义。
（3）证明盲点的存在，并计算盲点所在的位置和范围。
（4）观察瞳孔对光反射，掌握该反射的反射弧。

## 二、实验原理

### （一）视力

视力又称视敏度，是指一定条件下眼分辨物体细微结构的能力。

视力=1/视角。

视力衡量标准：在一定距离上能分辨空间两点的最小距离。距离眼球5 m远的物体上两点间的距离约为1.5 mm时，所形成的视角为1分角。通过测定视力可检查视网膜中央凹精细视觉的分辨能力。

视力表分为国际标准视力表和对数视力表。

### （二）视野

视野是单眼固定注视正前方一点时所能看见的空间范围，此范围又称为周边视力，也就是黄斑中央凹以外的视力。借助此种视力检查可以了解整个视网膜的感光功能，并有助于判断视觉传导通路以及视觉中枢的机能。正常人的视野范围：下方>上方，颞侧>鼻侧；在相同的亮度下，白色视野>红色视野>绿色视野。不同颜色视野的大小，不仅与面部结构有关，更主要的是取决于不同感光细胞在视网膜上的分布情况。

### （三）盲点

生理盲点是指在视神经离开视网膜的部位（即视神经乳头所在的部位）没有感光细胞，外来光线虽成像于此但不能引起视觉。由于盲点的存在，视野中也必然存在盲点投射区。根据物体成像规律，通过测定盲点投射区，根据相似三角形各对应边成正比的定理，可计算出盲点所在的位置和范围。

### （四）瞳孔对光反射

人眼在感受光刺激时，瞳孔的大小可随光线的强弱而改变，弱光下瞳孔散大，强光下瞳孔缩小，此反射称为瞳孔对光反射。

## 三、实验器材

视力表、指示棍、遮眼板、米尺、视野计、视标（白色、蓝色、红色、绿色）、视野图纸、铅笔、白纸，手电筒。

## 四、实验步骤

### （一）视力的测定

受试者在距离 5 m 远处，视力表上第 10 行字与受试者的眼同高；受试者用遮眼板遮住一眼，另一眼看视力表，按主试者的指点自上而下进行识别，直到能辨认的最小字行为止，依此确定该眼的视力。同法测定另一眼的视力。

若受试者对最上一行字也不能辨认，则令受试者向前移动，直至能辨认最上一行字为止。此时，受试者视力＝受试者辨认某字的最远距离/正常视力辨认该字的最远距离。

### （二）视野的测定

熟悉视野计的结构及使用方法。

最常用的是弧形视野计（图 6-5-1）。它是安在支架上的半圆弧形金属板，可围绕水平轴旋转 360°。该圆弧上有刻度，表示由点射向视网膜周边的光线与视轴之间的夹角，视野界限即以此角度表示。中央装 1 个固定的黄色注视点，其对面的支架上附有可上下移动的托颌架。测定时，受试者的下颌置于托颌架上。此外，视野计附有各色视标，在测定各种颜色的视野时使用。

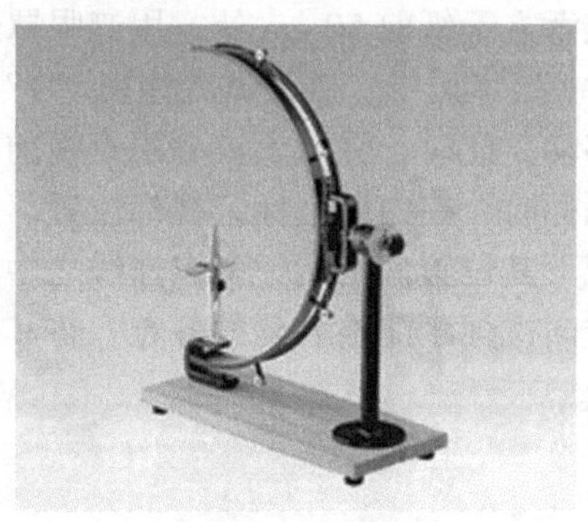

**图 6-5-1　视野计**

受试者背向光源，将下颌放在托颌架上，调整托架高度，使眼与弧架的中心点在同一条水平线上。被测眼紧贴眼托，注视弧架中心点（或前方小镜），另一眼闭上。

将白色视标紧贴弧架内面并从周边向中央缓慢移动，直至受试者能看到为止，并记下弧架该处的经纬度。

将弧架一次转动 45°角，重复上述测定，分别测 8 个不同方向（0°、45°、90°、135°、180°、225°、270°、315°）的不同视野，将视野图上 8 个点依次相连，便得出白色视野的范围。每做完弧的 1 个位置休息 2 min。

按上述方法分别测出该侧的红色、绿色、蓝色视野。左眼视野图如图 6-5-2 所示。

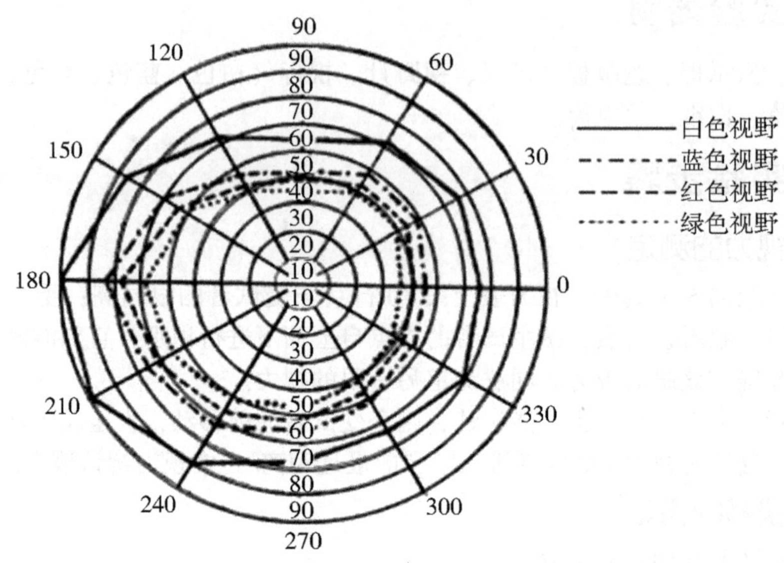


正常眼（左）视野范围

**图 6–5–2　左眼视野图**

## （三）盲点的测定

### 1. 测定盲点投射区

将白纸贴在墙上，受试者立于纸前 50 cm 处，用遮眼罩遮住一眼，在白纸上与另一眼相平的地方用铅笔画一“+”字记号，令受试者注视“+”字。实验者将视标由“+”字中心向被测眼颞侧缓缓移动。此时，受试者被测眼直视前方，不能随视标的移动而移动。当受试者恰好看不见视标时，在白纸上标记视标位置。然后将视标继续向颞侧缓缓移动，直至又看见视标时记下其位置。由所记两点连线之中心点起，沿着各个方向向外移动视标，找出并记录各方向视标刚能被看到的各点，将其依次相连，即得一个椭圆形的盲点投射区（图 6–5–3）。

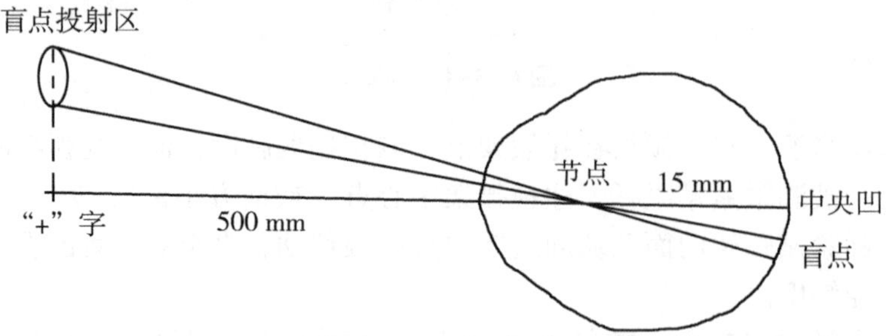


**图 6–5–3　计算盲点与中央凹的距离和盲点直径示意图**

2. 计算盲点与中央凹的距离和盲点直径

根据相似三角形各对应边成正比定理：

盲点距中央凹的距离（mm）= 盲点投射区至“+”字距离×（15/500）；

盲点直径（mm）= 盲点投射区直径×（15/500）；

盲点的直径/盲点投射区的直径=节点与视网膜的距离（15 mm）/节点到白纸的距离（500 mm）。

### （四）检测瞳孔对光反射

让受试者注视远方，观察其瞳孔大小，再用手电筒照射其一眼，可见其瞳孔立刻缩小，即瞳孔对光反射。

用手在鼻侧挡住光线以防照射另一眼，重复上述实验，可见双眼瞳孔同时缩小，这称互感性对光反射。

## 五、注意事项

（1）测试颜色视野时，须以看清颜色为准。

（2）测试一项后，受试者可稍微休息，以免眼睛疲劳而影响实验结果。

## 六、课后提升

（1）检查自己左右眼裸眼视力各是多少。思考某受试者在 1.5 m 的地方能看清视力表上第 1 行（由上向下数），他的视力是多少。

（2）检查自己的左眼或右眼视野如何，将白、红、绿、蓝等颜色的视野在视野图纸上标出（涂上颜色），并说明视野大小的排列（把视野图粘在实验报告上）。

（3）根据相似三角形各对应边成定比定理，计算盲点与中央凹的距离与盲点的直径。

# 实验 6　耳的形态结构观察及声音的传导途径

## 一、实验目的

（1）了解并比较声音传导的两种方式和途径。

（2）掌握检测声音传导途径的方法。

## 二、实验原理

声音传入耳蜗有两条途径：一是气传导，声波经外耳道引起鼓膜振动，再经听骨链和前庭窗（卵圆窗）膜进入耳蜗；二是骨传导，声波直接引起颅骨振动，进而引起位于颞骨骨质中的耳蜗内淋巴液的振动。

正常生理状态下以气传导为主，听力正常者气导时程比骨导时程持续时间长，即林纳实验阳性；当传音通路受阻时，气导时程缩短，等于或小于骨导时程，即林纳实验阴性。

正常情况下，人的两耳感受机能相同；骨传导的敏感性比空气传导低得多，故在正常听觉中引起的作用甚微。但当鼓膜或中耳病变引起传音性耳聋，气导传导明显受损时，但骨导传导却不受影响，甚至相对增强，即魏伯氏实验。

## 三、实验器材

耳部颞骨解剖示外、中、内耳结构及听小骨模型。

音叉（256 Hz 或 512 Hz）、胶管、棉球。

## 四、实验步骤

### （一）耳的形态及大体解剖结构观察

外耳：包括耳廓、外耳道、鼓膜 3 部分。

中耳：包括鼓室听小骨、咽鼓管等。

内耳：分为骨迷路和膜迷路。

骨迷路：分为前庭、骨半规管和耳蜗 3 部分，它们彼此相通。

膜迷路：椭圆囊和球囊，膜半规管，蜗管。

### （二）声音的传导途径

1. 比较同侧耳的气导和骨导（任内氏实验）

（1）保持室内安静，受试取坐姿。检查者敲响音叉后，立即置音叉柄于受试者被检测的颞骨乳突部，受试者感觉声音的强弱及其变化。

（2）保持室内安静，敲响音叉后，先将音叉柄置于受试者的颞骨乳突部；当受试者刚刚听不到声音时，立即将振动的音叉置于受试者外耳道口 1 cm 处，两叉臂末端应与外耳道口在同一平面。受试者感觉声音的强弱及其变化。

（3）敲响音叉后，先将振动音叉置于受试者外耳道口 1 cm 处，两叉臂末端应与外耳道口在同一平面；当受试者刚刚听不到声音后立即将音叉柄置于受试者颞骨乳突部。受试者感觉声音的强弱及其变化。

（4）用棉球塞住受试者外耳道（相当于空气传导途径障碍），重复上述（1）~（3）步实验。记录现象，并解释其传导机制（表 6-6-1）。

2. 比较两耳的骨传导（韦伯氏实验）

（1）敲击音叉后将叉柄底部紧压于颅顶中线上任何一点（或前额正中发际处），受试者两耳同时感受声音的强弱。

（2）用棉球塞住受试者一侧外耳道，重复上述操作，受试者两耳同时感受声音的强弱，记录两耳感受到的声音变化或受试者感到声音偏向哪一侧。

（3）取出棉球，将胶管一端塞入受试者被检测耳孔，胶管的另一端塞入另一个人的某侧耳孔，检查者将发音的音叉置于受试者同侧的颞骨乳突部，观察另一个人能否听到声音。记录现象，并解释其传导机制（表 6-6-1）。

**表 6-6-1　声音传导途径实验记录**

| 实验名称 | 实验项目 | 现象 | 解释原因 |
| --- | --- | --- | --- |
| 林纳实验 | 骨导检测无声后，再进行气导检测 | | |
| | 气导检测无声后，再进行骨导检测 | | |
| 任内氏实验 | 检查者敲响音叉后，立即置音叉柄于受试者被检测的颞骨乳突部，受试者感觉声音的强弱及其变化 | | |
| | 保持室内安静，敲响音叉后，先将音叉柄置于受试者的颞骨乳突部；当受试者刚刚听不到声音时，立即将振动的音叉置于受试者外耳道口 1 cm 处，两叉臂末端应与外耳道口在同一平面。受试者感觉声音的强弱及其变化 | | |
| | 敲响音叉后，先将振动音叉置于受试者外耳道口 1 cm 处，两叉臂末端应与外耳道口在同一平面；当受试者刚刚听不到声音后立即将音叉柄置于受试者颞骨乳突部。受试者感觉声音的强弱及其变化 | | |
| 韦伯氏实验 | 敲击音叉后，将叉柄底部紧压于颅顶中线上任何一点 | | |
| | 棉球塞住受试者一侧外耳道，敲击音叉后，将叉柄底部紧压于颅顶中线上任何一点 | | |
| | 胶管连接两受试者的左右耳，音叉置于受试者插胶管一侧颞骨乳突上，另一人感觉是否有声音 | | |

## 五、注意事项

（1）当敲击音叉时，用力不可过猛，切忌在坚硬物品上敲击以防损害音叉，可在手或大腿上敲击。

（2）音叉放在外耳道时，两者相距 1 cm，并且音叉叉支震动方向要正对外耳道，同时应防止音叉叉支触及耳廓、皮肤及毛发。

## 六、课后提升

（1）分析高频音叉和低频音叉在传导时有什么不同。

（2）简述对骨导和气导的理解。

（3）思考如何用实验鉴别传音性耳聋和感音性耳聋。

# 实验 7　人 ABO 血型、Rh 血型的鉴定

## 一、实验目的

（1）学习血型鉴定的方法。

（2）观察红细胞凝集现象，掌握 ABO 血型、Rh 血型鉴定原理。

## 二、实验原理

血型是指红细胞膜上特异凝集原（抗原）的类型。不同血型的血液相混合，红细胞将聚集成簇，这种现象称为红细胞凝集反应（其实质是抗原-抗体反应）。常见的血型系统为 ABO 血型系统和 Rh 血型系统。

在人 ABO 血型系统中，红细胞膜上有 A、B 两种凝集原，其血浆中存在能与红细胞膜上凝集原发生反应的两种凝集素（抗体），即抗 B 凝集素和抗 A 凝集素。根据红细胞膜上有无 A、B 凝集原而将人的血型分为 A、B、O、AB 四种基本类型：红细胞膜上只有 A 凝集原者为 A 型血，其血浆中有抗 B 凝集素；红细胞膜上只有 B 凝集原者为 B 型血，其血浆中有抗 A 凝集素；红细胞膜上没有 A 凝集原又没有 B 凝集原者为 O 型血，其血浆中有抗 A 和抗 B 两种凝集素；红细胞膜上既有 A 凝集原又有 B 凝集原者为 AB 型血，其血浆中既没有抗 A 凝集素也没有抗 B 凝集素（图 6-7-1）。若将含 A 凝集原的红细胞与含抗 A 凝集素的血浆（或血清）混合，就会出现红细胞凝集反应。

在人 Rh 血型系统中，红细胞膜上有几种不同类型的 Rh 因子，其中 D 因子的抗原性最强。通常将红细胞膜上的含有 D 抗原的称为 Rh 阳性，无 D 抗原的为 Rh 阴性。Rh 阴性个体的血清中不存在天然的抗 Rh 因子的抗体，而是因输入 Rh 阳性个体的血细胞，导致血清中出现 Rh 抗体。Rh 血型鉴定方法就是利用了 D 抗原及其抗体的凝集反应，将受试者的血液（主要是红细胞）加入标准抗 D 血清（含 Rh 因子抗体），观察有无红细胞凝集现象发生，从而判断受试者为 Rh 阳性或阴性。

## 三、实验器材

抗 A（即 B 型）标准血清、抗 B（即 A 型）标准血清、标准抗 D 血清、75%乙醇。显微镜、采血针、玻片、玻璃棒、牙签、棉球、消毒棉签。

## 四、实验步骤

### （一）ABO 血型鉴定

（1）取洁净玻片 1 块，在左、右上角分别标上“A”“B”字样，分别滴入抗 A（即 B 型）、抗 B（即 A 型）标准血清 1 滴。

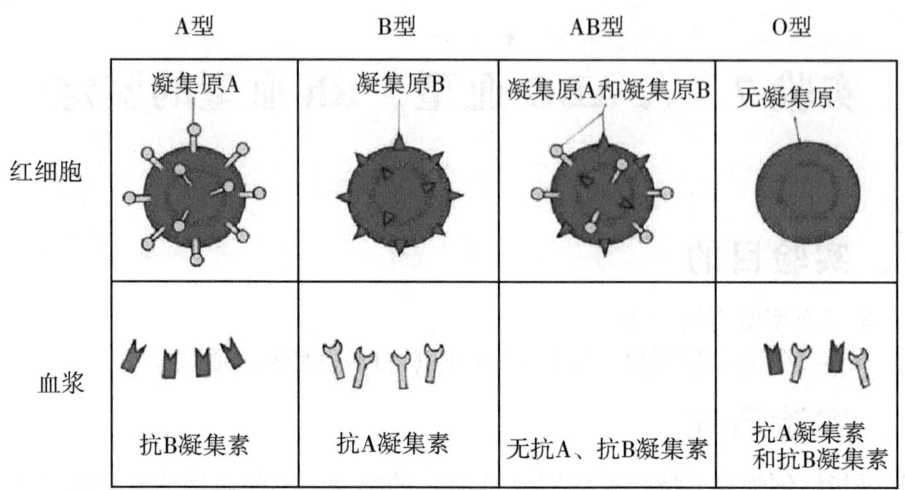


**图 6–7–1　ABO 血型系统四个基本血型类型**

（2）人指尖、采血针消毒，待乙醇挥发后采血。用干洁玻棒两端各蘸取 1 滴血液，分别与 1 种标准血清或抗体混匀（切勿混用），室温下静置几分钟，观察。

（3）观察判定：如果红细胞聚集成团，虽经振荡或轻轻搅动亦不散开，为凝集现象；红细胞散开均匀分布或虽似成团，一经振荡即散开，则为未凝集或假凝集。按图 6–7–2 判定血型。

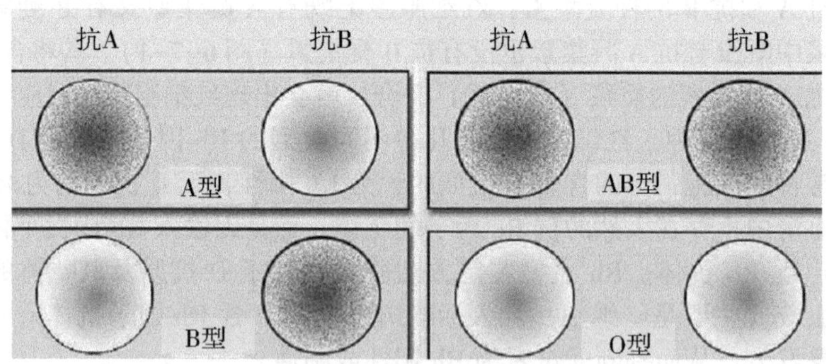


**图 6–7–2　ABO 血型鉴定**

### （二）Rh 血型鉴定

取洁净玻片 1 块，滴标准抗 D 血清 1 滴于玻片中央。按照测定 ABO 血型的采血方法采血，滴 1 滴于血清上，迅速用牙签混匀。几秒后肉眼观察有无凝集现象。根据凝集现象对受试者的血型作出判断。

## 五、注意事项

（1）往血清内滴血时应采取悬滴法，勿使手指上的残余血液接触血清，否则会影响实验结果的准确性。

（2）若肉眼观察凝集现象不明显，影响判断时，应在低倍显微镜下观察。

（3）红细胞悬液和血清应新鲜，因污染可产生假凝集现象。

## 六、课后提升

（1）统计全班各血型人数所占比例。

（2）如果只知 1 人为 A 型血，请设计无标准血清情况下测知全班人血型方案。

# 实验 8　人心音听诊及动脉血压的测定

## 一、实验目的

（1）学习心音听诊的方法，识别第一心音（S1）与第二心音（S2）。

（2）学习并掌握间接测量人体血压的原理和方法。

（3）了解影响动脉血压的因素。

## 二、实验原理

心音是由于心肌收缩和心脏瓣膜关闭引起的机械振动所产生的声音。心音可在胸壁上一定部位用听诊器听取，在每一个心动周期中，通常可以听到两个心音，即第一心音（S1）与第二心音（S2）。S1 标注收缩期开始，其音调低、持续时间长（0.14～0.16 s），在心尖部听得最清楚，它的产生主要是由于房室瓣关闭和心室肌收缩产生的振动；S2 标志舒张期开始，其音调高、持续时间较短（约 0.08 s），在心底部听得较清楚，它的产生主要是由于半月瓣关闭所产生的振动。

测定人体动脉血压最常用的方法是使用血压计。常用的是汞柱式血压计，由检压计、袖带和橡皮气球 3 部分组成。血压计测压的原理是在血管外施加不同压力，根据血管音的变化情况来间接获得动脉血压的数值。当血压计袖带加在上臂的压力超过动脉收缩压时，在肱动脉的远端（袖带下）听不到声音，也触不到肱动脉的脉搏。当外加压力等于或稍低于动脉内的收缩压而高于舒张压时，则在心脏收缩时，动脉内可由少量血液通过，而心室舒张时却无血液通过。血液断续地通过血管时产生湍流，发出血管音。当徐徐放气减少袖带内压时，听到第一个声音时水银柱对应的压力，是恰好可以完全阻断血流的最小外加压力，相当于收缩压。当外加压力等于或稍低于舒张压的瞬间，血管内血流由断续的流动变为连续流动，此时声音突然由强变弱或消失，此时袖带内的压力相当于舒张压。

## 三、实验器材

汞柱式血压计、听诊器、冰水。

## 四、实验步骤

### （一）心音听诊

#### 1. 受试者准备

受试者解开上衣，面向亮处，静坐在检查者对面。

### 2. 检查者准备

检查者戴好听诊器，注意听诊器的耳件应与外耳道开口方向一致。以右手的食指、拇指和中指轻持听诊器胸件，紧贴于受试者胸部皮肤上。

### 3. 心音听诊

按照二尖瓣听诊区、主动脉瓣听诊区、肺动脉瓣听诊区和三尖瓣听诊区（图 6-8-1）的顺序，依次仔细听取心音，注意区分两心音。

（1）二尖瓣听诊区：位于左锁骨中线第五肋间内侧，在这里听到的 S1 主要反映主动脉瓣的机能状态。

（2）主动脉瓣听诊区：位于胸骨右缘第二肋间，在这里听到的 S2 主要反映主动脉瓣的机能状态。

（3）肺动脉瓣听诊区：位于胸骨左缘第二肋间，在这里听到的 S2 主要反映肺动脉瓣的功能状态。

（4）三尖瓣听诊区：位于胸骨下端稍偏右侧，在这里听到的 S1 主要反映三尖瓣的功能状态。

### 4. 区分两心音

在每个听诊区，可根据心音的性质（音调高低、持续时间）和间隔时间的长短来仔细区别 S1 和 S2。S1 音调低沉（勒），持续较长；S2 音调高清（哒），持续较短。若难以区别时，可在听心音的同时，用手触诊颈动脉搏动，与搏动同时出现的心音为 S1。

## （二）动脉血压的测定

### 1. 受试者准备

受试者脱去右臂衣袖，取坐位，保持肢体放松、呼吸平稳与情绪稳定。右肘关节轻度弯曲，手掌向上放于实验桌上，使上臂中心部与心脏位置同高。

### 2. 安放血压计

（1）打开血压计，松开血压计橡皮球的螺丝帽，驱出袖带内残留气体，后将螺丝帽旋紧。

（2）将袖带平整、松紧适宜地缠绕右上臂（以能插入两指为宜），带下缘至少位于肘关节上 2 cm 处，开启水银槽开关。

（3）将听诊器的接耳件塞入外耳道，务必使耳件弯曲方向与外耳道一致。

（4）在肘窝内侧先用手触及肱动脉搏动所在部位，再将听诊器接胸件不留缝隙地轻轻贴在上面。

### 3. 测量血压

（1）测量收缩压。右手挤压橡皮向袖带内打气加压，同时注意倾听声音变化，在声音消失后再加压 20~30 mmHg①，随即慢慢松开气球螺丝帽，徐徐放气，在观察水银柱缓缓下降的同时仔细听诊，在听到“崩”样第一声清晰而短促的脉搏音时，血压表上所示水银柱高度即代表收缩压。

---

① 1 mmHg≈133.3 Pa。

（2）测量舒张压。使袖带继续徐徐放气，这是声音先依次增强，后又逐渐减弱，最后完全消失。在声音突然由强变弱（或声音变调）这一瞬间，血压表上所示水银柱高度代表舒张压。也有人把声音突然消失时血压计上所示水银柱高度作为舒张压，若取后者，需将所测数值加 5 mmHg 较妥。

（3）记录血压。按上述方法重复测量 3 次，取平均值。血压记录常以“收缩压/舒张压”的方式表示。成年人的血压正常值范围为（90~140 mmHg）/（60~90 mmHg）。

4. 观察诸多因素对动脉血压的影响

（1）加深加快呼吸频率：记录正常血压后，令受试者加深加快呼吸 1 min 测压。

（2）肢体运动：让受试者做原地蹲起运动，1 min 后立即坐下测压。

（3）冰水：待受试者恢复平静，让其将手放入冰水中 1 min 后测压。

## 五、注意事项

（1）实验室内应保持安静，以利于听诊。

（2）戴听诊器时，听诊器接耳件应与外耳道方向一致，即接耳件的弯曲端向前。

（3）心脏与血压计零点在同一水平。

（4）听诊器接胸件放在肱动脉搏动处时，不宜太重或太轻。

（5）压脉带放气切勿过快、过慢。

（6）重复测定血压时，袖带内压力必须降至零后再打气。

（7）血压计用毕，应将袖带内气体放尽、卷好、放置盒内，以防玻璃管折断；并关闭水银贮槽，以免水银溢出。

## 六、课后提升

（1）思考 S1 和 S2 是怎样形成的，它们有何临床意义。

（2）记录血压变化，讨论影响动脉血压的因素有哪些。

# 实验9　人体心电图的描记

## 一、实验目的

(1) 学习心电图的记录方法和心电图各波、段、间期的测量方法。
(2) 了解人体正常心电图各导联波形的特征及其生理意义。

## 二、实验原理

心脏的4个生理特性中，除收缩性外，其他3个特性都与心肌细胞的电活动有关，属于电生理特性。心脏的电活动起自窦房结，然后传给心房肌。另外，它还通过心房优势传导通路传给房室交界，再经房室束传至心室肌，引起心肌收缩。因此，心脏不同部位的兴奋有先后之分。心脏兴奋的电位变化可通过体液传播到人体表面，经体表电极引导并放大而记录下来的心脏电变化曲线，为心电图。心电图是同一时刻心脏电变化的综合体现，可反映心脏兴奋的产生、传导和恢复过程中的生物电变化。

正常心电图包括3个波、2个间期、2个段。它们的生理意义为：P波，两心房去极化过程；QRS综合波，两心室去极化过程；T波，两心室复极过程；P-R间期，代表兴奋由心房至心室之间的传导时间；Q-T间期，代表两侧心室肌从去极化开始到复极化结束的时间；P-R段，代表兴奋在房室结、房室束、左右束、浦肯野纤维的传导时间；S-T段，代表全部心室肌都处于去极化状态。

## 三、实验器材

心电图机、电极夹、检查床、导电糊、75%酒精棉球。

## 四、实验步骤

### (一) 准备工作

1. 心电图机准备

接好心电图机地线、电源线和导联线，打开电源开关，将运转控制旋钮置于“准备”档、“导联选择”放在0位，预热3~5 min。

2. 受试者准备

受试者安静平卧在检查床上，摘下眼镜、手表、手机等微型电器，全身肌肉放松。

3. 安放电极和连接导联线

裸露受试者腕部和踝部，先用75%酒精棉球脱脂，毛发多者可再涂上导电糊，以减小皮肤电阻。电极夹应安放在肌肉较少的部位，一般两臂应在腕关节上方（屈侧）约 3 cm 处，两腿应在小腿下段内踝上方约 3 cm 处。

按所用心电图机的规定，正确连接导联线。一般以 5 种不同颜色的导联线插头与身体相应部位的电极连接：上肢导联线颜色为左黄、右红；下肢导联线颜色为左绿、右黑；胸部导联线颜色为白色。常用胸部电极的位置有 6 个：V1 放置于胸骨右缘第四肋间；V2 放置于胸骨左缘第四肋间，与 V1 对称；V3 放置于 V2 与 V4 连线的中点；V4 放置于左侧锁骨中线第五肋间；V5 放置于左侧腋前线第五肋间；V6 放置于左侧腋中线第五肋间。

4. 调节基线和校正标准电压

转动调节基线旋钮，使基线位于适当位置。

将运转旋钮转换到“记录”档，开始走纸，并按动校正键，调整增益，使按下“标准电压”按钮时，心电图机产生 1 mV 标准电压，描笔振幅为 10 mm。

### （二）记录心电图

检查基线平稳、无肌电干扰和外电干扰后，选择自动记录或转动“导联选择”旋转旋钮依次记录肢体标准导联Ⅰ、Ⅱ、Ⅲ，加压单极肢体导联 aVR、aVL、aVF 和胸导联 V1~V6 的心电图，同时记录标准电压。

记录完毕后取下记录纸，写上受试者姓名、年龄、性别及实验时间。如记录纸上未打印出导联则需记下导联。

### （三）分析心电图

测量Ⅱ、V5 导联的 P 波、R 波、T 波振幅，P-R、Q-T、R-R 间期。

1. 心电图波幅的测量

基线以上的波为正波，基线以下的波为负波。测量波的振幅时，正向波由基线上缘垂直量至波顶，负向波由基线下缘垂直量至波底。P 波在Ⅱ导联中较清晰，呈正向；在 aVR 导联上全为负波；在其他导联多为正波。P 波振幅在各导联中为 0.5~2.5mm。QRS 波群，在标准导联中多呈正向波，在胸导联中变异较小。Q 波常见于Ⅱ、Ⅲ导联，振幅小于 R 波的 1/4。R 波振幅在Ⅰ、Ⅱ、Ⅲ导联中，分别在 15 mm、25 mm、20 mm 以下；在胸导联中 RV1 最低，不超过 10 mm，RV5 不应超过 25 mm。T 波方向多与 QRS 主波一致，轻度增高多无临床意义；显著增高，甚至在 V4~V6 中超过 R 波应属异常，低于同一导联中 R 波高度的 1/10，也为异常。

2. 心电图波宽的测量

自该波起始部的内缘量至终了部的内缘。走纸速度一般选 25 mm/s，此时横向 1 个小格为 0.04 s、1 个大格为 0.2 s。P 波的时间在肢导联中为 0.06~0.11 s，胸导联中多在 0.06 s 以内。QRS 时程为 0.06~0.10 s，通常以Ⅱ导联测得的数值为准。T 波时程为 0.05~0.25 s，与振幅成正比。

3. 心电图间期的测量

测定两个波之间的时程时，从第一波起始部内缘量至另一波内缘，并且正向波量基线下缘，负向波量基线上缘。正常成年人的 P-R 间期为 0.12~0.20 s，Q-T 间期正常范围应为 0.36~0.44 s。

4. 心率的测定

首先测量 5 个 R-R 间期，求出平均值。然后按下式算出心率：心率（次/min）= 60/R-R 间期时长。

## 五、注意事项

（1）心电图机一定要接好地线。

（2）没有导电糊时，可用生理盐水来替代。

（3）受试者一定要全身肌肉放松。

（4）胸导联也可以只记录 V1、V3 和 V5。

## 六、课后提升

（1）简述心电图主要包括哪些波和间期，有何生理意义。

（2）思考 P-R 间期超过 0. 2 s 时，表明心脏发生了何种疾患。

（3）思考心肌供血不足时，为什么首先影响到 T 波的形态变化。

# 实验 10　人肺通气功能的测定

## 一、实验目的

了解肺量计的构造，掌握呼吸通气量的测定方法。

## 二、实验原理

肺通气量是指单位时间内通过肺的气体流量，不同性别、年龄的人在不同运动情况下会产生不同的呼吸量。正常安静状态下每次呼吸的气量约 500 mL，称潮气量。人可以在正常吸入空气以后，再用力吸入更多的气体，而正常呼气之后，也能再用力呼气，本实验就是测量这些呼吸气量的变化。

## 三、实验器材

双锤式肺量计、橡皮接口、烧杯、75%乙醇、酒精棉球。

## 四、实验步骤

### （一）了解肺量计的构造

双锤式肺量计由 2 个对口套装的圆筒构成。外筒口向上，筒壁上有 1 个玻璃小窗口，透过玻璃窗口可看到内筒筒壁上的容积刻度，筒内有 1 根通气管，与嘴吹相连。内筒口朝下，又称浮筒，筒的顶部中央有 1 个出气口开关，两侧各有 1 个环扣，分别通过提线经过定滑轮与重锤相连。筒的前面壁上有容积刻度。当外筒灌满水后，通过吹气嘴向通气管内充气时，内筒可以上浮。根据筒内气体增加的容积，可测出吹入气体的量。

### （二）掌握双锤式肺量计的使用方法

测量前先将外筒装水至水位表要求的刻度，然后将内筒顶部中央的出气口开关打开，使内筒口朝下慢慢压到外筒底部，这样内筒内的空气全部被排出，关闭内筒的出气口开关。通过吹嘴向筒内吹气，内筒由于重锤的作用便上升；如果吸气，内筒由于负压便下降。通过内筒上的容积刻度可读出呼出或吸入的气体量。

### （三）潮气量的测定

每次平静呼吸时吸入和呼出空气的容量，约 500 mL。进行这项测量时，不要用力呼吸。记录气量并重复测 3 次，计算平均潮气量。

### （四）补吸气量的测定

正常吸气之后再用力吸入空气的容量，约 2 800 mL。正常呼吸 2~3 次后尽量深吸气，接着呼入肺量计内，只是到肋骨复位的正常呼气，不要用力，记录其气量并重复 3

次。用测量得出的数字减去潮气量即为补吸气量，重复测 3 次，计算平均补吸气量。

### (五) 补呼气量的测定

正常呼气之后再用力呼气所呼出的气体量，约 1 000 mL。正常呼吸 2~3 次后再用力呼气。重复测 3 次，计算平均补呼气量。

### (六) 肺活量的测定

平静呼吸 2~3 次，命受试者尽力作最大限度的深吸气，随机作最大限度的深呼气。此 1 次最大限度的深呼吸气量，即为肺活量，重复 3 次，取最大值。

### (七) 肺通气量的测定

1. 安静通气量的测定

将已测的潮气量乘以每分钟的呼吸频率，即为每分钟的安静通气量。

2. 最大通气量的测定

方法同安静通气量的测定。测试时，主试者发出开始口令，并同时按住秒表计时。受试者听到口令，立即开始作最深最快的呼吸，15 s 时，主试者发出停的口令，将 15 s 内各次最深呼吸量加和，再乘以 4，即为每分钟的最大通气量。

### (八) 实验记录

将实验结果填入表 6-10-1。

表 6-10-1　呼吸通气量的测定　　单位：mL

| 序号 | 最大通气量 | 潮气量 | 补吸气量 | 补呼气量 | 肺活量 | 每分安静通气量 |
|---|---|---|---|---|---|---|
| 1 | | | | | | |
| 2 | | | | | | |
| 3 | | | | | | |
| 平均 | | | | | | |

## 五、注意事项

(1) 每次使用肺量计前，应先检查肺量计是否漏气漏水。
(2) 测定时应注意防止从鼻孔和口角漏气。
(3) 测定最大通气量前，受试者最好先练习一下如何进行最深最快的呼吸。
(4) 注意用酒精棉球对吹气嘴进行消毒，预防交叉感染。

## 六、课后提升

(1) 简述呼吸通气量受哪些因素影响。
(2) 思考为什么肺活量要取最大值，时间肺活量的测定意义与肺活量有何不同。
(3) 思考为什么测定最大通气量时，只进行 15 s 深呼吸，而不是 1 min。

# 实验 11　呼吸运动的调节

## 一、实验目的

观察某些因素对呼吸运动的影响及膈肌活动时的生物电现象。

## 二、实验原理

呼吸运动能够有节律地进行，并能适应机体代谢的需要，是由于体内呼吸中枢调节的缘故。体内、外各种刺激可以作用于中枢或经不同的感受器反射性地通过膈神经和肋间神经影响呼吸肌尤其是膈肌的活动。

## 三、实验器材

1. 仪器与材料

哺乳类动物手术器械、兔手术台、MS4000U 生物机能实验系统、气管插管、50 cm 长的乳胶管、保护电极、20 mL 与 5 mL 注射器、250 mL 抽滤瓶、纱布、棉线。

家兔。

2. 试剂

生理盐水、20%氨基甲酸乙酯（urethane）、3%乳酸、$CaCO_3$、稀盐酸。

## 四、实验步骤

### （一）称重与麻醉

称量家兔体重，计算所需麻醉剂的量。

麻醉及气管插管：用 20%氨基甲酸乙酯（5 mL/kg 体重）由耳缘静脉注入，待动物麻醉后将其仰卧固定于手术台上，沿颈部正中切开皮肤，分离气管，并插入气管插管。分离出颈部双侧迷走神经穿线备用。在剑突下剪一小口，暴露剑突下的膈肌，注意切勿导致气胸。

氨甲乙酸乙酯又名乌拉坦，与氯醛糖类似，可导致较持久的浅麻醉，对呼吸无明显影响。乌拉坦对兔的麻醉作用较强，是家兔急性实验常用的麻醉药。对猫和狗则奏效较慢，对大鼠和兔能诱发肿瘤，需长期存活的慢性实验动物最好不用它麻醉。氨甲乙酸乙酯易溶于水，使用时配成 10%~25%的溶液。

家兔静脉注射一般采用耳缘静脉注射。耳缘静脉沿耳背后缘走行，较粗，剪除家兔耳表面皮肤上的毛并用水湿润局部，血管即显现出来。注射前可先轻弹或揉擦耳尖部并用手指轻压耳根部，刺入静脉（第一次进针点要尽可能靠远心端，以便为以后的进针留有余地）后顺着血管平行方向深入 1 cm，放松对耳根处血管的压迫，左手拇指和食部指移至针头刺入部位，将针头与兔耳固定。进行药物注射。若注射阻力较大或出现局部肿胀，说明针头没有刺入静脉，应立即拔出针头，在原注射点的近心段重新刺入。注射完毕，拔出针头，用棉球压住针刺孔，以免出血。若实验过程中需补充麻药或静脉给药，也可不拔出针头，而用动脉夹将针头与兔耳固定，只拔下注射器筒，用一根与针头内径吻合且长短适宜的针芯（可用针灸针代替）插入针头小管内，防止血液流失，以备下次注射时使用。

## （二）颈部手术

将动物仰卧位固定于手术台上，然后进行实验。

### 1. 颈部切开

剪去颈前皮肤上的毛。用手术刀在喉头与胸骨上缘之间沿颈腹正中线作一切口。切口的长度：兔、猫为 5~7 cm，大白鼠或豚鼠为 2.5~4 cm，狗为 10 cm。用止血钳分离皮下结缔组织，然后将切开的皮肤向两侧拉开，可见到颈部有 3 条浅层肌肉。

①胸骨乳突肌。起自胸骨，斜向外侧方头部颞骨的乳突处，在狗称为胸头肌。左右胸骨乳突肌呈“V”形斜向分布。

②胸骨舌骨肌。起自胸骨，止于舌骨体，位于颈腹正中线，左右两条平行排列，覆盖于气管腹侧面。

③胸骨甲状肌。起自胸骨和第一肋软骨，止于甲状软骨后缘正中处。

### 2. 气管切开及气管插管

气管切开术是哺乳类动物急性实验中常作的手术。一方面切开气管和插入气管插管可保证呼吸通畅；另一方面为实验要求做准备。

气管位于颈部正中位，全部被胸骨舌骨肌与胸骨甲状肌所覆盖。用止血钳分开左右胸骨舌骨肌，在正中线沿其中缝插入并向前后两端扩张创口。注意止血钳不能插入过深，以免损伤气管或其他小血管。也可用两食指沿左右胸骨舌骨肌中缝轻轻向上下拉开，此时即可见到气管。

在喉头以下气管处，分离一段气管与食管之间的结缔组织，并穿 1 根浸过生理盐水的棉线备用。于甲状软骨下 1~2 cm 处的 2 个软骨环之间，用手术刀或剪刀将气管横向切开，再向头端作一小纵向切口，使呈“⊥”形，将口径适当的气管插管由切口向胸端插入气管腔内，用备用线结扎，并再在插管的侧管上打结固定，以防插管滑出。

插入气管插管后需仔细检查，若管内有血液，必须拔出插管，经止血处理后再插入。

### 3. 颈部神经、血管分离

神经和血管都是比较娇嫩的组织，因此在剥离的过程中应细心，动作要轻柔，切不可用带齿的镊子进行剥离，也不可用止血钳或镊子夹持，以免其结构和机能受损。

剥离颈部较粗大神经和血管时，先用止血钳将神经或血管周围的结缔组织稍加分离，然后在神经或血管附近结缔组织中插入大小适合的止血钳，顺着神经或血管走行方向扩张止血钳，逐渐使其周围结缔组织剥离。分离细小神经或血管时，要特别注意保持局部的自然解剖位置，不要把结构关系弄乱，同时需用玻璃分针轻轻地进行分离。剥离组织时的用力方向应与神经或血管的走行方向一致。

分离完毕，在神经或血管的下面穿过浸有生理盐水的细线（根据需要穿 1 根或 2 根），以备刺激时提起或结扎之用。然后用 1 块浸有温热生理盐水的纱布或棉花盖在切口组织上，经常保持组织湿润。

### （三）仪器连接

将压力传感器与气管插管连接，并将侧孔夹闭。将信号线接 $CH_2$输入座。将两引导探针插入膈肌，接入 $CH_1$输入座。

依次选择“输入信号”“$CH_1$通道→肌电”“$CH_2$通道→呼吸”。

依次选择设刺激器方式：“连续单刺激”、波宽“5 ms”、延时“30 ms”，强度 6 V，波间隔 20 ms。

### （四）实验观察

（1）观察正常的呼吸曲线。适当调节气管插管另一开口大小，使呼吸曲线幅度适中，便于观察。通道 1 可见膈肌活动时的生物电现象。通道 2 可见呼吸曲线，上升相为呼气，下降相为吸气。

（2）增加二氧化碳。当呼吸平稳后，将装有 $CaCO_3$ 的三角瓶加入稀盐酸后，迅速与套在气管侧管上的橡皮管相连，观察呼吸效应。

（3）缺氧。当呼吸恢复后，将缺氧装置接气管插管侧管，观察呼吸效应。

（4）增大无效腔（长管呼吸）。当呼吸恢复后，将一段长橡皮管接气管侧管，观察呼吸效应。

（5）注射乳酸。抽取 3%乳酸 1 mL，于耳缘静脉注射观察呼吸效应。

（6）剪断迷走神经。剪断一侧迷走神经时，观察呼吸效应，稍后，剪断另一侧迷走神经时，观察呼吸效应。

## 五、注意事项

（1）气管插管前注意止血并清理气管内容物。

（2）注射乳酸时不要刺破静脉，以免乳酸外漏，引起动物躁动。

（3）气管插管侧管的夹子在实验全过程中不得更动，以免影响振幅前后比较。

## 六、课后提升

（1）简述迷走神经在节律性呼吸中起什么作用。

（2）简述如何排除本实验中出现的干扰。

# 实验 12　胃肠运动的直接观察及渗透压对小肠吸收的影响

## 一、实验目的

（1）观察动物在麻醉情况下的胃肠活动及其影响因素。

（2）了解小肠吸收与肠内容物渗透压之间的关系。

## 二、实验原理

胃肠平滑肌具有自律性活动。胃的活动主要为蠕动；肠的运动有蠕动、分节运动和摆动等。在正常机体内，胃肠运动受神经和体液因素的调节。小肠是消化产物吸收的主要部位。肠内容物的渗透压是制约小肠吸收的因素，在一定范围内，肠内容物浓度愈高，吸收愈慢；浓度过高时，则出现反渗现象。

## 三、实验器材

1. 仪器与材料

手术台、常用手术器械、棉线、10 mL 注射器。

喂饱的兔。

2. 试剂

麻醉药、台氏液、0.01%乙酰胆碱溶液、0.1%肾上腺素溶液、0.1%阿托品溶液、3% NaCl 溶液、0.9% NaCl 溶液、0.3% NaCl 溶液、饱和 $MgSO_4$溶液。

## 四、实验步骤

1. 胃肠运动的直接观察

（1）将兔麻醉仰卧固定于手术台上，剪去颈部及腹部被毛。切开颈部皮肤，分离一侧迷走神经，与其下穿 1 根线备用。剖开腹腔，暴露胃和小肠，在左侧肾上腺附近找出内脏大神经，亦于其穿 1 根线备用。切口两侧敷以温热生理盐水湿润的纱布。

（2）观察正常胃肠运动的形式和频率。

（3）以中等强度的电刺激刺激一侧迷走神经离中端，观察胃肠运动有何变化，思考其原因。

（4）刺激内脏大神经，观察胃肠运动有何变化。切断内脏大神经，观察胃肠运动又有何变化，思考其原因。

（5）用镊子轻夹小肠，观察有何现象发生，思考其原因。

（6）在小肠上滴加 0.01%乙酰胆碱溶液数滴，观察胃肠运动有何变化。冲去药物使反应消失后，再滴加 0.1%肾上腺素溶液数滴，观察胃肠运动又有何变化，思考其原因。

2. 渗透压对小肠吸收的影响：

将兔麻醉仰卧固定，剖开腹腔，拉出空肠约 20 cm，轻轻移去其中的内容物，再用棉线结扎为等长的 A、B、C 三段。在 A 段注入 0.3% NaCl 溶液 5 mL；在 B 段注入 0.9% NaCl 溶液 5 mL；在 C 段注入饱和 $MgSO_4$溶液 5 mL。然后将各肠段全部放回腹腔中，经 30 min 以上，观察各肠段内溶液被吸收的程度有何不同，思考其原因。

## 五、注意事项

（1）在实验前 2~3 h 将动物喂饱则效果较好。

（2）为避免胃肠暴露时间过长导致温度下降、表面干燥，影响胃肠运动，应随时用温热生理盐水湿润胃肠。

（3）结扎肠段时应防止把血管结扎，以免影响实验效果。

（4）注意实验动物的保温。

## 六、课后提升

观察两段结扎的空肠在分别注入 5 mL 饱和硫酸镁溶液和 30 mL 0.3% NaCl 溶液后各发生了什么变化，思考其原因。

# 实验 13　影响尿生成的因素

## 一、实验目的

了解影响尿生成的若干因素。

## 二、实验原理

尿的生成过程包括肾小球的滤过、肾小管与集合管的重吸收和分泌，凡对这些过程有影响的因素都可影响尿的生成。

## 三、实验器材

1. 仪器与材料

手术台、常用手术器械、膀胱漏斗、注射器、缝合针、棉线。

兔。

2. 试剂

10% $NaSO_4$、0.9% NaCl、20%葡萄糖、0.01%肾上腺素、生理盐水、垂体后叶激素（ADH）。

## 四、实验步骤

（1）称重，麻醉。

（2）保定，颈部被皮，颈部正中切开皮肤，分离一侧迷走神经在其下穿线备用。

（3）腹部褪皮，腹部于耻骨联合上方正中做一 2~3 cm 长的切口，暴露膀胱，先辨认清楚膀胱和输尿管的解剖部位。在膀胱腹面正中做荷包缝合，做一小切口，插入膀胱漏斗（对准输尿管），安装固定膀胱漏斗。

（4）记录对照以下 7 种情况下每分钟尿分泌的滴数。可连续记录 5~10 min，求其平均数并观察动态变化。

①观察 5~10 min 内尿的正常分泌，并计数。

②耳缘静脉注射 20%葡萄糖 10 mL，观察尿的分泌，并计数。

③刺激迷走神经离中端，观察尿的分泌，并计数。

④耳缘静脉注射 0.9% NaCl 20 mL，观察尿的分泌，并计数。

⑤耳缘静脉注射 0.1%肾上腺素 0.1~0.2 mL，观察尿的分泌，并计数。

⑥耳缘静脉注射 10% $Na_2SO_4$ 4 mL，观察尿的分泌，并计数。

⑦耳缘静脉注射垂体后叶激素 1~2 单位，观察尿的分泌，并计数。

实验结果记录结果在表6-13-1中。

表6-13-1　实验结果

| 项目 | 正常 | 注射0.9% NaCl | 注射20%葡萄糖 | 注射0.01%肾上腺素 | 注射10% $NaSO_4$ | 注射垂体后叶激素 |
|---|---|---|---|---|---|---|
| 尿量（滴/min） | | | | | | |
| 尿量（滴/min） | | | | | | |

## 五、注意事项

待尿量恢复正常后，再进行下一项实验。

## 六、课后提升

静脉注射20%葡萄糖溶液和0.9% NaCl后，观察尿量有何变化，思考其原因。

# 实验14　循环系统、呼吸系统解剖结构观察
## ——参观学习

## 一、实验目的

(1) 观察心脏的位置、外形和大体解剖结构。

(2) 了解心房、心室与出入心脏的大血管之间的联系。

(3) 观察全身主要动脉和静脉的分支及属支。

(4) 比较动脉、静脉的分布规律和结构特点。

(5) 观察鼻腔、鼻旁窦、喉、气管、支气管和肺的大体解剖结构。

(6) 观察胸膜、胸膜腔及纵隔的大体解剖结构。

## 二、实验器材

人体全尸标本，人胸腔解剖模型，人心解剖模型，人体全身动脉与静脉解剖模型，鼻腔模型，喉部解剖模型，喉软骨解剖模型，气管、支气管以及肺部解剖模型，气管和肺的组织切片。

## 三、实验步骤

### (一) 观察循环系统

1. 在人体全尸标本上观察心脏的位置

心脏被心包裹着，位于胸腔纵隔内、两肺之间。前方对应胸骨和第2~6根肋骨，后方邻近支气管、食道、迷走神经和胸主动脉等。心尖朝左前方，心底朝后方。2/3在身体正中线的左侧，1/3在身体正中线的右侧。

2. 用离体心脏标本（或模型）观察心脏外形

整个心脏呈倒置圆锥形，前后略扁，分为心尖、心底、前面（胸肋面）、后下面（隔面）和两侧面（肺面）。

心脏的4个腔表面也有相应的沟分隔。环行冠状沟相当于心房的表面分界，又称房室沟；前面的纵行沟向下达心尖右侧称前纵沟，又称前室间沟，是左、右心室在外表面的分界；隔面的纵行沟称后纵沟，又称后室间沟。

右心房上连上腔静脉，下连下腔动脉，左前方为右心耳；左心房左右两侧各有两条肺动脉通入，其前方为左心耳。右心室在右心房的前下方，其上方呈圆锥形，称动脉圆锥，向左后上延伸为肺动脉干；左心室发出的升主动脉在肺动脉干的后方行向上方，二者交叉。

3. 用离体心脏标本或心脏模型观察心脏内部

结构同侧心房和心室之间借房室口相通；左、右心房由房间隔隔开；左、右心室由室间隔隔开。右心房壁薄腔大，房腔的后方上腔静脉入口，后下方为腔静脉入口。下腔静脉口的前方为右心室口，二者之间为冠状窦口。在房间隔上有一卵圆形的前庭窗，此处房间隔最薄。右心室壁薄，腔呈月牙状。壁内表面有许多隆起的肉柱，还有3组大的肌性隆起称乳头肌。腔前上方为肺动脉口。口周围有3个半月瓣，称肺动脉瓣；腔后方为右房室口，口周围有3个三角形瓣膜，向下垂入右心室，称三尖瓣，各瓣膜借腱索分别与乳头肌相连。左心房内表面大部分光滑。腔前方为左心房室口，后部两侧各有2个肺静脉口。左心室壁最厚。腔呈圆锥形，底部有2个口，在房室口的周围，有2片瓣膜称二尖瓣，借腱索与室壁上的乳头肌相连。主动脉口位于右前，有3个半月形瓣膜，称主动脉瓣，呈口袋状，袋口朝向主动脉。心壁由心内膜、心肌层和心外膜构成。

4. 用模型观察心脏传导系统

①窦房结。位于上腔静脉与右心房交界处的心外膜深面。

②房室结。位于房间隔下部，右心房冠状窦口后方的心内膜深面。

③房室束。起始于房室结，走向室间隔。然后分为左、右两束支，分别行于左、右两室壁内，并在心内膜下分支于心室壁内。

5. 心脏的血管

观察心脏模型。心脏主要由冠状动脉营养。心脏的静脉大部分汇集于冠状沟后部分的冠状窦口，注入右心房。

6. 全身主要动脉和静脉的分支和分布

（1）肺循环的动脉和静脉。

①肺动脉起自有心室的动脉圆锥，向左后上行延伸为短而粗的肺动脉干，行至主动脉弓的下方，于平第4胸椎处分为左、右肺动脉。左肺动脉较短，横行向左跨过左支气管前方至肺门入左肺；右肺动脉较长，向右经升主动脉和上腔静脉的后方至肺门入右肺。

②肺静脉左、右各2条，起自左、右肺门，分别通入左心房，无瓣膜。

（2）体循环的动脉和静脉。

①动脉。动脉主要有主动脉、颈总动脉、锁骨下动脉、上肢的动脉、腹腔的动脉、髂总动脉、髂内动脉、髂外动脉、下肢的动脉。

A. 主动脉。主动脉起自左心室，先向右上行，称升主动脉，再弯向左后方，称主动脉弓。主动脉弓行至第4胸椎左侧沿脊柱下降，于第12胸椎水平穿过膈肌主动脉裂孔进入腹腔。从第4胸椎左侧开始至膈肌一段降主动脉称为胸主动脉，穿膈肌后进入腹腔的降主动脉称为腹主动脉。腹主动脉行至第4腰椎下缘分为左、右髂总动脉。

B. 颈总动脉。右颈总动脉起于头臂干（无名动脉，起于主动脉弓），左颈总动脉起于主动脉弓，分别沿气管两侧上行至甲状软骨上缘分为颈内动脉（入颅分布于脑和眼）和颈外动脉（分布于甲状腺、喉、舌、牙、面、枕等头颈部）。颈总动脉沿途无分支，在颈内、外动脉分叉处有 2 个重要结构，即颈动脉窦（压力感受器）和颈动脉体（化学感受器）。前者为颈内动脉起始处的膨大部分，后者位于颈内、外动脉分叉处的后内侧，为红褐色的圆形小体。

C. 锁骨下动脉。锁骨下动脉左侧起自主动脉弓，右侧起自头臂干。左、右锁骨下动脉出胸廓上口到颈部，穿斜角肌间隙至第 1 肋外缘移行为腋动脉。锁骨下动脉的主要分支有椎动脉、胸廓内动脉、甲状颈干、肋颈干。

D. 上肢的动脉。由锁骨下动脉移行来的腋动脉（行于腋窝深部）至大圆肌下缘移行为肱动脉。肱动脉沿肱二头肌内侧沟下行，入肘窝深部，在平桡骨颈处分为桡动脉和尺动脉（在肘窝稍上，肱二头肌腱上内侧可摸到肱动脉的搏动，此处为测血压时听诊的部位）。桡动脉与桡骨平行下行，经手背至手掌，其终支与尺动脉掌深支吻合成掌深弓。其下段位置浅，为临床切脉的部位。尺动脉比桡动脉略粗，斜向尺侧下行，其终支与桡动脉掌浅支吻合成掌浅弓。

E. 腹腔的动脉。主干是腹主动脉，其分支有壁支和脏支两种。壁支分为膈下动脉（左右各一，分布于膈下和肾上腺上部）、腰动脉（有 4 对，分布于腰部和腹外侧壁，并有小支进入椎管，营养脊髓）、骶中动脉（1 支，沿骶骨下行入盆，营养附近组织）。脏支有成对的肾动脉、肾上腺中动脉、睾丸动脉（或卵巢动脉）；不成对的有腹腔动脉（行至胰腺上缘分为胃左动脉、肝总动脉和脾动脉）、肠系膜上动脉（平第 1 腰椎发出，分布于胰、十二指肠、空肠、回肠、盲肠、升结肠、横结肠）、肠系膜下动脉（平第 3 腰椎发出，分布于降结肠、乙状结肠、直肠上部）。

F. 髂总动脉。左、右髂总动脉各沿腰大肌内侧向外下行，至骶髂关节前方分为髂内动脉和髂外动脉。

G. 髂内动脉。入盆腔分为壁支和脏支。壁支的分支有闭孔动脉、髂腰动脉、骶外侧动脉、臀上动脉、臀下动脉；脏支的分支有脐动脉、膀胱下动脉、直肠下动脉、子宫动脉、阴部内动脉。

H. 髂外动脉。髂外动脉为下肢动脉的主干，自骶髂关节处沿腰肌内侧下降，至腹股沟韧带中点处，经腹股沟韧带深面进入大腿前部移行为股动脉。髂外动脉在腹股沟韧带上方发出腹壁下动脉。

I. 下肢的动脉。主干为髂外动脉移行的股动脉。股动脉经收肌管穿大收肌进入腘窝改名为腘动脉。股动脉在腹股沟韧带下方发出股深动脉，分布于股前、后肌群。腘动脉下行至腘肌下缘分为胫前动脉和胫后动脉。胫前动脉在小腿前群肌间下降至踝关节前移行为足背动脉。胫后动脉在小腿后面浅、深屈肌之间下降，经内踝的后方入足底。

②静脉。静脉分浅、深 2 组。浅静脉在浅筋膜内行走，无动脉伴行。深静脉大多与动脉伴行并同名。观察静脉主要观察较大浅静脉和深静脉。

A. 上腔静脉系。上腔静脉系由上腔静脉及其属支组成，收纳来自头、颈、上肢、胸部（除心脏外）的一切静脉。上腔静脉的属支有左、右无名静脉（头臂静脉）和奇静脉。无名静脉左右各一，分别由同侧的锁骨下静脉和颈内静脉在同侧的胸锁关节后方汇合而成，汇合处所成的夹角称静脉角。颈内静脉收集脑膜、脑、视器以及头面部的静脉血。锁骨下静脉收集来自上肢的静脉血液。

B. 上肢的浅静脉主要有头静脉（起手背静脉网的桡侧，沿桡侧皮下上行）、肘正中静脉（临床注射、输液、输血常通过肘部浅静脉进行），这些浅静脉最后都汇集注入上肢的深静脉，即腋静脉。

C. 下腔静脉系。下腔静脉系由下腔静脉及其属支组成，收集下肢、盆部及腹部等处的静脉血。下腔静脉是人体最大的静脉，在第 5 腰椎右前方由左、右髂总静脉汇合而成，上行于腹主动脉的右侧，穿膈的腔静脉孔进入心包，开口于右心房。髂总静脉左右各一，粗短，由髂内、外静脉在骶髂关节前方汇合而成。髂内静脉与同名动脉伴行，其属支分为壁支和脏支，也分别与髂内动脉的壁支、脏支同名伴行。髂外静脉是股静脉的直接延续，收集下肢的浅、深静脉血。下肢的深静脉与同名动脉伴行，从足到小腿都是每条动脉有 2 条静脉伴行，在腘窝处合成 1 条腘静脉上行经收肌管裂孔续为股静脉。下肢的浅静脉均起于足背静脉弓。其中，小隐静脉经外踝后方上行，沿途收集小腿浅静脉汇入腘静脉；大隐静脉经内踝前方上行，经卵圆窝汇入股静脉。下腔静脉在上行途中还收纳腰静脉（4 对）、膈下静脉、肾静脉、肾上腺静脉、睾丸静脉（男）或卵巢静脉（女）、肝静脉（肝右静脉、肝中静脉、肝左静脉）。

D. 门静脉系。门静脉系由门静脉及其属支组成。门静脉行于肝十二指肠韧带内，长 6~8 cm，门静脉收纳脾、胰、胆囊、胃、小肠、大肠（直到直肠上部）等器官的静脉血，行至肝门处分 2 支进入肝左、右叶，在肝内反复分支，最后汇入肝血窦（肝内毛细血管网）。肝血窦同时接受门静脉分支和肝固有动脉分支导入的血液，再经其引流入肝静脉。可见，门静脉与一般合成主干以后不再分支的静脉不同，它是介于 2 种毛细血管之间的静脉干，而且没有功能性静脉瓣（故门静脉内压力升高时，血流易发生倒流）。门静脉系的主要机能是将肠道吸收的营养物质输送到肝，在肝内进行合成、解毒和贮存，分泌胆汁，可视为肝的功能性血管。

## （二）观察呼吸系统

### 1. 鼻腔及鼻旁窦的大体解剖结构

（1）鼻腔。

鼻腔可分为前部的鼻前庭和后部的固有鼻腔。固有鼻腔外侧壁自上而下有 3 个鼻甲，分别为上鼻甲、中鼻甲和下鼻甲。各鼻甲下方有鼻道，依次为上鼻道、中鼻道和下鼻道。

（2）鼻旁窦。

鼻腔周围颅骨中含有空气的腔，包括上颌窦、额窦、蝶窦和筛窦，均与鼻腔相通，开口于鼻道。鼻旁窦的黏膜相延续。

### 2. 喉的大体解剖结构

喉位于颈前部正中，上通喉咽部，下接气管。喉以软骨为支架，借关节、韧带、喉肌连接，内面衬以黏膜构成。喉软骨有甲状软骨、环状软骨、会厌软骨和杓状软骨。

喉腔中部侧壁有 2 对矢状位的黏膜皱襞，上方 1 对称室襞，下方 1 对称声襞（声带）。两室襞之间的裂隙有前庭裂，两声襞的裂隙有声门裂。观察喉前庭、喉中间腔和喉下腔中间腔向两侧凹入的间隙——喉室。

3. 气管、支气管和肺的大体解剖结构

（1）气管和支气管。

气管由 14~16 个"C"形软骨环和其间的结缔组织所构成，内有黏膜。软骨环缺口向下，被膜性壁封闭。气管上接环状软骨，在食管前方垂直下降，入胸腔后在胸骨角平面分为左右支气管入肺。左支气管较细长，走向略倾斜，右支气管较短，走向较陡直。

（2）肺。

左右两肺位于胸腔内，中间隔以纵隔。纵隔是指两肺之间的整个区域，在这一区域中有气管、支气管、心脏、大血管及食管等。

肺呈半圆锥形，上端为肺尖，下端为肺底。肺尖高出锁骨内侧上方 2~3 cm。肺底位于隔及上面，略向上凸，两肺内侧面朝纵隔，称纵隔面，其中间有一凹陷，称肺门。肺门是神经、血管、淋巴管和支气管交汇处，周围有许多肺门淋巴结。两肺与肋及肋间肌相连的面称圆凸状，称肋面。

肺有 3 个缘，前缘、后缘和下缘。后缘钝圆，前缘和下缘较锐利，左肺前缘下部有 1 个明显的弧形凹陷，称心切迹。

左肺被斜裂分为上、下两叶，右肺除有相应的斜裂以外，尚有 1 个近于水平方位的水平裂，因此右肺被分为上叶、中叶和下叶。

4. 用胸腔解剖标本观察胸膜及胸膜腔

胸腔为浆膜，分浆层和壁层两部分。脏层紧贴内表面，壁层紧贴于纵隔两侧胸壁内面和隔的上面。脏层和壁层在肺门处互相移行。脏、壁两层之间的狭窄间隙称胸腔膜。

## 四、课后提升

（1）简述肝门静脉有哪些属支，它收集腹腔内哪些脏器的静脉血。

（2）简述主动脉的行程及分支。

（3）思考可根据哪些特征来区分食管、胃、小肠和气管。

# 实验 15　消化系统、泌尿生殖系统解剖结构观察

——参观学习

## 一、实验目的

（1）观察消化系统的组成和大体解剖结构。

（2）通过观察食管、胃及小肠来了解消化管壁的一般组织结构，结合机能比较观察食管、胃、小肠的黏膜结构特点。

（3）观察肾的位置、形态和结构。观察输尿管和膀胱的位置、形态及大体解剖结构。

（4）观察男、女生殖系统的组成及其各器官的大体解剖结构。

## 二、实验器材

人体全尸标本，头部正中矢状切面标本或模型，喉标本、唾液腺解剖标本，腹部解剖标本，舌、食管、胃、小肠、阑尾、大肠和肝、胰的离体标本，人体胸腹部脏器解剖模型，肾解剖放大模型，泌尿系统解剖模型，男、女生殖系统解剖模型，睾丸、卵巢、子宫壁切片，已切除胃、肠等腹部器官的腹腔解剖标本及模型。

## 三、实验步骤

### （一）观察消化系统各部的大体解剖结构

1. 口腔

用头部正中矢状切面标本或模型观察。口腔以牙裂分为口腔前庭和固有口腔两部分。口腔器官包括舌、牙、唾液腺、腭与扁桃体。

①舌。在舌上面（背面）有人字形结构，把舌分为 1/3 的舌体，尖端为舌尖。舌背表面有许多黏膜突起，称舌乳头。按形态结构可分为 4 种，分别为丝状乳头、菌状乳头、轮廓乳头和叶状乳头，均分布于舌背部。丝状乳头：数量最多，遍布于舌背，乳头呈圆锥形，尖端略向咽部倾斜，有利于食物的吞咽。如果形成剥脱状不规则，形成了病理状态叫地图舌。菌状乳头：因呈蘑菇状而得名，数量较少，主要散在分布于舌尖和舌缘的丝状乳头之间。当菌状乳头发炎，出现增生、肿胀、充血，并且呈草莓状时，临床称之为草莓舌。轮廓乳头：位于舌界沟前方，形体较大，顶部平坦，在乳头的边缘处有环沟，轮廓乳头内有味蕾，有感受味觉的功能。叶状乳头：位于舌的两侧、界沟前方，随着年龄增长而逐渐退化，正常情况下叶状乳头不明显，若发生炎症可能引起局部的肿痛。

②牙。分辨切牙、尖牙、前磨牙和磨牙，每个牙都可分为牙冠、牙颈和牙根 3 部分。

③腭与扁桃体。前部为硬腭，后部为软腭。在软腭的游离缘中央有向下圆形突起，称悬雍垂。悬雍垂两侧有两对弓形皱襞，前方有舌腭弓，后方为咽腭弓。两壁之间的隐窝内有扁桃体。在软腭后缘、两侧舌腭弓和舌根共同围成咽峡，是口腔和咽的分界处。

④唾液腺。唾液腺主要有 3 对，腮腺位于耳前下方，下颌下腺位于下颌骨体内面，舌下腺位于口底黏膜深面，下颌下腺和舌下腺共同开口于舌下肉阜。

2. 咽

观察喉标本，咽位于鼻腔、口腔和喉的后方，是漏斗形、前后略扁的肌性管道。咽的上方接颅底，下方在第 6 颈椎下缘高度延续为食管。咽可分为鼻咽部、口咽部和喉咽部。咽是消化道和消化道的共同通道。

3. 食管

用食管标本观察食管的形态和位置。食管是 1 条肌形管道，位于脊柱的前方、气管的后方，上端和喉部相连，下端经贲门与胃相连。食管全长约 25 cm，主要有 3 处狭窄部。

4. 胃

用腹腔解剖标本、胃的离体标本或模型观察胃的位置、形态和分部。胃大部分位于左季肋区，是消化管中最膨大的肌性囊。位于食管相接处的出口称幽门。胃与食管交接处，靠近贲门的部分称贲门部，向左上方膨出的部分称胃底，胃的中部称胃底，胃的下端与十二指肠相接的部分称幽门部。胃的上缘较短，朝向右上方称为小弯，下缘较长朝左下方，称胃大弯。在胃的解剖开标本上可见其内壁上有许多黏膜皱襞，在皱襞的表面有许多针尖大小的小窝，称胃小凹，是胃腺的开口处。

5. 小肠

用腹腔解剖标本和小肠各部的剖开标本观察小肠的位置、形态和分部。小肠位于腹腔的中部和下部，分为十二指肠、空肠和回肠 3 部分。

①十二指肠。十二指肠上连胃的幽门部，下续空肠。其长度相当于本人的 12 根手指的横径，呈“C”形包绕胰头，可分为上部、降部、下部和升部。在降部的后内侧的黏膜上有十二指肠乳头，为胆总管和胰管的共同开口。

②空肠和回肠。空肠占小肠全长的 2/5，位于腹腔左上部，管壁较薄，血管分布较丰富，回肠占 3/5，位于腹腔的右下部，管壁薄。观察剖开的空肠和回肠标本，可见黏膜表面有许多环形皱襞和绒毛结构，以及淋巴孤结和淋巴集结。

6. 大肠

用大肠解剖标本观察。大肠在右髂窝以盲肠起始，并于回肠相接，以直肠终于肛门，可分为盲肠、阑尾、结肠和直肠等。

大肠外部形态上有 3 个特点：肠管表面有由纵行肌增厚形成的 3 条纵行结肠带；各结肠带间肠表面有许多横沟，相邻两横沟间的囊状突起，称结肠袋；结肠带附近有许多大小不等的脂肪突起，称肠指垂。

①盲肠与阑尾。盲肠位于右髂窝内，下方附有阑尾（蚓突），其长度因人而异，一

般有 7~9 cm，回肠末端突入盲肠，在开口的上、下各有一半月形皱襞，称回盲瓣，有防止大肠内容物逆流的作用。

②结肠。结肠围绕在小肠周围，形似方框，介于盲肠与直肠之间，可分为升结肠、横结肠、降结肠和乙状结肠 4 部分。

③直肠。直肠位于盆腔内，骶、尾骨的前方，长 15~16 cm。由第 3 骶椎前方起下行穿过盆腔终于肛门。

7. 肝

用腹腔解剖标本和离体肝的标本观察。肝的大部分位右季肋区，上面凹隆与隔接触，称隔面。其表面借镰状韧带分为左、右两叶，左叶小而薄，右叶大而厚。肝的下面与许多脏器毗邻，称脏面。脏面中央有一横沟即为肝门，有肝动脉、胆总管、门静脉和神经在此进出。右侧纵沟前段容纳胆囊，后段容纳下腔静脉，左纵沟内前半有肝圆韧带，后半有静脉韧带。

8. 胰

用胰的离体标本观察。胰位于胃的后方，在第 1、第 2 腰椎高度，横位于腹后壁，可分为头、体、尾 3 部分。胰的外分泌部分泌胰液，经胰导管排入十二指肠。内分泌部即胰岛，分泌物通过血液循环送到全身。

## （二）观察泌尿系统各部的大体解剖结构

1. 肾的位置、形态及被膜

肾左、右各一，位于腹腔后上部，脊柱两侧。前面有腹膜遮盖，右肾较左肾略低。肾形似蚕豆，表面光滑，肾的内侧缘中部凹陷称肾门，是肾动脉、肾静脉、淋巴管、神经和输尿管出入处。肾表面包有纤维膜，纤维膜外包有由丰富的脂肪构成的脂肪囊，再外面有较致密的肾筋膜。

2. 肾的大体解剖结构

用肾的额状切面标本观察。色深位于外周的为皮质，而色浅位于肾深部的为髓质。髓质由十几个肾锥体构成，锥体的底部朝向皮质，尖部钝圆为肾乳头。肾乳头有许多小孔，开口于肾小盏。肾的部分皮质可伸入到髓质，部分髓质也伸入到皮质。伸入锥体之间的皮质为肾柱，除此以外的皮质为迷路。从锥体有髓质的条纹呈辐射状延伸入皮质为髓放线。每个肾有 7~8 个肾小盏。肾小盏为漏斗形膜状小管围绕肾乳头，每个肾小盏包围 1~2 个肾乳头，相邻的 2~3 个肾小盏再合并成 1 个肾大盏（每个肾有 2~3 个肾大盏），肾大盏合并成 1 个扁平漏斗状的肾盂。肾盂出肾门后移行为输尿管。

3. 输尿管及膀胱

用已切除胃、肠等腹部器官的腹腔解剖标本及模型观察。

（1）输尿管。

输尿管左右各 1 条，起自肾盂，位于腹膜后方，沿腰大肌前面下行入骨盆腔，开口于膀胱底。

（2）膀胱。

空虚的膀胱为锥体形，顶端细小，朝向前上方为膀胱顶。底部朝向后下方呈三角形，为膀胱底。两者之间的大部分为膀胱体。空虚的膀胱全部位于骨盆腔内，耻骨联合的后方。膀胱内有 3 个开口，膀胱三角底的两端各有 1 个输尿管的开口，三角尖端为尿道内口。

### （三）观察生殖系统各部的大体解剖结构

#### 1. 男性生殖器官

用男性骨盆正中矢断面标本或模型、男性生殖器官离体标本或模型观察。

（1）睾丸。

睾丸位于阴囊内，左右各一。睾丸表面有鞘膜，鞘膜分脏、壁两层。脏层紧贴在睾丸表面，壁层贴附在阴囊内面，两层之间为鞘膜腔。睾丸表面有一层坚韧的纤维膜称白膜。白膜内侧还有一薄层结缔组织膜，称血管膜。白膜在睾丸后缘处增厚形成睾丸纵隔。睾丸纵隔的结缔组织伸入睾丸实质，形成一些睾丸小隔，呈放射状伸向睾丸白膜，把睾丸分成许多大小不等的睾丸小叶，每个小叶内有 1~4 条曲细精管。

（2）附睾。

附睾紧贴在睾丸的上端和后缘，上端膨大为附睾头，中部为附睾体，下端较细为附睾尾。附睾尾向上移行为输精管。

（3）输精管和射精管。

输精管从附睾尾起向上行加入精索，沿阴囊的两侧向上，经腹股沟管皮下环入腹股沟管，再经腹股沟管腹环进入腹腔和盆腔。输精管行至膀胱后面，在左、右精囊腺之间膨大，称输精管壶腹，其末端变细，与精囊腺排泄管汇合成细的射精管，穿过前列腺，开口与尿道前列腺部。

（4）精囊腺。

精囊腺位于膀胱后方、输精管壶腹的外侧，是 1 对长椭圆形的囊状器官。其下端细小为排泄管，与输精管末端合成射精管。

（5）前列腺。

前列腺位于膀胱下部，为不成对的栗子状器官，包围在尿道的起始部（尿道前列腺部）。

（6）阴茎。

阴茎分根、体和头 3 部，阴茎外包有皮肤，主要由 2 个阴茎海绵体和 1 个尿道海绵体构成。阴茎海绵体位于阴茎背侧，左右各一。尿道海绵体位于阴茎海绵体之间的腹侧，尿道贯穿其全长。尿道海绵体的前端膨大为阴茎，其尖端有呈矢状位的尿道外口。

（7）尿道。

尿道起始于膀胱的尿道内口，贯穿前列腺和尿道海绵体，止于阴茎的尿道外口。尿道可分为前列腺、膜部和海绵体部。

#### 2. 女性生殖器官

用女性骨盆正中矢状断面标本或模型及女性生殖器官离体标本或模型观察。

（1）卵巢。

卵巢为 1 对扁椭圆形的器官，位于骨盆侧壁，髂内及髂外动脉所夹的卵巢窝内。卵巢借卵巢悬韧带和卵巢固有韧带固定于骨盆腔内。

（2）输卵管。

输卵管位于子宫两侧，子宫阔韧带上缘内，为1对喇叭形弯曲的肌性管道。它的内侧端开口于子宫腔，外侧端以输卵管腹腔口开口于腹腔。它由内向外分为4部分：子宫部，位于子宫壁内；输卵管峡部，为细而直的一段；输卵管壶腹部，是管径粗而较弯曲的部分；最外端呈漏斗状，是输卵管漏斗部，其周缘不齐，有许多指状突起，称输卵管伞。

（3）子宫。

子宫位于膀胱与直肠之间，为前后稍扁的倒梨形器官。子宫分为底、体、颈。子宫底是两侧输卵管子宫部以上凹隆部分；子宫颈为下端峡细部分；底与颈之间称子宫体。子宫体的内腔呈前后扁的倒三角形，称子宫腔。子宫颈的内腔称子宫颈管，有内、外2个口，子宫颈管外口（宫口）开口于阴道。成年女性子宫的正常位置为前倾前屈位。

（4）阴道。

阴道前为膀胱和尿道，后是直肠，为前后较扁的肌性管道，上端连于子宫，下端较狭窄，以阴道口开口于阴道前庭。

（5）女性外生殖器官。

观察阴阜、大阴唇、小阴唇、阴蒂、阴道前庭等部分。

（6）尿道。

它较男性尿道短，起自膀胱的尿道内口，在阴道之前，开口于阴道前庭。

## 四、课后提升

（1）简述胃、肺、肝和肾位置、形态和结构特征。

（2）简述肝、胆囊及胰的输出管道如何联系，通至何处。

# 参考文献

艾洪滨，2014. 人体解剖生理学实验教程［M］. 3 版 . 北京：科学出版社 .

左明雪，2003. 人体解剖生理学［M］. 3 版 . 北京：高等教育出版社 .

# 附　　录

# 附录1　无菌操作技术及注意事项

## 一、玻璃器皿的消毒和清洁

### （一）新购玻璃器皿的处理

新购玻璃器皿应用热肥皂水洗刷，流水冲洗，再用1%~2%盐酸溶液浸泡，以除去游离碱，再用水冲洗。对容量较大的器皿如试剂瓶、烧瓶或量具等，经清水洗净后应注入浓盐酸少许，慢慢转动，使盐酸布满容器内壁数分钟后倾出盐酸，再用水冲洗。

### （二）污染玻璃器皿的处理

（1）一般试管或容器可用3%煤酚皂溶液或5%石炭酸浸泡，再煮沸30 min，或在3%~5%漂白粉澄清液内浸泡4 h；也可用肥皂或合成洗涤剂洗刷使尽量产生泡沫，然后用清水冲洗至无泡沫为止。最后用少量蒸馏水冲洗。

（2）细菌培养用的试管和培养皿可先行集中，用1 $kg/cm^2$高压灭菌15~30 min，再依次用热水洗涤、肥皂洗刷、流水冲洗。

（3）吸管使用后应集中于3%煤酚皂溶液中浸泡24 h，逐支用流水反复冲洗，再用蒸馏水冲洗。

（4）油蜡沾污的器皿，应单独灭菌洗涤，先将沾有油污的物质弃去，倒置于吸水纸上，100 ℃烘干0.5 h，再依次用碱水煮沸、肥皂洗涤、流水冲洗。必要时可用二甲苯或汽油去油污。

（5）染料沾污的器皿，可先用水冲洗，后用清洁或稀盐酸洗脱染料，再用清水冲洗。一般染色剂呈碱性，所以不宜用碱性的肥皂水洗涤。

（6）玻片可置于3%煤酚皂溶液中浸泡，取出后流水冲洗，再用肥皂水或弱碱性溶液煮沸，自然冷却后，流水冲洗。被结核杆菌污染或不易洗净的玻片，可置于清洁液内浸泡后再冲洗。

## 二、无菌器材和液体的准备

将玻璃器具中的培养皿、培养瓶、试管、吸管等按上述方法洗净烘干后，用一洁净纸包好瓶口并把吸管尾端塞上棉花，装入干净的铝盒或铁盒中，于120 ℃的干燥箱中干燥灭菌2 h，取出备用。

对于手术器械、瓶塞、工作服以及新配制的PBS洗液，则采用高压蒸汽灭菌法，加热20 min。

## 三、无菌操作过程

在无菌操作过程中，最重要的是要保持工作区的无菌、清洁。因此，在操作前20~

30 min 要先启动超净台和紫外灯，并认真洗手和消毒。在操作时，严禁喧哗，严禁用手直接拿无菌物品，如瓶塞等，而必须用消毒的止血钳、镊子等。培养瓶应在超净台内操作，并且在开启和加盖瓶塞时需反复用酒精灯烧烤。对于吸管，应先用手拿后 1/3 处，戴上胶皮乳头，并用酒精灯烧烤之后再吸液体。

## 四、常用清洁液的配制法

重铬酸钾清洁液，可根据不同需要选用下列的任何一种浓度配方。

| 成分 | 配方 1 | 配方 2 | 配方 3 | 配方 4 | 配方 5 |
| --- | --- | --- | --- | --- | --- |
| 重铬酸钾/g | 80 | 60 | 200 | 60 | 100 |
| 粗浓硫酸/mL | 100 | 90 | 500 | 460 | 800 |
| 水/mL | 1 000 | 750 | 500 | 300 | 200 |

# 附录 2　培养基的配制配方

1. 牛肉膏蛋白胨培养基（培养细菌用）

| | |
|---|---|
| 牛肉膏 | 3 g |
| 蛋白胨 | 10 g |
| 氯化钠 | 5 g |
| 琼脂 | 15~20 g |
| pH 值 | 7.0~7.2 |
| 水 | 1 000 mL |

121 ℃灭菌 20 min。

2. 合成培养基

| | |
|---|---|
| 偏磷酸铵 | 1 g |
| 氯化钾 | 0.2 g |
| 七水合硫酸镁 | 0.2 g |
| 豆芽汁 | 10 mL |
| 琼脂 | 20 g |
| 蒸馏水 | 1 000 mL |
| pH 值 | 7.0 |

加 12 mL 0.04% 的溴钾酚紫（pH 5.2~6.8，颜色由黄变紫，作指示剂）。121 ℃灭菌 20 min。

3. 淀粉培养基

| | |
|---|---|
| 蛋白胨 | 10 g |
| 牛肉膏 | 5 g |
| 氯化钠 | 5 g |
| 可溶性淀粉 | 2 g |
| 蒸馏水 | 1 000 mL |
| 琼脂 | 15~20 g |

121 ℃灭菌 20 min。

4. 明胶培养基

| 牛肉膏蛋白胨液 | 100 mL |
|---|---|
| 明胶 | 12~18 g |
| pH 值 | 7.6 |

在水浴锅中将上述成分溶化，不断搅拌。溶化后调 pH 7.2~7.4。121 ℃灭菌 30 min。

5. 蛋白胨水培养基

| 蛋白胨 | 10 g |
|---|---|
| 氯化钠 | 5 g |
| 蒸馏水 | 1 000 mL |
| pH 值 | 7.6 |

121 ℃灭菌 20 min。

6. 葡萄糖蛋白胨水培养基

| 蛋白胨 | 5 g |
|---|---|
| 葡糖糖 | 5 g |
| 磷酸氢二钾 | 2 g |
| 蒸馏水 | 1 000 mL |

将上述各成分溶于 1 000 mL 水中，调 pH 7.0~7.2，过滤。分装试管，每管 10 mL，112 ℃灭菌 30 min。

7. 柠檬酸盐培养基

| 磷酸二氢铵 | 1 g |
|---|---|
| 磷酸氢二钾 | 1 g |
| 氯化钠 | 5 g |
| 硫酸镁 | 0.2 g |
| 柠檬酸钠 | 2 g |
| 琼脂 | 15~20 g |
| 蒸馏水 | 1 000 mL |
| 1%溴麝香草酚蓝乙醇液 | 10 mL |

培养基的配制：将上述各成分加热溶解后，调 pH 6.8，然后加入指示剂，摇匀，用脱脂棉过滤。制成后为黄绿色，分装试管，121 ℃灭菌 20 min 后制成斜面，注意配制时控制好 pH 值，不要过碱，以黄绿色为准。

## 8. 伊红美蓝培养基（EMB 培养基）

| | |
|---|---|
| 蛋白胨水培养基 | 100 mL |
| 20%乳糖溶液 | 2 mL |
| 2%伊红水溶液 | 2 mL |
| 0.5%美蓝水溶液 | 1 mL |

培养基的配制：将已灭菌的蛋白胨水培养基（pH 7.6）加热熔化，冷却至 60 ℃左右时，再把已灭菌的乳糖溶液，伊红水溶液及美蓝水溶液按上述量以无菌操作加入。摇匀后，立即倒平板。乳糖在高温灭菌易被破坏必须严格控制灭菌温度，115 ℃灭菌 20 min。

## 9. 乳糖蛋白胨培养液（“水的细菌学检查”用）

| | |
|---|---|
| 蛋白胨 | 10 g |
| 牛肉膏 | 3 g |
| 乳糖 | 5 g |
| 氯化钠 | 5 g |
| 1.6%溴甲酚紫乙醇溶液 | 1 mL |
| 蒸馏水 | 1 000 mL |

培养基的配制：将蛋白胨、牛肉膏、乳糖及氯化钠加热溶解于 1 000 mL 蒸馏水中，调 pH 值至 7.2~7.4。加入 1.6%溴甲酚紫乙醇溶液 1 mL，充分混匀，分装于有小倒管的试管中。115 ℃灭菌 20 min。

# 生物科学实验指导（下）

◎ 徐丽萍　焦子伟　主编

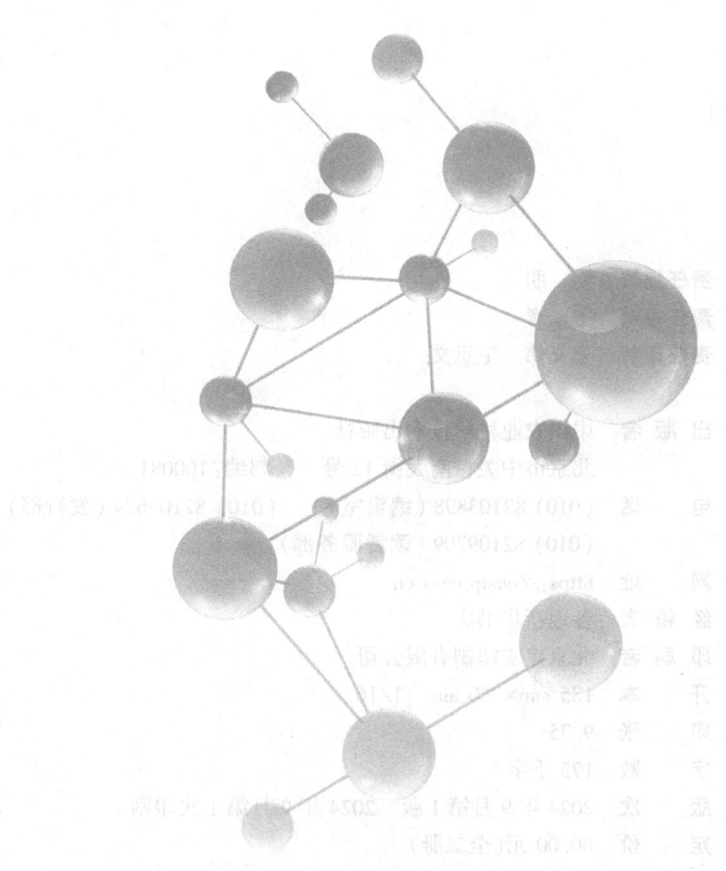

中国农业科学技术出版社

**图书在版编目(CIP)数据**

生物科学实验指导．下 / 徐丽萍，焦子伟主编．北京：中国农业科学技术出版社，2024. 9. --ISBN 978-7-5116-6986-5

Ⅰ. Q-33

中国国家版本馆 CIP 数据核字第 2024X87F56 号

**责任编辑** 周　朋
**责任校对** 王　彦
**责任印制** 姜义伟　王思文

**出 版 者** 中国农业科学技术出版社
北京市中关村南大街 12 号　　邮编：100081
**电　　话** (010) 82103898 (编辑室)　(010) 82106624 (发行部)
(010) 82109709 (读者服务部)
**网　　址** https://castp.caas.cn
**经 销 者** 各地新华书店
**印 刷 者** 北京建宏印刷有限公司
**开　　本** 185 mm×260 mm　1/16
**印　　张** 9. 75
**字　　数** 175 千字
**版　　次** 2024 年 9 月第 1 版　2024 年 9 月第 1 次印刷
**定　　价** 60. 00 元(全二册)

## 《生物科学实验指导（下）》
## 编写指导委员会

张　维　任　刚　焦子伟　陈晓露
相吉山　徐丽萍　任艳利　尚天翠

## 编写人员

**主　　编：** 徐丽萍　焦子伟
**副 主 编：**（按姓氏拼音排序）
巴雅尔塔　包莹莹　曹文秋　符　娜
韩大勇　何杰丽　江波拉提·松哈提
李高峰　李　静　梁　健
努尔买买提·依力亚斯　尚天翠
吾尔恩·阿合别尔迪　吴　钒
杨晓绒　再娜古丽·君居列克
张定国　张雪梅　郑荣倩

# 前　言

伊犁师范大学生物科学专业于20世纪80年代开始招收专科生，2003年开始招收本科生，2019年开始招收学科教学（生物）专业硕士以及生物学硕士生。经过20多年的探索实践，生物科学专业现已成为新疆维吾尔自治区（以下简称自治区）生物科学重点专业、自治区生物科学一流专业，现有师资力量雄厚，拥有自治区生物实验示范中心、微生物重点实验室等多个实验平台，培养的学生已广泛分布自治区内外，受到用人单位的一致好评。

为了更好地使生物科学专业立足地方、服务地方，培养具备生物学基础理论、基本知识和基本技能，能够运用所掌握的理论知识和技能从事生物学及相关学科的教学、教育管理等工作的德、智、体全面发展的人才，根据伊犁哈萨克自治州特有生物资源优势，结合本专业的培养目标，生物科学与技术学院组织生物科学教研室的教师编写了《生物科学实验指导（上）》《生物科学实验指导（下）》，旨在加强该专业学生实践技能、创新技能的培训，也可为生物工程等专业提供参考。

本书分上、下两册，共10篇，《生物科学实验指导（上）》包括第一至第六篇，《生物科学实验指导（下）》包括第七至第十篇。努尔买买提·依力亚斯、徐丽萍编写了第一篇植物学实验，曹文秋、包莹莹编写了第二篇动物学实验，吾尔恩·阿哈别尔迪、梁健编写了第三篇微生物学实验，吴钒、再娜古丽·君居列克编写了第四篇生物化学实验，巴雅尔塔、韩大勇编写了第五篇生态学实验，李静编写了第六篇人体解剖生理学实验，徐丽萍、江波拉提·松哈提编写了第七篇植物生理学实验，再娜古丽·君居列克编写了第八篇分子生物学实验，杨晓绒、张定国编写了第九篇遗传学实验，郑荣倩编写了第十篇细胞生物学实验。尚天翠、张雪梅、何杰丽、符娜结合实验室情况提出修改意见，其余部分由徐丽萍进行了收集与整理，并对全书进行了统稿与订正，焦子伟统筹全稿，李高峰指导全书，包莹莹协助排版。

由于编者水平有限，编写时间仓促，书中疏漏之处在所难免，谨请广大读者批评指正，以便进一步充实完善。

**伊犁师范大学**

**生物科学与技术学院**

**2024年3月**

# 生物科学专业实验室规则

为了保证各实验的顺利进行，培养同学们掌握良好、规范的基本实验技能，特制定以下实验守则，请同学们严格遵守。

1. 实验前应提前预习实验指导书并复习相关知识。

2. 严格按照实验分组，分批进入实验室，不得迟到。非本实验组的同学不准进入实验室。

3. 进入实验室必须穿实验服。进入各自实验小组实验台后，保持安静，不得大声喧哗和嬉戏，不得无故离开本实验台随便走动。绝对禁止用实验仪器或药物开玩笑。

4. 实验中应保持实验台的整洁，废液倒入废液桶中，禁止直接倒入水槽中；用过的滤纸放入垃圾桶中，禁止随地乱丢。

5. 实验中要注意节约试剂；爱护仪器，使用前应了解其使用方法，使用时要严格遵守操作规程，不得擅自移动。若仪器因非实验性损坏，由损坏者赔还。

6. 使用水、火、电时，要做到人在使用，人走关水、断电、熄火。

7. 做完实验要清洗仪器、器皿，并放回原位，擦净桌面。

8. 实验后，要及时完成实验报告。

# 生物科学专业实验要求

## 一、实验目的

通过实验课教学验证、加深理解和巩固课堂讲授所学知识，熟悉生物学的基本操作技术，提高动手能力、独立工作能力、团队协作能力及观察分析问题的能力。

## 二、实验要求

1. 学生应按规定时间提前进入实验室。保持实验室安静，不得进行与实验无关的活动。

2. 实验用的一切工具，在使用前应核对清楚，实验后清洗干净，查点清楚，原样放回，完成实验记录。

3. 观察及绘图务求精细准确，独立思考，独立完成。

4. 每次的实验报告应在教师指定时间内完成。

5. 实验结束，在离开实验室前，应清理好自己的实验桌，要轮流打扫实验室，保持整洁。

6. 爱护实验室的一切物品，避免损坏或浪费。损坏物品时，应主动向教师报告，由教师处理。

## 三、绘图注意事项

1. 生物绘图以科学性为主，首先从理论上对所绘标本有一定了解，认真观察标本，掌握其各种特征，再严谨绘图。

2. 只在纸的一面绘图，铅笔应经常保持尖锐，纸面力求整洁。

3. 绘图的大小应适宜，图的各部分结构必须按要求表示清楚。一般较大的图每页绘一个，同一类的小图可以在一张纸上绘数个，但应在纸上适当安排，预留标注字的空地。

4. 绘图时先把标本放在一个适宜的位置，能展现出图中要求表示的各部分。先测量或估量一下标本的大小、长宽比例，确定应放大或缩小的倍数。再开始绘图。

5. 先用软铅笔（HB）把标本形态结构的轮廓及主要部分轻轻画出（线条要细要轻），如标本是两侧对称，则应先画一条线垂直经过图的正中，这样易将两部分画得相称。

6. 根据草图添绘各部分的详细结构，最后用硬铅笔（2H 或 3H）以清晰的笔画绘出全图。线条要均匀一致，不要有接痕。以点点表示标本上的凹凸、深浅、层次、结构的立体感等，要将笔垂直于图。

7. 绘图纸上所有的字都必须用硬铅笔以楷书写出，不可潦草。图上的标注字应横写，并且最好在两侧排成竖行，上下尽可能平齐。标注字引线尽量水平拉出。图的标题应写在该图的下面中央。在纸的上方居中写出本实验的题目，并在纸的右上角写上学生姓名、座号及实验日期。

8. 所有的图都要注释完全。

## 四、实验报告

1. 除绘图外，实验报告还包括解答实验指导中提出的问题和必要的记录等，并应把它写在笔记本上。实验指导中的问题是为了启发学生进行思考。

2. 实验报告须用钢笔或圆珠笔书写，不宜太密，两行之间应留适当空隙，以便教师修改。每篇实验报告及笔记均另起一页，并写上实验指导的号数及题目。

3. 写报告时切记下列几点：

（1）记载要正确、简明、突出要点；

（2）记载要条理分明；

（3）实验报告是记录个人在实验中观察到的内容和对观察的解释，不可照抄实验指导和教材中的内容。

# 目　录

## 第七篇　植物生理学实验



## 第八篇　分子生物学实验

## 第九篇　遗传学实验



## 第十篇　细胞生物学实验指导

# 第七篇
# 植物生理学实验

# 实验1 种子生活力的测定

## 一、实验目的

学会常见种子生活力的测定方法。

## 二、实验原理

1. 氯化三苯基四氮唑（TTC）法

凡有生活力的种子胚部在呼吸作用过程中都有氧化还原反应，而无生活力的种胚则无此反应。当 TTC 溶液渗入种胚的活细胞内，并作为氢受体被脱氢辅酶（NADH 或 NADPH）还原时，可产生红色的三苯基甲腙（TTF），胚便染成红色。当种胚生活力下降时，呼吸作用明显减弱，脱氢酶的活性亦大大下降，胚的颜色变化不明显，故可由染色的程度推知种子的生活力强弱。TTC 还原反应中，TTC（无色）被还原成 TTF（红色）。

2. 红墨水（酸性大红 G）染色法

有生活力的种子胚细胞的原生质膜具有选择透过性，有选择性吸收外界物质的能力，某些染料如红墨水中的酸性大红 G 不能进入细胞内，胚部不染色。而丧失活力的种子胚部细胞原生质膜丧失了选择吸收的能力，染料可进入细胞内使胚部染色，所以可根据种子胚部是否染色来判断种子的生活力。

3. 溴麝香草酚蓝（BTB）染色法

凡有生活力的种子能不断地进行呼吸作用，吸收空气中的 $O_2$，同时放出 $CO_2$，$CO_2$ 溶于水生成 $H_2CO_3$，$H_2CO_3$ 不稳定解离成 $H^+$ 和 $HCO_3^-$。由于 $H_2CO_3$ 不断解离，就使周围介质酸度逐步增加，可用 BTB 测定出酸度的改变。

BTB 变色范围为 pH 6.0~7.6，在酸性介质中呈黄色，在碱性介质中呈蓝色，中间经过绿色（变色点为 pH 7.1）。

## 三、实验器材

1. 仪器与材料

恒温箱、培养皿、镊子、垫板（切种子用）、单面刀片、解剖针、滤纸、药物天平、搪瓷盘、烧杯、漏斗、电炉、50 mL 量筒、棕色试剂瓶、pH 试纸。

玉米、小麦等作物的新种子、陈种子或死种子（将种子在沸水中煮沸 3~5 min，作为死种子）。

2. 试剂

（1）TTC 溶液：取 1 g TTC 溶于 1 L 蒸馏水或冷开水中，配制成 0.1%的 TTC 溶液。

药液 pH 值应在 6.5~7.5，以 pH 试纸试之（如不易溶解，可先加少量酒精，使其溶解后再加水）。TTC 溶液最好现配现用，如需贮藏则应贮于棕色瓶中，放在阴凉黑暗处，如溶液变红则不可再用。染色温度一般以 25~35 ℃为宜。

（2）红墨水溶液：取市售红墨水稀释 20 倍（1 份红墨水加 19 份自来水）作为染色剂。

（3）0.1%BTB 溶液：称取 BTB 0.1 g，溶解于煮沸过的自来水中，然后用滤纸滤去残渣。滤液若呈黄色，可加数滴稀氨水，使之变为蓝色或蓝绿色，此液长期贮存于棕色瓶中。

（4）1.5%BTB 琼脂凝胶：取 0.1%BTB 溶液 40 mL 置于烧杯中，另称取 0.5 g 琼脂，将其剪碎后加入杯中，用小火（电炉）加热并不断搅拌。待琼脂完全溶解，稍冷却即可趁热倒入 9 cm 培养皿中，使之成一均匀的薄层，完全冷却后备用。

## 四、实验步骤

1. 氯化三苯基四氮唑（TTC）法

（1）将玉米、小麦等作物的新种子、陈种子或死种子，用温水（30 ℃）浸泡 2~6 h，使种子充分吸胀。有生活力的种子特点：胚发育良好、完整、整个胚染成鲜红色；子叶有小部分坏死，其部位不是胚中轴和子叶连接处；胚根尖虽有小部分坏死，但其他部位完好。无生活力的种子特点：胚全部或大部分不染色；胚根不染色部分不限于根尖；子叶不染色或丧失机能的组织超过 1/2；胚染成很淡的紫红色或淡灰红色；子叶与胚中轴的连接处或在胚根上有坏死的部分；胚根受伤以及发育不良的未成熟的种子。

（2）随机取种子 2 份，每份 50 粒，沿种胚中央准确切开，取每粒种子的1/2备用。

（3）把切好的种子分别放在培养皿中，加 TTC 溶液，以浸没种子为度。

（4）放入 30~35 ℃的恒温箱内保温 30 min. 也可在 20 ℃左右的室温下放置 40~60 min。

（5）倾出药液，用自来水冲洗 2~3 次，立即观察种胚着色情况，判断种子有无生活力。将判断结果记入表 7-1-1。

表 7-1-1　氯化三苯基四氮唑（TTC）法测定种子生活力记录表

| 方法 | 种子名称 | 供试粒数 | 有生活力种子粒数 | 无生活力种子粒数 | 有生活力种子粒数占供试粒数的百分比 |
|---|---|---|---|---|---|
| | | | | | |
| | | | | | |
| | | | | | |

（6）不同作物种子生活力的测定，所需试剂浓度、浸泡时间、染色时间不同。主要作物种子生活力测定所需条件见表 7-1-2。

表 7-1-2　TTC 法测定主要作物种子生活力要点

| 作物 | 种子准备 | TTC 浓度/% | 在 35 ℃下染色时间/h |
| --- | --- | --- | --- |
| 水稻 | 去壳纵切 | 0.1 | 2~3 |
| 高粱、玉米及麦类作物 | 纵切 | 0.1 | 0.5~1 |
| 棉花、荞麦、蓖麻 | 剥去种皮 | 1.0 | 2~3 |
| 花生、甜菜、大麻、向日葵 | 剥去种皮 | 0.1 | 3~4 |
| 大豆、菜豆、亚麻、二叶草 | 无须准备 | 1.0 | 3~4 |

### 2. 红墨水（酸性大红 G）染色法

（1）先将待测种子用水浸泡 3~4 h，待充分吸胀。

（2）取浸好的新种子、陈种子和死种子各 50 粒，如为小麦和玉米种子，则用单面刀片沿胚部中线纵切成两半，其中一半用于测定。

（3）将备好的种子分别放在培养皿内，加入红墨水溶液，以浸没种子为度。

（4）染色 10~20 min 后倒出溶液，用自来水反复冲洗种子，直到所染颜色不再洗出为止。

（5）对比观察冲洗后的新种子、陈种子和死种子胚部着色情况。凡胚部不着色或略带浅红色者，即具有生活力的种子，若胚部染成与胚乳相同的红色，则为死种子，将测定结果记入表 7-1-3。

表 7-1-3　红墨水（酸性大红 G）测定种子生活力记录表

| 方法 | 种子名称 | 供试粒数 | 有生活力种子粒数 | 无生活力种子粒数 | 有生活力种子粒数占供试粒数的百分比 |
| --- | --- | --- | --- | --- | --- |
| | | | | | |
| | | | | | |
| | | | | | |

### 3. BTB 染色法

（1）将待测种子在 30~35 ℃温水中浸种 5 h 左右，以增强种胚的呼吸强度。

（2）取吸胀种子 10 粒，整齐地埋于备好的琼脂凝胶中，注意要将胚埋入凝胶中。将培养皿置于 35 ℃温箱中 1 h 可见结果，2 h 以上结果更为明显。观察种胚周围出现黄色晕圈的是活种子，否则是死种子。

（3）逐一数出种胚周围出现黄色晕圈的种子数，并计算出有生活力种子的百分率。记录表参照表 7-1-3。

## 五、课后提升

（1）种子生活力受哪些因素影响？

（2）除了染色法，还有哪些方法能鉴定种子生活力？

# 实验 2　种子发芽试验

## 一、实验目的

（1）了解种子发芽试验的流程。

（2）学会设计常规的种子发芽试验。

## 二、实验原理

种子发芽是一个复杂的过程，涉及种子内部生理机制的启动和外部环境因素的相互作用。发芽在实验室内幼苗出现和生长达到一定阶段，幼苗的主要构造表明在田间的适宜条件下能否进一步生长成为正常的植株。正常幼苗在良好土壤及适宜水分、温度和光照条件下，具有继续生长发育成为正常植株的幼苗。不正常幼苗生长在良好土壤、适宜水分、温度和光照条件下，不能继续生长发育成为正常植株的幼苗。未发芽种子在规定条件下，试验末期仍不能发芽的种子，包括硬实、新鲜不发芽的种子，死种子（通常变软、变色、发霉、并没有幼苗生长的迹象）及其他类型（如空的、无胚或虫蛀的种子）。新鲜不发芽种子由生理休眠所引起，试验期间保持清洁和一定硬度，有生长成为正常幼苗种子的潜力。

## 三、实验器材

1. 仪器和材料

镊子、培养皿、烧杯、吸管、滤纸、剪子、标签、笔、记录本。

种子。

2. 试剂

2%NaClO、清水。

## 四、实验步骤

（1）泡种：3~4 h，对取回的种子批样品（1 万~2.5 万 kg 为 1 个种子批），随机或用四分法取出 300~500 粒。

（2）清洗：清水冲洗 3~4 遍。

（3）消毒：2% NaClO 进行浸泡消毒 15 min。

（4）清洗：清水冲洗 3~4 遍。

（5）器皿准备：培养皿用清水冲洗干净，表面无水珠。

（6）种子摆放：铺好大小适中的滤纸，麦种的种子沟朝下，紧贴滤纸，种子相互之间保持一定距离，保持滤纸湿润。在培养皿上贴上标签。

（7）冷处理：2~6 ℃的冰箱里放置12~24 h，刺激种子打破休眠，加快发芽，提高整齐度。

（8）发芽：20 ℃较干燥的空气环境下放置48~72 h。

（9）保湿：期间每天加水2~3次，保证种子与滤纸之间有水层，但不能过多。

（10）冲洗：每天早晚各1次用清水冲洗种子。

（11）调查：从浸泡当天算起，第3、第4、第5天分别调查1次，把发芽种子和发霉种子挑出，并作记录。

每次实验结束后做好记录和实验报告，并妥善保管，以备查阅。第一时间报告发芽情况，以供决策本批种子的处理方案。对本次实验中的失误、特殊情况和处理改进作详细记录。

## 五、课后提升

课后探究各种影响因素，如温度、光照、水分、盐胁迫等，对种子萌发的影响。参考国标GB/T 3543. 4—1995《农作物种子检验规程发芽试验》。

# 实验3　植物的无土培养和缺素症状

## 一、实验目的

学习溶液培养的技术，并证明氮、磷、钾、钙、镁、铁诸元素对植物生长发育的重要性。

## 二、实验原理

植物正常生长发育需要多种矿质元素。但要确定各种元素是否为植物所必需，必须借助无土培养法（溶液培养和砂基培养法）才能解决。近年来，无土栽培不仅作为一种研究手段，而且成为新的生产方式，在蔬菜、花卉生产中开始大规模应用。用植物必需的矿质元素按一定比例配成培养液来培养植物，可使植物正常生长发育，如缺少某一必需元素，则会表现出缺素症。将所缺元素加入培养液中，缺素症状又可逐渐消失。

## 三、实验器材

1. 仪器与材料

25 mL 和 500 mL 烧杯各 1 个；吸量管 1 mL 1 支，5 mL 10 支；1 000 mL量筒 1 个；培养瓶（可用 1 000 mL塑料广口瓶或瓷质、玻璃质培养缸）7 个；黑色蜡光纸适量；塑料纱网纱布（15 cm×15 cm）1 块；精密 pH 试纸（pH 5~6）或广泛 pH 指示剂；搪瓷盘（带盖）1 个；石英砂适量；陶质花盆 1 个；500 mL 试剂瓶 11 个。

高活力玉米（或番茄、向日葵）种子。

2. 试剂

$Ca(NO_3)_2 \cdot 4H_2O$、$KNO_3$、$MgSO_4 \cdot 7H_2O$、$KH_2PO_4$、$K_2SO_4$、$CaCl_2$、$NaH_2PO_4$、$NaNO_3$、$Na_2SO_4$、EDTA-$Na_2$、$FeSO_4 \cdot 7H_2O$。以上试剂均需分析纯。

## 四、实验步骤

1. 培苗

用搪瓷盘装入一定量的石英砂或洁净的河沙，将已浸泡过夜的种子均匀地排列在砂面上，再覆盖 1 层石英砂，保持湿润，然后放置在温暖处发芽。第 1 片真叶完全展开后，选择生长一致的幼苗，备用。

2. 配制贮备液

（1）用蒸馏水按表 7-3-1 配制大量元素贮备液，按表 7-3-2 配制铁（EDTA-Fe）贮备液。

表 7-3-1 大量元素贮备液配制

| 成分 | 浓度/（g/L） |
|---|---|
| $Ca(NO_3)_2 \cdot 4H_2O$ | 236.0 |
| $KNO_3$ | 102.0 |
| $MgSO_4 \cdot 7H_2O$ | 98.0 |
| $KH_2PO_4$ | 27.0 |
| $K_2SO_4$ | 88.0 |
| $CaCl_2$ | 111.0 |
| $NaH_2PO_4$ | 24.0 |
| $NaNO_3$ | 170.0 |
| $Na_2SO_4$ | 21.0 |

表 7-3-2 铁（EDTA-Fe）贮备液配制

| 成分 | 浓度/（g/L） |
|---|---|
| EDTA-$Na_2$ | 7.45 |
| $FeSO_4 \cdot 7H_2O$ | 5.57 |

（2）微量元素贮备液配制：称取 $H_3BO_4$ 2.86 g、$MnCl_2 \cdot 4H_2O$ 1.81 g、$CuSO_4 \cdot 5H_2O$ 0.08 g、$ZnSO_4 \cdot 7H_2O$ 0.22 g、$H_2MoO_4 \cdot H_2O$ 0.09 g，溶于 1 L 蒸馏水中。

（3）配好以上贮备液后，再用蒸馏水按表 7-3-3 配成完全培养液或缺乏某元素（缺素）的培养液，调节 pH 值至 5.5~5.8。

表 7-3-3 完全培养液和各种缺素培养液配制表

| 贮备液 | 每 100 mL 培养液中各种贮备液的用量/mL | | | | | | |
|---|---|---|---|---|---|---|---|
| | 完全 | 缺 N | 缺 P | 缺 K | 缺 Ca | 缺 Mg | 缺 Fe |
| $Ca(NO_3)_2$ | 0.5 | — | 0.5 | 0.5 | — | 0.5 | 0.5 |
| $KNO_3$ | 0.5 | — | 0.5 | — | 0.5 | 0.5 | 0.5 |
| $MgSO_4$ | 0.5 | 0.5 | 0.5 | 0.5 | 0.5 | — | 0.5 |
| $KH_2PO_4$ | 0.5 | 0.5 | — | — | 0.5 | 0.5 | 0.5 |
| $K_2SO_4$ | — | 0.5 | 0.1 | — | — | — | — |
| $CaCl_2$ | — | 0.5 | — | — | — | — | — |
| $NaH_2PO_4$ | — | — | — | 0.5 | — | — | — |
| $NaNO_3$ | — | — | — | 0.5 | 0.5 | — | — |

（续表）

| 贮备液 | 每 100 mL 培养液中各种贮备液的用量/mL | | | | | | |
|---|---|---|---|---|---|---|---|
| | 完全 | 缺 N | 缺 P | 缺 K | 缺 Ca | 缺 Mg | 缺 Fe |
| $Na_2SO_4$ | — | — | — | — | — | 0.5 | — |
| EDTA-Fe | 0.5 | 0.5 | 0.5 | 0.5 | 0.5 | 0.5 | — |
| 微量元素 | 0.1 | 0.1 | 0.1 | 0.1 | 0.1 | 0.1 | 0.1 |

3. 幼苗培养

取 7 个 1 000 mL 塑料广口瓶，分别装入配制的完全培养液及各种缺素培养液 900 mL，贴上标签，写明日期。然后把各瓶用黑色蜡光纸或黑纸包起来（黑面向里），或用报纸包 3 层，用 0.3 mm 的橡胶垫做成瓶盖，并用打孔器在瓶盖中间打一圆孔，把选好的植株去掉胚乳，并用棉花缠裹住茎基部，小心地通过圆孔固定在瓶盖上，使整个根系浸入培养液中，装好后将培养瓶放在阳光充足、温度适宜（20~25 ℃）的地方，培养 3~4 周。

实验开始后每 2 天观察 1 次，并用精密 pH 试纸检查培养液的 pH 值，如高于 6，应用稀盐酸调整到 5~6。

为了使根系氧气充足，每天定时向培养液中充气，或在盖与溶液间保留一定空隙，以利通气。培养液每隔 1 周需更换 1 次。注意记录缺乏必需元素时所表现的症状和最先出现症状的部位。待各缺素培养液中的幼苗表现出明显症状后，可把缺素培养液一律更换为完全培养液，观察症状逐渐消失的情况，并记录结果。

## 五、课后提升

（1）为什么说无土培养是研究矿质营养的重要方法？

（2）比较溶液培养和砂基培养的优缺点。

（3）进行溶液培养或砂基培养有时会失败，主要原因何在？

# 实验 4　植物激素对愈伤组织形成和分化的影响

## 一、实验目的

(1) 学习组织培养操作的流程。

(2) 掌握植物激素在愈伤组织形成和分化的作用，以及在试验中如何调试激素比。

## 二、实验原理

在植物组织培养中，原已分化的外植体（根、茎、叶、花、果实、种子、花粉等）细胞，又能重新进行分裂生长，形成没有组织结构的细胞团，即愈伤组织，这个过程称为脱分化。愈伤组织经过继代培养后又可分化形成根和芽，称为再分化。植物激素在再分化中起重要作用。

愈伤组织分化根和芽受培养基中生长素和细胞分裂素的相对浓度的影响：生长素/细胞分裂素比值高时，促进根的分化；比值低时，则促进芽的分化；两种激素比值适中时，则愈伤组织生长占优势或不分化。这样，通过改变两种激素的相对浓度即可有效地调节愈伤组织再分化的进程。

## 三、实验器材

1. 仪器与材料

超净工作台；高压灭菌锅 1 个；手术刀 1 把；长柄镊子 1 把；三角瓶 4 支；容量瓶 25 mL、50 mL、500 mL、1 000 mL各 1 支；吸量管 1 mL、2 mL、5 mL、10 mL 各 1 支；培养皿 1 个；量杯 1 000 mL 1 个；烧杯 1 000 mL 1 个；酒精灯 1 个；牛皮纸；白线绳；培养室。

开花前 2~3 天已露白的菊花花蕾。

2. 试剂

75%乙醇、1% NaClO、1 mol/L HCl、琼脂、6－苄基腺嘌呤（6－BA）、萘乙酸（NAA）、MS 培养基中的各种化合物［见“四、实验步骤”中的“（一）配制培养基”］。

## 四、实验步骤

### (一) 配制培养基

按 MS 培养基配方，先配制各母液。

1. 10 倍（10×）大量元素

按表 7－4－1 配制 10×大量元素，用蒸馏水溶解并定容至 1 000 mL。

**表 7-4-1　10×大量元素配制表**　　单位：g

| $NH_4NO_3$ | $KNO_3$ | $CaCl_2 \cdot 2H_2O$ | $MgSO_4 \cdot 7H_2O$ | $KH_2PO_4$ |
|---|---|---|---|---|
| 16.5 | 19 | 4.4 | 3.7 | 1.7 |

2. 100 倍（100×）微量元素

按表 7-4-2 配制 100×微量元素，用蒸馏水溶解并定容至 1 000 mL。

**表 7-4-2　100×微量元素配制表**

| 成分 | 用量/mg |
|---|---|
| KI | 83 |
| $H_3BO_4$ | 620 |
| $MnSO_4 \cdot 4H_2O$ | 2 230 |
| $ZnSO_4 \cdot 7H_2O$ | 860 |
| $Na_2MoO_4 \cdot 2H_2O$ | 25 |
| $CuSO_4 \cdot 5H_2O$ | 2.5 |
| $CoCl_2 \cdot 6H_2O$ | 2.5 |

3. 200 倍（200×）铁盐

称 EDTA-$Na_2$ 3.37 g、$FeSO_4 \cdot 7H_2O$ 2.78 g，用蒸馏水溶解并定容至 500 mL。

4. 有机成分母液

（1）20 mg/mL 肌醇：称取 2 g 肌醇，用蒸馏水溶解后定容至 100 mL。

（2）0.5 mg/mL 烟酸：称取 12.5 mg 烟酸，用蒸馏水溶解后定容至 25 mL。

（3）1 mg/mL 甘氨酸：称取 25 mg 甘氨酸，用蒸馏水溶解后定容至 25 mL。

（4）0.5 mg/mL 盐酸吡哆醇（维生素 $B_6$）：称取 12.5 mg 盐酸吡哆醇，用蒸馏水溶解后定容至 25 mL。

（5）0.1 mg/mL 盐酸硫胺素（维生素 $B_1$）：称取 10 mg 盐酸硫胺素，用蒸馏水溶解后定容至 100 mL。

5. 植物激素母液

（1）0.1 mg/mL NAA：称取 10 mg NAA，用少量 95%乙醇溶解后，用蒸馏水定容至 100 mL。

（2）1 mg/mL 6-BA：称取 50 mg 6-BA，用少量 1 mol/L 的 HCl 溶解后，用蒸馏水定容至 50 mL。

6. MS 培养基

将各种元素的母液混合，配制成 MS 培养基，其中 1 L 体积中所含各种元素的母液含量如表 7-4-3 所示。

表 7-4-3 1 L MS 培养基配制表

| 成分 | 用量 | 成分 | 用量 |
| --- | --- | --- | --- |
| 10×大量元素母液 | 100 mL | 100×微量元素母液 | 10 mL |
| 200×铁盐母液 | 5 mL | 20 mg/mL 肌醇 | 5 mL |
| 1 mg/mL 甘氨酸 | 2 mL | 0.5 mg/mL 烟酸 | 1 mL |
| 0.5 mg/mL 盐酸吡哆醇 | 1 mL | 蔗糖 | 30 g |
| 0.1 mg/mL 盐酸硫胺素 | 1 mL | 琼脂 | 9 g |

按照表 7-4-4 分别加入 NAA 和 6-BA 母液（每升 MS 培养基），制备 1~4 号激素培养基。

表 7-4-4 激素培养基配制表

| 成分 | 1 号培养基 | 2 号培养基 | 3 号培养基 | 4 号培养基 |
| --- | --- | --- | --- | --- |
| 0.1 mg/mL NAA | 0.1 mL | 0.2 mL | 0.1 mL | 0 |
| 1 mg/mL 6-BA | 3 mL | 3 mL | 0 | 3 mL |

注：一般是先加激素再灭菌，不过有些受热易挥发的并且微量的激素可以灭菌后在超净台上添加。

7. 培养基配制步骤

（1）在烧杯中放入一些蒸馏水。

（2）按照表 7-4-3 分别取母液倒入。

（3）称取 10~15 g 蔗糖倒入，搅拌溶解。

（4）加蒸馏水，用量筒定容至 1 L。

（5）按设计好的方案添加各种激素，由于激素的用量很小，而且激素对组培植物的生长至关重要，所以有条件的话最好用微量可调移液器吸取，减少误差。

（6）用精密试纸或酸度计调整 pH 值至 5.7~5.8（有条件的话使用酸度计，比较精确）。可用 1 mol/L HCl 和 1 mol/L NaOH 来调溶液 pH 值。

（7）称取 5g 左右琼脂粉（质量好的琼脂粉），倒入以上配好的溶液中，放在电炉上加热至沸腾，直到琼脂粉熔化。

（8）稍微冷却后，分装入培养容器中。无盖的培养容器要用封口膜或牛皮纸封口，用橡皮筋或绳子扎紧。将实验中所用的其他器材和试剂灭菌，保证培养基和材料都无菌。

（9）放入消毒灭菌锅灭菌 20 min 左右（102.9 kPa，121~126 ℃）。

（10）灭菌后从灭菌锅中取出培养基，平放在实验台上待其冷却凝固。

## （二）材料的灭菌与接种

取开花前 2~3 天已露白的菊花花蕾，先用自来水冲洗花蕾，然后在 75%乙醇中浸泡 15 s，后用无菌水冲洗 2 次，再用 1%NaClO 浸泡 15 min，并不时地轻轻搅动。用无菌水清洗 3 次，再转入放有滤纸而又无菌的培养皿中，用剪刀剪取舌状花，用解剖刀切取舌状花的 5 mm 见方大小的小块，一个 100 mL 的三角瓶中放入 6 ~ 8 个小块。接种后放到培养室中培养。培养室内的温度为（25±2）℃，日光灯每天照明 12 h，光照强度约 2 000 lx。在温室内培养过程中，经常检查，及时剔除污染的材料或三角瓶。

### （三）结果观察和记录

接种后注意观察记录 1 ~ 4 号培养基外植体上愈伤组织和根芽出现的时间和数量，加以分析比较。

## 五、课后提升

（1）植物激素与愈伤组织形成和器官分化有何关系？

（2）在组织培养过程中应注意些什么？

# 实验5　叶绿素含量的测定

## 一、实验目的

（1）学会使用分光光度计。

（2）掌握叶绿素含量测定的原理。

## 二、实验原理

根据叶绿体色素提取液对可见光谱的吸收，利用分光光度计在某一特定波长测定其吸光值，即可用公式计算出提取液中各色素的含量。根据朗伯-比尔定律，某有色溶液的吸光值 $A$ 与其中溶质浓度 $C$ 和液层厚度 $L$ 成正比，即 $A=\alpha CL$，$\alpha$ 为比例常数。当溶液浓度以百分浓度为单位，液层厚度为 1 cm 时，$\alpha$ 为该物质的吸光系数。各种有色物质溶液在不同波长下的吸光系数可通过测定已知浓度的纯物质在不同波长下的吸光值而求得。

如果溶液中有数种吸光物质，则此混合液在某一波长下的总吸光值等于各组分在相应波长下吸光值的总和，这就是吸光值的加和性。若要测定叶绿体色素混合提取液中叶绿素 a、叶绿素 b 和类胡萝卜素的含量，只需测定该提取液在 3 个特定波长下的吸光值 $A$，并根据叶绿素 a、叶绿素 b 及类胡萝卜素在该波长下的吸光系数即可求出其浓度。在测定叶绿素 a、叶绿素 b 时，为了排除类胡萝卜素的干扰，所用单色光的波长选择叶绿素在红光区的最大吸收峰。

已知叶绿素 a、叶绿素 b 的 80%丙酮溶液在红外区的最大吸收峰分别位于 663 nm、645 nm 处。

已知 80%丙酮溶液中的叶绿素 a 和叶绿素 b 在波长 663 nm 下吸光系数分别为 82.04 和 9.27；在波长 645 nm 下吸光系数分别为 16.75 和 45.60。根据加和性原则列出关系为

$$A_{663}=82.04C_a+9.27C_b \quad (7\text{-}5\text{-}1)$$

$$A_{645}=16.75C_a+45.60C_b \quad (7\text{-}5\text{-}2)$$

式中，$A_{663}$ 和 $A_{645}$ 分别为叶绿素溶液在 663 nm 和 645 nm 处的吸光值；$C_a$、$C_b$ 分别为叶绿素 a、叶绿素 b 的浓度（mg/L）。

由式 7-5-1 和式 7-5-2 可得

$$C_a=12.72A_{663}-2.59A_{645} \quad (7\text{-}5\text{-}3)$$

$$C_b=22.88A_{645}-4.67A_{663} \quad (7\text{-}5\text{-}4)$$

将 $C_a$、$C_b$ 相加即得叶绿素总浓度为

$$C_T=C_a+C_b=20.29A_{645}+8.05A_{663} \quad (7\text{-}5\text{-}5)$$

测出在不同波长下的吸光值，根据式 7-5-3、式 7-5-4、式 7-5-5 可以计算出提取液中的叶绿素 a、叶绿素 b 浓度和叶绿素总浓度。

另外，由于叶绿素 a 和叶绿素 b 在 652 nm 的吸收峰相交，两者有相同的吸光系数（均为 34.5），也可以在此波长下测定 1 次吸光值（$A_{652}$）而求出叶绿素 a、叶绿素 b 总浓度。所测定材料的单位面积或单位重量的叶绿素含量为

$$C_T = 1\,000A_{652}/34.5 \qquad (7-5-6)$$

有叶绿素存在的条件下，用分光光度法可同时测出溶液中类胡萝卜素的含量。Lichtenthaler 等对上述公式进行了修正，提出了 80%丙酮提取液中 3 种色素含量的计算公式为

$$C_a = 12.21A_{663} - 2.59A_{646} \qquad (7-5-7)$$

$$C_b = 20.13A_{646} - 5.03A_{663} \qquad (7-5-8)$$

$$C_{x.c} = (1\,000A_{470} - 3.27C_a - 104C_b)/229 \qquad (7-5-9)$$

式中，$C_a$、$C_b$分别为叶绿素 a、叶绿素 b 的浓度（mg/L）；$C_{x.c}$为类胡萝卜素的总浓度（mg/L）；$A_{663}$、$A_{646}$、$A_{470}$分别为叶绿素提取液在波长 663 nm、646 nm、470 nm 下的吸光值。

由于叶绿素在不同溶剂中的吸收光谱有差异，因此，在使用其他溶剂提取色素时，计算公式也有所不同。叶绿素 a、叶绿素 b 在 95%乙醇中最大吸收峰的波长分别为 665 nm、649 nm，类胡萝卜素为 470 nm，可据此列出关系式为

$$C_a = 13.95A_{665} - 6.8A_{649} \qquad (7-5-10)$$

$$C_b = 24.96A_{649} - 7.32A_{665} \qquad (7-5-11)$$

$$C_{x.c} = (1\,000A_{470} - 2.05C_a - 114.8C_b)/248 \qquad (7-5-12)$$

## 三、实验器材

1. 仪器与材料

分光光度计、电子天平（感量 0.01 g）、研钵、棕色容量瓶、小漏斗、定量滤纸、吸水纸、擦镜纸、滴管。

新鲜（或烘干）植物叶片。

2. 试剂

96%乙醇（或 80%丙酮）、石英砂、碳酸钙粉。

## 四、实验步骤

（1）取新鲜（或烘干）植物叶片，擦净组织表面污物，剪碎（去掉中脉），混匀。

（2）称取剪碎的新鲜样品 0.2 g，共 3 份，分别放入研钵中，加少量石英砂和碳酸钙粉及 2~3 mL 95%乙醇，研成均浆，再加乙醇 10 mL，继续研磨至组织变白，静置 3~5 min。

（3）取滤纸 1 张，置漏斗中，用乙醇湿润，沿玻棒把提取液倒入漏斗中，过滤到 25 mL 棕色容量瓶中，用少量乙醇冲洗研钵、研棒及残渣数次，最后连同残渣一起倒入漏斗中。

（4）用滴管吸取乙醇，将滤纸上的叶绿体色素全部洗入容量瓶中，直至滤纸和残渣中无绿色为止。最后用乙醇定容至 25 mL，摇匀。

（5）将提取液倒入直径 1 cm 的比色杯内。以 95% 乙醇为空白对照，在波长 665 nm、649 nm 下测定吸光值。

## 五、实验结果计算与分析

按照式 7-5-10、式 7-5-11、式 7-5-12（如用 80% 丙酮，按照式 7-5-7、式 7-5-8、式 7-5-9）分别计算绿素 a、叶绿素 b 和类胡萝卜素的浓度（mg/L）。式 7-5-10、式 7-5-11 结果相加即得叶绿素总浓度。

求得色素的浓度后再计算组织中色素的含量：

$$\text{色素含量（mg/kg）}=\frac{C\times V\times N}{W\times 1\,000} \tag{7-5-13}$$

式中，$C$ 为色素浓度（mg/L）；$V$ 为提取液体积（mL）；$N$ 为稀释倍数；$W$ 为样品鲜质量或干质量（g）；1 000为 1 L 换算成 1 000 mL的系数。

## 六、注意事项

（1）为了避免叶绿素光解，操作时应在弱光下进行，研磨时间应尽量短些。

（2）叶绿体色素提取液不能浑浊。可在 710 nm 或 750 nm 下测量吸光值，其值应小于当波长为叶绿素 a 吸收峰时吸光值的 5%，否则应重新过滤。

（3）用分光光度计法测定叶绿素含量，对分光光度计的波长精确度要求较高。如果波长与原吸收峰波长相差 1 nm，则叶绿素 a 的测定误差为 2%，叶绿素 b 为 19%，使用前必须对分光光度计的波长进行校正。校正方法除按仪器说明书外，还应以纯的叶绿素 a 和叶绿素 b 来校正。

## 七、课后提升

测定第七篇实验 3 中缺素培养的植株叶绿素含量，并分析出现差异的原因。

# 实验 6　光合作用测定仪的使用

## 一、实验目的

学会操作光合作用测定仪。

## 二、实验原理

光合作用测定仪又叫光合作用仪（图 7–6–1），可对植物的光合、呼吸、蒸腾等指标进行测量和计算。

在对植物光合速率的研究中，$CO_2$ 吸收法因其理论可靠，灵敏度高，可实时非破坏对样品进行测量。便携式光合作用测定仪集笔记本计算机和气体分析于一体，利用微机强大的计算功能与存储功能结合红外线 $CO_2$ 分析仪、温湿度传感器及光照传感器，对植物的光合、呼吸、蒸腾等指标进行测量和计算。

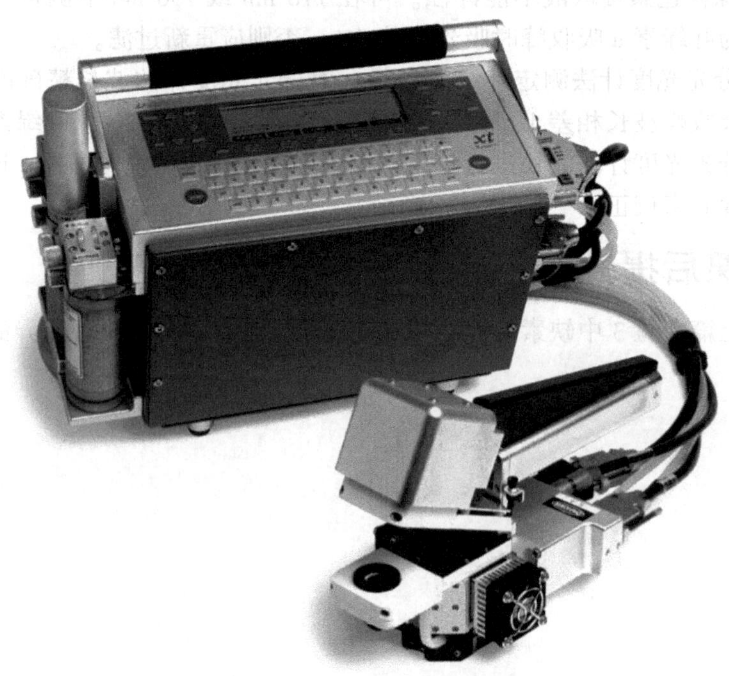

图 7–6–1　光合作用测定仪

## 三、实验器材

光合作用测定仪、室外生长的植物叶片。

## 四、实验步骤

### （一）仪器连接安装

1. 加装化学药品

蓝色干燥剂在正面主机外面，白色苏打在内面；换药时先拧开底盖并且填充量低于螺线 1 cm，将盖帽旋紧，注意密封圈；2 个化学管在不测时调在中间，调零时全 Scrub，测控制环境时苏打和干燥管完全 Scrub，非控制环境 2 个管完全-Bypass（注意螺丝不要旋得太紧，以免脱扣）。

白色苏打不能重复利用且不变色，而干燥剂可重复利用，吸水后变红色，需在 210 ℃烘 90 min，变成蓝色，当出现粉末时将其倒掉（干燥剂：当化学管中 2/3 的干燥剂变红后即需要更换药品。苏打：将旋钮旋转至完全 Scrub，等 $CO_2$_R 的值降至最低，向进气口吹气，观察 $CO_2$_R 读数，如果波动大于 2 μmol，则需要更换碱石灰）。

2. 连接硬件

将 25 针的连接器一端插入标有［IRGA］的插座中，另一端插入标有［CHAMBER］插座中，宽面（长边）朝上，且拧紧螺丝钉（注意不要拧得太紧，否则螺丝钉将被折断）；将末端有黑色标记的软管与操作台右端标有［SAMPLE］的端口（有黑色皮垫）连接，另外一个软管（无黑色标记）与标有［REF］的端口（无黑色皮垫）连接；标有［INLET］的端口（套有绿色软管）是空气的入口，连接缓冲瓶（悬挂在空中 2~3 m，空气流动相对稳定处，以防止污物进入主机，同时在测量过程中可减少空气流动对测量结果的影响）；连接电缆与 IRGA 头部圆形 IRGA 端口上的红色圆点和 IRGA 分析器上的红色选点对齐时插进，且能听到响声，注意插头一定要推到底，不能留有空隙。

安装 $CO_2$ 钢瓶（测光合和 $CO_2$ 响应曲线时才安装，或实验必需）时将 $CO_2$ 小钢瓶装入套筒，顺时针旋转，直到感觉保护罩接触到了小钢瓶，稍微加力便导致钢瓶被刺穿，这时需要快速旋紧，防止 $CO_2$ 泄漏，注意 O 形圈后将套筒旋紧，每用完 1 盒（25 个钢瓶）更换 1 次油滤。

切记分析器各部件：光量子传感器，紫色插头处，叶温热电偶，2 个黄色匹配阀。如果使用 CF 卡存数据，则插入主机后面固定小槽内。注意插头直插直拔，勿晃动，最好拔金属，勿动线。另外，把光量子传感器红帽和进气口（缓冲瓶）绿帽都先收好。

3. 电池安装

将电池倾斜，以顶起电池槽上端的止脱销，然后平推到底，2 节电池能用 4 h。

充电器上灯灭表示充好，充时灯亮，一节电池需 3 h 就能充好，4 个电池同时充电需要 10~12 h；检测有电标志，先灯亮，几秒后灭掉表明有电（注意换保险丝 220~230 V，0. 25 A；电池和充电器的连接时间不要超过 24 h）。

## （二）开机预热

### 1. 预热期间检查

（1）检查温度。h 行 3 个温度值 Tblock、Tair 和 Tleaf 彼此相差应该在 1 以内。

（2）检查叶温热电偶的位置。直接测叶片 T，其位置应高于叶室垫圈约 1 mm，使夹叶片时能充分接触；若用能量平衡方法测量叶温，则叶温热电偶的结点位置应低于叶室垫圈 1 mm，确保夹叶片时接触不到叶片。

（3）检查光源和光量子传感器。光源是否正常；传感器，g 行 ParIn_μm 和 ParOut_μm 是否有响应（叶室密封为 0）；g 行 Press_kPa（大气压）值是否合理。注意查完将分析器松开。

（4）检查叶室混合扇。测量菜单中，按 2-F1-按 O 关闭，或按 F 打开，听分析器头部声音是否有变化，若有变化，表示正常，注意测量用恒温时才能打开风扇。

（5）检查是否存在气路堵塞。设定流速（Flow）1 000，检查仪器实际流速能否达到 650 以上，将化学管从完全 Bypass 调节到完全 Scrub。若仪器实际流速达不到 650，则说明气路堵塞，则首先检查 2 管，方法都是将调节旋钮从一侧完全旋到另一侧，检查流速下降是否大于 20，若有则存在堵塞，常见堵塞地方是化学管内过滤嘴和化学管顶部的 2 个小的聚乙烯透明管，注意把流量调回原来的设定值 400~500。当遇到小叶片或低光合速率时，可将 Flow 调低至 200 以上。

### 2. 预热后检查

（1）叶室的漏气检查。将化学管 Scrub，然后在叶室四周吹气，如果发现 a 行样品室 $CO_2$ 的读数变化小于 2 μmol，说明密封好；如果变化超过 2 μmol，即为漏气（注意叶室垫圈、密封圈、排气管）。

（2）检查流速零点。测量菜单中按 2-F2-按 N 关闭，然后关闭叶室风扇（按 2-F1-按 O 关闭）；检查 b 行 Flow 在±2 μmol 之间表示正常；如果不在此范围需进入校准菜单，进行 Flow Meter Zero。

（3）检查 $CO_2$ 和 $H_2O$ IRGAs 零点。将两个化学管都完全吸收（Scrub），完全闭合约 5 min，参比 $CO_2$ 读数在±5 μmol 以内，且 $\Delta CO_2$ 在±1 μmol 以内，参比 $H_2O$ 在±0. 5 μmol，且 $\Delta H_2O$ 在±0. 1 μmol，说明零点正常；当达不到以上要求，需进入校准菜单，建议自己不要校准，推荐返回厂家默认校准：从 Calib Menu 下的 View Settings—Veiw History（查看历史）—回车—按 Home 键—光标锁在最前面 At Factory —调用以前出厂校准信息（最顶端带＊＊进入）—Set To（F3）—F5（OK）—View Current—点击 F3（Save）—选 Y—点 F5（Done）—保存完成。注意绝不允许进行“Calib Menu”中“IRGASpan”的任何操作！

（4）校准叶温热电偶。拔出连接插头，切断叶温热电偶连接，检查 h 行 Tblock-Tleaf 在 0. 1 以内，不在 0. 1 以内，需要调节电位调节器进行校准。

（5）检查匹配阀。开始测量前进行 1 次匹配，当全天都在相同的 $CO_2$ 浓度下做实验，每 20~30 min 就应当匹配 1 次，每次测量都要改变 $CO_2$ 浓度，每变 1 次需要进行 1 次匹配。

## （三）测量步骤

以下测量方式都需进行以上相关的准备步骤，接下来详细说明各方式的测定流程。

1. 非控制环境条件（日变化）流程

（1）开机选择。Config Menu—打开标准叶室（Factory default）。

（2）打开测量菜单。菜单进行日常检查。

（3）打开叶室。夹好叶片，再密封（注意叶温热电偶避开叶脉，用手柄上旋钮密封后，确定不漏气，每次使用直接打开夹叶片，切记不必每次再拧手柄旋钮，不然会折断）。

（4）进入测量菜单 F4（New Menu）。

①按 1，F1，打开 Open LogFile 将数据存入建立一个文件（注意按 F1 “Dir”，重新定义路径：选中 Flash，这样文件保存在 CF 卡，方便导数据；不然默认在 User 主机上，导数据费时费电）确定输入一个 remark（标记何处理何品种名等），完成文件名标记。

②等待 a 行参数稳定，b 行 $\Delta CO_2$ 值波动< 0. 2 μmol，Photo 参数稳定在小数点之后 1 位；c 行参数在正常范围内（0 < Cond < 1、Ci > 0、Tr > 0）；按 F1（Log）记录数据。

③更换另一叶片（按 F4，添加 remark，分清不同处理或品种）；按 F3，切记 Close File 保存数据文件；注意至少半小时进行 1 次 Match（建议每一品种测 3 片叶子，每片读 3 个数）。

（5）退回主界面。关机，最后取出主机后槽 CF 卡直接用读卡器导出来（把化学管旋钮旋至中间松弛）。

2. 控制环境条件（最大光合速率）的测定流程

（1）开机选择。进入主菜单 Config Menu，确保红蓝光源（LED）已正确安装并启用。

（2）进入测量菜单。

①将光强设为自然状态一致或植物所需饱和光强点（一般 1 000～1 500的范围），设定需要的 $CO_2$浓度，取下外置光量子传感器的小红帽。若外界光强低于 1 000，则要进行光诱导，光越弱诱导时间越长（取决于最高光强，诱导完成后在测量菜单第 2 功能行 F5，按 F5，选择“Q”，回车，输入需要光强，回车。

②将苏打管拧到完全 Scrub 位置，化学管拧到完全 Bypass 位置，按 2，再按 F3-Mixer（$CO_2$）按上下箭头键选择参考室 R 和样品室 S 设定 $CO_2$ 需要的浓度（安装钢瓶状态）。

③按 2（2 功能行）：F1，Leaf Fan，保持 Fast；F2，Flow 通常为 500（小叶片或低光合速率的植物，可以将 Flow 调低到 200 以上）；F4，Temp，一般为 25～30（只能控制环境温度的±7 ℃以内）；F5，Lamp 设为自然状态一致或光饱和点。

④打开叶室：夹好叶片，从测量菜单上按 F1，Open LogFile，然后按 F1 “Dir”，重新定义路径：选中 Flash R 建立一个文件名，回车，输入一个 remark 标记。

⑤等待 a 行参数稳定，b 行 $\Delta CO_2$ 值波动< 0. 2 μmol，Photo 参数稳定在小数点之后

1 位，c 行参数在正常范围内（00、Tr>0）。

⑥按 F1（Log）记录数据（一般每一品种测 3 片叶子，每片读 3 个数）。

⑦更换另一叶片，按 F4，添加 remark，重复④~⑥步骤，进行测量。注意至少半小时进行一次 Match；F3（Close File），保存数据文件。退回主界面，关机。

提示：如果外界光强低于 1 000 μmol/mol，则需要进行光诱导，一般诱导时间约 30 min 左右，诱导光强取决于实验设计的光响应曲线中的最高光强，或者植物生活中较适宜的光强，在测量菜单第 2 功能行的 F5，按 Q，设定相应的光强，打开光源，然后将叶片夹入已打开光源的叶室；如果外界光强很好，不需要诱导，夹上叶片后打开光源，设定成光强梯度的饱和点，闭合叶室不漏气，准备测量。注意把化学管旋钮旋至中间松弛状态；旋转叶室固定螺丝，保持叶室处于打开状态，把光量子传感器红帽和缓冲瓶进气口绿帽都盖好。

3. 光响应曲线测定步骤

（1）开机选择主菜单 Config Menu—打开红蓝光源（LED）。

（2）进入测量菜单，进行日常检查。

①安装钢瓶，预热 1 min，（选 Calib Menu—$CO_2$ Mixer—Calibrate—回车按 Y—等待自动完成—$CO_2$R（达 2 000以上）—按 Y，自动进行 8 点校准—图 plot—OK 并 Esc—提示“Implement this Calibrate”后按 Y 保存。将苏打管拧到完全 Scrub 位置，化学管拧到完全 Bypass 位置，设定 $CO_2$ 浓度（一般为 400)；注意每个钢瓶在使用之前都要求校准 1 次；若曲线不直，把苏打管拧到完全 Scrub，再校准 1 次。

②按 2（2 功能行)：F1，Leaf Fan，保持 Fast；F2，Flow 通常为 500；F4，Temp，一般为 25~30（只能控制环境温度的±7 ℃以内)；F5，Lamp 设为自然状态一致或光饱和点。

（3）进入测量菜单。

①打开叶室，夹好叶片，闭合叶室；注意叶温热电偶避开叶脉。

②按 F1，Open LogFile，进入 Remark，标记试验处理号。

③按 5，F1（Auto Prog)，进入自动测量界面，按上下箭头键选择 Light Curve，确定，出现 Desired Lamp Settings，可按 Home 键自高到低设定光强梯度分别为 2 000、1 600、1 200、1 000、800、600、400、300、200、150、100、50、0（注意设定时将数据删除完或按 F1 Delln，数值间一定空格间隔，200 以下的可多设几个)，确定，出现最小等待时间：设定 120 s（不能更改，不然数据不佳)，最大等待时间：设定 200 s，回车，$\Delta CO_2$ 绝对值低于 50 需匹配回车，按 Y，进入自动测量（Log 记录数据，* 表明数据记录进行中)。

④按 1，F3（Close File）保存文件（切记)，更换叶片，重复①~③步骤。

注意：等待测量中可通过功能行 1 的 F2（View File）下的 F1（Import Graf Def）—从 Light Curve 进入看到散点图（完成后功能行左上角 * 消失)，或按 F3（View Data)，以 D 这种格式的数据为成列排列，按字母 D，查看数据。按住 shift 键和右箭头，可以快速查看各列数据。

（4）退回主界面。关机。注意把化学管旋钮旋至中间松弛状态；旋转叶室固定螺丝，保持叶室处于打开状态，把光量子传感器红帽和缓冲瓶进气口绿帽都盖好。

提示：每次开始测量之前，进行 1 次匹配（F5-Match），一个植株上选 3 片叶子，每片取 1 个数，建议轮回测完 1 次重复，再测第 2 次重复，减少时间跨度。

选红蓝光源，2~3 天校准 1 次光源（按 F3 校准菜单——选 LED，Calibration，回车，Plot Y），一条直线说明正常。

4. $CO_2$ 响应曲线测定步骤

（1）开机选择主菜单 Config Menu—打开红蓝光源（LED）。

（2）进入测量菜单，进行日常检查（参照以上第二大点内容）。

①安装钢瓶，预热 1 min，选 Calib Menu—$CO_2$ Mixer—Calibrate—回车按 Y—等待自动完成—$CO_2$R（达2 000以上）—按 Y，自动进行 8 点校准—图 plot—OK 并 Esc—提示"Implement this Calibrate"后按 Y 保存。将苏打管拧到完全 Scrub 位置，化学管拧到完全 Bypass 位置，设定 $CO_2$ 浓度（一般为 400）；注意密封圈，把油滤勾出来装好，每个钢瓶在使用之前都要求做 1 次校准。

②按 2（2 功能行）：F1，Leaf Fan 保持 Fast；F2，Flow 通常为 500；F4，选择 Block（输入测定温度，一般为 25~30 ℃）；F5，Lamp，选择 Q）Quantum Flux，设定为饱和光强（根据植物要求的光强），回车。

（3）进入测量菜单。

①打开叶室，夹好叶片，闭合叶室；注意叶温热电偶避开叶脉。

②按 F1，Open LogFile，进入 remark，标记试验处理号。将光强设为饱和光强（一般 1 200左右）或按实验要求的光强。

③按 5 功能行：F1（Auto Prog），进入自动测量界面，按上下箭头键选择 A-Ci-Curve，回车，命名新文件进入，添加 remark，出现 Desired $CO_2$ Settings，可按 Home 键自高到低设定 $CO_2$ 浓度梯度分别为 400、300、200、150、100、50、400、400、600、800、1 000、1 200、1 500、1 800、2 000（注意设定时将数据删除完或按 F1 Delln，数值间一定空格间隔），回车，出现最小等待时间时设定 60 s；最大等待时间设定 300，回车，$\Delta CO_2$ 绝对值低于 50 需匹配，按 Y，进入自动测量，等待测量结束。期间可通过功能行 1 的 F2（View File）下的 F1（Import Graf Def）—从 Light Curve 进入看到散点图（完成后功能行左上角 * 消失）。

④按 1，F3，Close File，保存文件（切记），更换叶片，重复①~③步骤。

（4）退回主界面，关机，导出数据。提示把化学管旋钮旋至中间松弛状态；旋转叶室固定螺丝，保持叶室处于打开状态，把光量子传感器红帽和缓冲瓶进气口绿帽都盖好。

注意每次换钢瓶后都要求做 1 次校准匹配；提前做 20 min 光诱导，把叶室夹住，留缝，勿胁迫，把光强设到最高值。

## 五、课后提升

测定本篇实验 3 中缺素培养的植株叶片的光合作用指标，比较分析差异的原因。

# 实验 7　赤霉素对 α-淀粉酶的诱导形成

## 一、实验目的

（1）学会分析外源激素对植物生长的影响。

（2）学会测定酶活性定量测定方法。

## 二、实验原理

淀粉性种子在萌动过程中，胚释放出来的赤霉素能诱导糊粉层细胞中 α-淀粉酶基因的表达，引起 α-淀粉酶生物合成，并分泌到胚乳中催化淀粉水解为糖。通过碘试法比色测定淀粉在酶催化反应过程中的消耗量，可以定量分析 α-淀粉酶的活力。

## 三、实验器材

1. 仪器与材料

分光光度计、恒温箱、水浴锅、移液管、烧杯、试管、小瓶、镊子、刀片。

大麦、小麦种子。

2. 试剂

1% NaClO 溶液；0.1%淀粉溶液；$2\times10^{-5}$ mol/L、$2\times10^{-6}$ mol/L、$2\times10^{-7}$ mol/L、$2\times10^{-8}$ mol/L 赤霉素溶液；$1\times10^{-3}$ mol/L 醋酸缓冲液；$I_2$-KI 溶液。

## 四、实验步骤

（1）选取大小一致、健康的大麦种子 50 粒，用刀片将每粒种子横切成两半，使成无胚的半粒和有胚的半粒，分别置于新配制的 1% NaClO 溶液中，消毒 15 min，取出用无菌水冲洗数次，备用。

（2）取 6 只小瓶编好号码，按表 7-7-1 加入各种溶液和材料，于 25 ℃下培养 24 h（最好进行振荡培养，如无条件，则必须经常摇动小瓶）。

**表 7-7-1　试验材料及各种溶液加入量**

| 瓶号 | 赤霉素溶液 | | 醋酸缓冲液/mL | 试验材料 |
|---|---|---|---|---|
| | 浓度/（mol/L） | 用量/mL | | |
| 1 | 0 | 1 | 1 | 10 个无胚半粒 |
| 2 | 0 | 1 | 1 | 10 个有胚半粒 |
| 3 | $2\times10^{-5}$ | 1 | 1 | 10 个无胚半粒 |

（续表）

| 瓶号 | 赤霉素溶液 | | 醋酸缓冲液/mL | 试验材料 |
|---|---|---|---|---|
| | 浓度/（mol/L） | 用量/mL | | |
| 4 | $2\times10^{-6}$ | 1 | 1 | 10 个无胚半粒 |
| 5 | $2\times10^{-7}$ | 1 | 1 | 10 个无胚半粒 |
| 6 | $2\times10^{-8}$ | 1 | 1 | 10 个无胚半粒 |

（3）淀粉酶活性分析：从每个小瓶中吸取培养液 0.1 mL，分别置于事先盛有 1.9 mL 淀粉磷酸盐的溶液中，摇匀，在 30 ℃温箱或水浴中精确保温 10 min，然后加 $I_2$-KI 溶液 2 mL、蒸馏水 5 mL，充分摇匀，于波长 580 nm 下测定吸光值，以蒸馏水为空白校正仪器零点。读数，从标准曲线查得淀粉含量，以被分解的淀粉量作为淀粉酶的活性。

（4）以不同淀粉浓度（0~7 μg/L）或淀粉量（0~100 μg）及其吸光值绘制标准曲线。

（5）结果计算：首先，计算第 1 瓶为淀粉的原始量（$X$）；其次，计算第 2~6 瓶分别为反应后淀粉的剩余量（$Y$）；最后，计算淀粉水解量=［（$X$−$Y$）/$X$］×100%。

## 五、课后提升

（1）实验中为何要用 1% NaClO 处理小麦种子？为何要在醋酸缓冲液中加入链霉素？

（2）本实验为何必须将小麦种子分为有胚和无胚的半粒？

# 实验8　根系活力的测定（TTC法）

## 一、实验目的

学会测定根系活力的方法。

## 二、实验原理

植物根系是活跃的吸收器官和合成器官，根的生长情况和活力水平直接影响地上部的生长和营养状况及产量。氯化三苯基四氮唑（TTC）是标准氧化电位为80 mV的氧化还原色素，溶于水中成为无色溶液，但还原后即生成红色而不溶于水的三苯甲腙，生成的三苯甲腙比较稳定，不会被空气中的氧自动氧化，所以TTC被广泛地用作酶试验的氢受体，植物根系中脱氢酶所引起的TTC还原，可因加入琥珀酸、延胡索酸、苹果酸得到增强，而被丙二酸、碘乙酸所抑制。所以TTC还原量能表示脱氢酶活性并作为根系活力的指标。

## 三、实验器材

1. 仪器与材料

分光光度计、分析天平（感量0.1 mg）、电子天平（感量0.1g）、温箱、研钵、三角瓶50 mL、漏斗、量筒（100 mL）、吸量管（10 mL）、刻度试管10 mL、试管架、容量瓶（10 mL）、药勺、石英砂适量、烧杯（10 mL、1 000 mL）。

水培或砂培小麦、玉米等植物根系。

2. 试剂

乙酸乙酯（分析纯）、$Na_2S_2O_3$（分析纯，粉末）。

1% TTC溶液：准确称取TTC 1.0 g，溶于少量水中，定容到100 mL，用时稀释至需要的浓度。

磷酸缓冲液：将85 mL 0.2 mol/L $Na_2HPO_4$和15 mL 0.2 mol/L $NaH_2PO_4$混合均匀，pH 7。

1 mol/L $H_2SO_4$：用量筒取比重1.84的浓硫酸55 mL，边搅拌边加入盛有500 mL蒸馏水的烧杯中，冷却后稀释至1 000 mL。

0.4 mol/L琥珀酸：称取琥珀酸4.72 g，溶于水中，定容至100 mL。

## 四、实验步骤

1. TTC标准曲线的制作

取0.4% TTC溶液0.2 mL放入10 mL容量瓶中，加少许$Na_2S_2O_4$粉摇匀后立即产生红色的三苯基甲臜（TTF），再用乙酸乙酯定容至刻度，摇匀。然后分别取此液 0.25 mL、0.50 mL、1.00 mL、1.50 mL、2.00 mL 置 10 mL 容量瓶中，用乙酸乙酯定容至刻度，即得到含 TTF 25 μg、50 μg、100 μg、150 μg、200 μg 的标准比色系列，以空白作参比，在 485 nm 波长下测定吸光值，绘制标准曲线。

2. 制备样品

称取根尖样品 0.5 g，放入 10 mL 烧杯中，加入 0.4% TTC 溶液和磷酸缓冲液的等量混合液 10 mL，把根充分浸没在溶液内，在 37 ℃下暗保温 1~3 h，此后加入 1 mol/L $H_2SO_4$ 2 mL，以停止反应。同时，做一空白实验，先加 1 mol/L $H_2SO_4$，再加根样品，其他操作同上。

3. 测量

把根取出，吸干水分后与乙酸乙酯 3~4 mL 和少量石英砂一起在研钵内磨碎，以提出 TTF。红色提取液移入试管，并用少量乙酸乙酯将残渣洗涤 2~3 次，皆移入试管中，最后加乙酸乙酯使总量为 10 mL，用分光光度计在波长 485 nm 下比色，以空白试验作参比测出吸光值。查标准曲线，即可求出 TTC 还原量。

4. 结果计算

TTC 还原强度［mg/（g · h）］= TTC 还原量（mg）/［根重（g）×显色时间（h）］。

## 五、课后提升

思考：根系活力受哪些因素影响？如何提高？

# 实验 9　类似生长素对种子萌发的影响

## 一、实验目的

观察不同浓度的萘乙酸（NAA）在种子萌发过程中对植物不同器官生长的影响。

## 二、实验原理

生长素及人工合成的类似物质如萘乙酸等对植物生长有很大的调节作用，在不同浓度下对植物生长的效应也不同。一般来说，低浓度的生长素促进生长，高浓度时则抑制生长。不同的植物器官对生长素的反应也不同，通常根比芽、茎对生长素更敏感。本实验据此观察不同浓度的萘乙酸在种子萌发过程中对植物不同器官生长的影响。

## 三、实验器材

1. 仪器与材料

温箱、培养皿、移液管、镊子、滤纸、尺子。

小麦种子。

2. 试剂

10 mg/L NAA、75%酒精。

## 四、实验步骤

（1）取小麦种子，用 0.1%升汞消毒 15 min，再用自来水和蒸馏水各冲洗 3 次，置于 22 ℃的温箱中催芽 2 天。

（2）取直径 9 cm 的洁净培养皿 7 套，编号。在 1 号培养皿中加入 10 mg/L NAA 10 mL，然后从其中吸取 1 mL 放入 2 号培养皿中，加 9 mL 蒸馏水混匀后即成为 1 mg/L NAA。如此依次稀释到 6 号培养皿（最后从 6 号培养皿中取出 1 mL 弃去），则 1~6 号培养皿中的萘乙酸浓度依次为 10 mg/L、1 mg/L、0.1 mg/L、0.01 mg/L、0.001 mg/L、0.000 1 mg/L。7 号培养皿中则加入 9 mL 蒸馏水作为对照。

（3）在各培养皿中放入 1 张与培养皿皿底大小一致的滤纸，选取已萌动的小麦种子 10 粒，用镊子将其整齐地排列在培养皿中，使芽尖朝上并使胚的部位朝向同一侧，盖上皿盖后，放在 22 ℃的温箱中暗培养 3 天。

（4）测量培养皿内小麦幼芽及幼根的平均长度以及根的数目。

（5）以蒸馏水中的材料为对照，计算不同浓度萘乙酸溶液中小麦幼芽及幼根长度的增加或减少值，并填入表 7-9-1 中进行比较分析。

**表 7-9-1 种子发芽率及幼苗生长记录**

| 幼苗生长情况 | 1号 | 2号 | 3号 | 4号 | 5号 | 6号 |
|---|---|---|---|---|---|---|
| 种子发芽数 | | | | | | |
| 幼根长度 | | | | | | |
| 胚轴长度 | | | | | | |

## 五、课后提升

简述生长素与向光性的关系。

# 实验 10 植物组织中超氧物歧化酶活力的测定

## 一、实验目的

学会测定超氧化物歧化酶（SOD）活性定量测定方法，并了解 SOD 在植物体内的作用。

## 二、实验原理

超氧物歧化酶普遍存在于动、植物体内，是一种清除超氧阴离子自由基（$O_2^-$）的酶，它催化下列反应：

$$2O_2^- + 2H^+ \xrightarrow{SOD} H_2O_2 + O_2$$

反应产物 $H_2O_2$ 可被过氧化氢酶（CAT）进一步分解或被过氧化物酶利用：

$$2H_2O_2 \xrightarrow{CAT} 2H_2O + O_2$$

因此 SOD 有保护生物体免受活性氧伤害的能力。已知此酶活力与植物抗逆性及衰老有密切关系，故成为植物逆境生理学的重要研究对象。

本实验依据超氧物歧化酶抑制氮蓝四唑（NBT）在光下的还原作用来确定酶活性大小。

在有可氧化物质存在下，核黄素可被光还原，被还原的核黄素在有氧条件下极易再氧化而产生 $O_2^-$，$O_2^-$ 可将氮蓝四唑还原为蓝色的物质。后者在 560 nm 处有最大吸收，而 SOD 可清除 $O_2^-$ 从而抑制了甲脎的形成。光还原反应后，反应液蓝色愈深，说明酶活性愈低，反之酶活性愈高。一个酶活性单位定义为将 NBT 的还原抑制到对照一半（50%）时所需的酶量，据此可以计算出酶活性大小。

## 三、实验器材

1. 仪器与材料

天平、高速台式离心机、分光光度计、微量进样器、荧光灯（反应试管处光照强度为4 000 lx）、离心管数支、黑色硬纸套。

最好采集逆境胁迫处理的植物叶片（如缺素培养的植株叶片）。

2. 试剂

0.05 mol/L 磷酸缓冲液（pH 7.8）。

提取介质：50 mmol/L pH 7.8 磷酸缓冲液（内含 1%聚乙烯吡咯烷酮）。

0.130 mol/L 甲硫氨酸（Met）：称取1.939 9 g Met 用 0.05 mol/L 磷酸缓冲液（pH 7.8）溶解并定容至 100 mL。

0.000 75 mol/L NBT：称取0.061 33 g NBT用0.05 mol/L磷酸缓冲液（pH 7.8）溶解并定容至100 mL避光保存。

0.000 1 mol/L $EDTA-Na_2$：称取0.037 21 g $EDTA-Na_2$用0.05 mol/L磷酸缓冲液（pH 7.8）溶解并定容至1 000 mL。

$2\times10^{-5}$ mol/L核黄素：称取0.007 53 g核黄素定容至1 000 mL避光保存。

## 四、实验步骤

### 1. 酶液提取

取一定部位的植物叶片（视需要定，去叶脉）0.5 g于预冷的研钵中，加提取介质1 mL磷酸缓冲液，在冰浴下研磨成浆，加磷酸缓冲液使最终体积为5 mL。取1.5~2 mL于10 000 r/min下离心10 min，上清液即为SOD粗提液。

### 2. 显色反应

取5 mL离心管（要求透明度好）7支，其中3支为样品测定管，3支为对照管，另外1支作为空白。按表7-10-1加入各溶液。

表7-10-1 各溶液加入量

| 试剂 | 用量/mL | 终浓度（比色时） |
|---|---|---|
| 0.05 mol/L磷酸缓冲液 | 1.5 | 13 mmol |
| 0.130 mol/L Met | 0.3 | 75 μmol |
| 0.000 75 mol/L NBT | 0.3 | 10 μmol |
| 0.000 1 mol/L $EDTA-Na_2$ | 0.3 | 2.0 μmol |
| $2\times10^{-5}$ mol/L核黄素 | 0.3 | 空白和对照管加缓冲液代替酶液 |
| SOD粗提液 | 0.05 | |
| 蒸馏水 | 0.25 | |
| 总体积 | 3.0 | |

混匀后将空白管置于暗处，其他各管于4 000 lx日光灯下反应20 min（要求各管受光情况一致，反应室的温度高时时间可适当缩短，温度低时时间可适当延长）。

### 3. SOD活性测定与计算

至反应结束后，以不照光的作空白，分别测定其他各管560 nm波长下的吸光值，已知SOD活性单位以抑制NBT光化还原的50%为1个酶活性单位表示。按下式计算SOD活性：

$$S_{总活性}=\frac{(A_0-A_S)\times V_T}{A_0\times0.5\times W\times V} \tag{7-10-1}$$

$$S_{比活力}=\frac{S_{总活性}}{C_{蛋白}} \tag{7-10-2}$$

式中，$S_{总活性}$为 SOD 总活性，单位为每克鲜重酶单位；$S_{比活力}$为 SOD 比活力，单位以酶单位/mg 蛋白表示；$A_0$为对照管的吸光值；$A_S$为样品管的吸光值；$V_T$为样品液总体积（mL）；$V$为测定时样品用量（mL）；$W$为样品重（g）；$C_{蛋白}$为蛋白质浓度（mg/g）。

## 五、课后提升

（1）在 SOD 测定中为什么设照光对照管和暗中空白管？

（2）影响本实验准确性的主要因素是什么？应如何克服？

# 实验 11　脯氨酸含量的测定

## 一、实验目的

(1) 了解测定脯氨酸含量可以作为抗旱、抗寒育种的生理指标。

(2) 学会脯氨酸定量测定的方法。

## 二、实验原理

在逆境条件下（旱、盐碱、热、冷、冻），植物体内脯氨酸的含量显著增加。植物体内脯氨酸含量在一定程度上反映了植物的抗逆性。抗旱性强的品种往往积累较多的脯氨酸。用磺基水杨酸提取植物样品时，脯氨酸便游离于磺基水杨酸的溶液中，然后用酸性茚三酮加热处理后，溶液即成红色，再用甲苯处理，则色素全部转移至甲苯中，色素的深浅即表示脯氨酸含量的高低。在 520 nm 波长下比色，从标准曲线上查出（或用回归方程计算）脯氨酸的含量。

## 三、实验器材

1. 仪器与材料

722 型分光光度计、研钵、100 mL 小烧杯、容量瓶、大试管、普通试管、移液管、注射器、水浴锅、漏斗、漏斗架、滤纸、剪刀。

待测植物（水稻、小麦、玉米、高粱、大豆等）叶片。

2. 试剂

酸性茚三酮溶液：将 1. 25 g 茚三酮溶于 30 mL 冰醋酸和 20 mL 6 mol/L 磷酸中，搅拌加热（70 ℃）溶解，储于冰箱中。

3%磺基水杨酸：3 g 磺基水杨酸加蒸馏水溶解后定容至 100 mL。

冰醋酸、甲苯。

## 四、实验步骤

1. 标准曲线的绘制

(1) 在分析天平上精确称取 25 mg 脯氨酸，倒入小烧杯内，用少量蒸馏水溶解，然后倒入 250 mL 容量瓶中，加蒸馏水定容至刻度，脯氨酸溶液浓度为 100 μg/mL。

(2) 系列浓度脯氨酸的配制：取 6 个 50 mL 容量瓶，分别加入 100 μg/mL 脯氨酸溶液 0. 5 mL、1. 0 mL、1. 5 mL、2. 0 mL、2. 5 mL、3. 0 mL，用蒸馏水定容至刻度，摇匀，各瓶的脯氨酸浓度分别为 1 μg/mL、2 μg/mL、3 μg/mL、4 μg/mL、5 μg/mL、

6 μg/mL。

（3）取6支试管，分别吸取2 mL系列标准浓度的脯氨酸溶液、2 mL冰醋酸、2 mL酸性茚三酮溶液，每管在沸水浴中加热30 min。

（4）冷却后各试管准确加入4 mL甲苯，振荡30 s，静置片刻，使色素全部转至甲苯溶液。

（5）用注射器轻轻吸取各管上层脯氨酸甲苯溶液至比色杯中，以甲苯溶液为空白对照，于520 nm波长处测量吸光值。

（6）标准曲线的绘制：根据标准溶液浓度和吸光值绘制标准曲线，得出回归方程，计算2 mL测定液中脯氨酸的含量（μg/2mL）。

2. 样品的测定

（1）脯氨酸的提取：准确称取不同处理的待测植物叶片各0.5 g，分别置大管中，然后向各管分别加入5 mL 3%的磺基水杨酸溶液，在沸水浴中提取10 min（提取过程中要经常摇动），冷却后过滤于干净的试管中，滤液即为脯氨酸的提取液。

（2）吸取2 mL提取液于另一干净的带玻塞试管中，加入2 mL冰醋酸及2 mL酸性茚三酮试剂，在沸水浴中加热30 min，溶液即呈红色。

（3）冷却后加入4 mL甲苯，摇荡30 s，静置片刻，取上层液至10 mL离心管中，3 000 r/min离心5 min。

（4）用吸管轻轻吸取上层脯氨酸红色甲苯溶液于比色杯中，以甲苯为空白对照，在分光光度计上520 nm波长处比色，求得吸光值。

3. 结果计算

根据回归方程计算出（或从标准曲线上查出）2 mL测定液中脯氨酸的含量（$x$ μg/2 mL），然后计算样品中脯氨酸含量的百分数。

计算公式为：脯氨酸含量（μg/g）＝［$x$×5/2］/样品重（g）。

## 五、课后提升

简述脯氨酸与植物的抗逆性有什么关系。

# 实验 12　植物可溶性蛋白含量的测定

## 一、实验目的

学会植物体内微量蛋白定量测定的方法。

## 二、实验原理

1. Lowry 法

Lowry 法是双缩脲法（Biuret）和福林-酚法（Folin-酚）的结合与发展。其原理是蛋白质溶液用碱性铜溶液处理后，碱性铜试剂与蛋白质中的肽键作用产生双缩脲反应，形成铜-蛋白质的络合盐。再加入酚试剂后，在碱性条件下，这种被作用的蛋白质上的酚类基团极不稳定，很容易还原酚试剂中的磷钨酸和磷钼酸，使之生成磷钨蓝和磷钼蓝的混合物。这种溶液蓝色的深浅与蛋白质的含量呈正相关，因此可以用于蛋白质含量的测定。

Lowry 法除使肽链中酪氨酸、色氨酸和半胱氨酸等显色外，还使双缩脲法中肽键的显色效果更强烈，其显色效果比单独使用酚试剂强 3～15 倍，约是双缩脲法的 100 倍。由于肽键显色效果增强，从而减少了因蛋白质种类不同引起的偏差。Lowry 法适于微量蛋白的测定，对多个样品同时测定较为方便。但对不溶性蛋白和膜结合蛋白必须进行预处理（如加入少量的 SDS）。

2. 双缩脲法的原理

双缩脲（$NH_2$—CO—NH—CO—$NH_2$）在碱性溶液中可与铜离子产生紫红色的络合物，这一反应称为双缩脲反应。因为蛋白质中有多个肽键，也能与铜离子发生双缩脲反应，且颜色深浅与蛋白质含量的关系在一定范围内符合比尔定律，而与蛋白质的氨基酸组成及分子量无关，因此可用双缩脲法测定蛋白质的含量。

双缩脲反应主要涉及肽键，因此受蛋白质特异性影响较小，且使用试剂价廉易得，操作简便，可测定的范围为 1～10 mg 蛋白质，适于精度要求不太高的蛋白质含量的测定，能测出的蛋白质含量须在约 0.5 mg 以上。双缩脲法的缺点是灵敏度差、所需样品量大。干扰此测定的物质包括在性质上是氨基酸或肽的缓冲液，如 Tris 缓冲液，因为它们产生阳性呈色反应，铜离子也容易被还原，有时出现红色沉淀。

3. 福林-酚法的原理

该方法是双缩脲法的发展，包括两步反应。

（1）在碱性条件下，蛋白质与铜作用生成蛋白质-铜络合物。

（2）此络合物将试剂磷钼酸-磷钨酸（Folin 试剂）还原，混合物呈深蓝色（磷钼蓝和磷钨蓝混合物），颜色深浅与蛋白质含量成正比。此方法操作简便，灵敏度比双缩脲法高 100 倍，定量范围为 5~100 μg 蛋白质。Folin 试剂显色反应由酪氨酸、色氨酸、半胱氨酸引起，因此样品中若含有酚类、柠檬酸和巯基化合物，均有干扰作用。此方法的缺点是有蛋白质的特异性影响，即不同蛋白质因络氨酸、色氨酸含量的不同而使显色强度稍有不同，标准曲线也不是严格的直线形式。

## 三、实验器材

1. 仪器与材料

试管若干；刻度移液管 0.5 mL 1 支、1 mL 1 支、10 mL 1 支；定量加样器；圆底烧瓶；冷凝管 1 套（带橡胶管）；微量滴定管；小烧杯；微量进样器 50 μL 1 支；721 分光光度计；恒温水浴器；研钵；玻棒；离心机；离心管。

采集校园里某植物叶片、花、茎等植物材料。

2. 试剂

$Na_2WO_4 \cdot 2H_2O$、$Na_2MoO_4 \cdot 2H_2O$、85% $H_3PO_4$、浓 HCl、$Li_2SO_4 \cdot H_2O$、溴水、酚酞指示剂、4% $Na_2CO_3$、0.2 mol/L NaOH、1% $CuSO_4 \cdot 5H_2O$、2%酒石酸钾钠、牛血清白蛋白。

## 四、实验步骤

### （一）试剂配制

1. 甲液——碱性铜试剂（相当于双缩脲试剂）的配制

A 液：4% $Na_2CO_3$ 与 0.2 mol/L NaOH 等比例混合。

B 液：1%硫酸铜（$CuSO_4 \cdot 5H_2O$）溶液与 2%酒石酸钾钠溶液等比例混合。

在使用前将 A 液与 B 液按 50∶1 的比例混合即成。此为 Folin-酚试剂甲液，此试剂只能在 1 天内使用。

2. 乙液——酚试剂（相当于 Folin 试剂）的配制

称取钨酸钠（$Na_2WO_4 \cdot 2H_2O$）100 g、钼酸钠（$Na_2MoO_4 \cdot 2H_2O$）25 g，加蒸馏水 700 mL 溶解于 1 500 mL 的圆底烧瓶中。之后加入 85% 的 $H_3PO_4$ 50 mL，浓 HCl 100 mL，安装回流装置（使用磨口接头，若用软木塞或橡皮塞时，就必须用锡铂纸包起来），使其慢慢沸腾 10 h。冷却后加入硫酸锂（$Li_2SO_4 \cdot H_2O$）150 g、水 50 mL、溴水 2~3 滴，不用回流装置开口煮沸 15 min，以释放出过量的溴。待冷却后稀释至 1 000 mL，并过滤入棕色瓶中，密闭于冰箱中保存（冷却后溶液呈黄色，倘若仍呈绿色，须再滴加数滴液体溴，继续煮沸 15 min）。使用时用 NaOH 溶液滴定，以酚酞作为指示剂，滴定终点由蓝变灰，滴定后算出酸的浓度。使用时大约加水 1 倍，使最终浓度相当于 1 mol/L $H^+$，此为 Folin-酚试剂乙液（Folin 试剂）。

在测定时要注意，因为酚试剂仅在酸性条件下稳定，但此实验的反应只在 pH 值为 10 的情况下发生，所以当加酚试剂时，必须立即混匀，以便在磷钼酸-磷钨酸试剂被破坏前即能发生还原反应，否则会使显色程度减弱。

3. 标准蛋白质溶液的配制

称取 25 mg 牛血清白蛋白，溶于 100 mL 蒸馏水中，使最终浓度为 250 μg/mL。

### （二）标准曲线的绘制

（1）取 7 支试管，编号后，分别加入 0 mL、0. 1 mL、0. 2 mL、0. 4 mL、0. 6 mL、0. 8 mL、1. 0 mL 标准蛋白质溶液，用蒸馏水补足 1 mL，使每管含蛋白质分别为 0 μg、25 μg、50 μg、100 μg、150 μg、200 μg、250 μg（必要时可做重复）。

（2）在每支试管中用定量加样器加入 5 mL 甲液，混匀，于 30 ℃下放置 10 min。

（3）在每支试管中喷射加入 0. 5 mL 乙液，立即振荡混匀，在 30 ℃下保温 30 min。

（4）准确到 30 min 后，以不加标准蛋白试管中的溶液为空白，在 500 nm 下用 1 cm 光径的比色杯对系列标准蛋白溶液进行比色，测定吸光值。

（5）以蛋白浓度为横坐标，吸光值为纵坐标，绘制标准曲线。

### （三）样品的测定

（1）样品的提取。称取鲜样 0. 5 g，用 5 mL 蒸馏水或缓冲液研磨提取；取 1. 0 mL（视蛋白质含量适当稀释）样液加入试管中，然后重复“（二）标准曲线的绘制”中的（2）（3）（4），以标准曲线中的 0 管为空白，测定吸光值。

（2）根据吸光值查标准曲线，求出比色液中的蛋白质含量。

## 五、结果计算

$$样品中蛋白的含量（mg/g）= 1\,000 \times C \times V_T \times V_1 \times F_W \qquad (7-12-1)$$

式中，$C$ 为查标准曲线值（μg）；$V_T$ 为提取液总体积（mL）；$F_W$ 为样品鲜重（g）；$V_1$ 为测定时加样量（mL）。

## 六、注意事项

还原物质，如其他酚类物质及柠檬酸，对此反应会有干扰。

## 七、课后提升

思考：植物体内可溶性蛋白质含量与植物抗逆性的关系。

# 实验 13　丙二醛含量的测定

## 一、实验目的

学会测定丙二醛含量测定方法。

## 二、实验原理

主要采用硫代巴比妥酸法。该方法基于丙二醛（MDA）与硫代巴比妥酸（TBA）在酸性和高温条件下反应生成红棕色的三甲基复合物（3,5,5-三甲基噁唑-2,4-二酮），其最大吸收波长在 532 nm。然而，测定植物组织中的 MDA 时，可溶性糖的存在会对测定结果产生干扰，因为糖与 TBA 显色反应产物的最大吸收波长也在 450 nm 和 532 nm 处。因此，在测定植物组织中的 MDA-TBA 反应物质含量时，需要排除可溶性糖的干扰。为了解决这一问题，可以在显色反应中加入一定量的铁离子，因为低浓度的铁离子能够显著增加 TBA 与蔗糖或 MDA 显色反应物在 532 nm、450 nm 处的吸光值。通常，植物组织中铁离子的含量为 100～300 μg/g，根据植物样品量和提取液的体积，加入 $Fe^{3+}$ 的终浓度为 0.5 μmol/L。通过这种方法，可以准确测定丙二醛的含量，为环境监测、药物研发等领域的研究和应用提供有力支持。

## 三、实验器材

1. 仪器与材料

离心机、水浴锅、分光光度计、研钵、试管、剪刀、石英砂。

校园里采集正常生长的或经逆境处理的小麦、玉米或是缺素培养的植物叶片。

2. 试剂

10%三氯乙酸（TCA）。

0.6% TBA：先加少量的 1 mol/L NaOH，再用 10%的三氯乙酸定容。

## 四、实验步骤

1. MDA 的提取

称取剪碎的试材 1 g，加入 2 mL 10% TCA 和少量石英砂，研磨至匀浆，再加 8 mL 10% TCA 研磨，匀浆在 4 000 r/min离心 10 min，上清液为样品提取液。

2. 显色反应和测定

吸取离心的上清液 2 mL（对照加 2 mL 蒸馏水），加入 2 mL 0.6% TBA 溶液，混匀物于沸水浴上反应 15 min，迅速冷却后再离心。取上清液测定 532 nm、600 nm 和

450 nm波长下的吸光值，分别为 $OD_{532\ nm}$、$OD_{600\ nm}$和 $OD_{450\ nm}$。

3. 计算

MDA 浓度（μmol/L）= 6. 45×（$OD_{532\ nm}$-$OD_{600\ nm}$）-0. 56×$OD_{450\ nm}$。

## 五、课后提升

如何间接测定膜系统受损程度以及植物的抗逆性？有哪些方法？

# 实验 14　植物组织水势的测定

## 一、实验目的

（1）熟练使用显微镜观察植物组织。

（2）练习临时装片的制作。

（3）学会运用水势公式进行计算。

## 二、实验原理

植物组织水势的测定是通过测量植物组织中的水分势来进行的。水势是指水分在植物组织内的自由能，是影响水向植物体内运动的重要驱动力。植物通过根系吸收土壤中的水分，并将其输送到其他组织的细胞中。测定植物组织水势可以帮助更好地理解植物水分运输的机理。

测定植物组织水势的方法有多种，下面将介绍几种常用的方法。

*1. 切片法测定*

这是一种常用的方法，它可以直接观察到组织中的水势变化。将植物的组织切成薄片，然后将切片放置在一块干燥的滤纸上。滤纸会吸收切片中的水分，导致切片的水势下降。通过观察切片的变化，可以推断出组织中的水势大小。

*2. 压蔗液法测定*

这是一种基于液体能量传导的方法。将植物组织放置在一定浓度的糖液中，组织中的水分会向糖液中移动。根据糖液中的含水量、组织中的水势以及温度等参数，可以计算出组织的水势大小。

*3. 压溶液法测定*

这是一种通过测量细胞内液体的渗透压来计算水势的方法。将植物组织放置在一定浓度的溶液中，等待一段时间后，根据细胞内液体的渗透压和环境中液体的渗透压，可以计算出组织的水势大小。

*4. 马尼托巴法测定*

这是一种利用测定导电率和浓度来计算水势的方法。通过测量植物组织中的电导率和离子浓度，可以推算出组织的水势大小。

需要注意的是，以上方法只是测定植物组织水势的一些常用方法，实际操作中还可以根据具体情况进行调整和改进。此外，由于植物组织中水分的运动是一个复杂的过程，测量结果可能会受到一些因素的影响。因此，在进行测定时，需要进行精确的实验设计和数据分析，以确保结果的准确性和可靠性。

总结起来，测定植物组织水势是一个重要的研究方向，通过对植物组织水势的测量，可以更好地理解植物水分运输及其机理。在实验中，可以利用切片法、压蔗液法、压溶液法和马尼托巴法等方法进行测定。然而，在实际操作中需要注意实验设计和数据处理，以确保测定结果的准确性和可靠性。本实验采用压溶液法。

## 三、实验器材

1. 仪器与材料

显微镜、载玻片、盖玻片、刀片、镊子、吸水纸。

洋葱或紫鸭跖草叶片。

2. 试剂

一系列浓度梯度的蔗糖溶液（0. 1 mol/L、0. 2 mol/L、0. 3 mol/L、0. 4 mol/L、0. 5 mol/L、0. 6 mol/L、0. 7 mol/L、0. 8 mol/L）、蒸馏水。

## 四、实验步骤

（1）取带有色素的洋葱鳞茎或紫鸭跖草叶片下表皮，迅速分别投入各种浓度的蔗糖溶液中，使其完全浸入 5~10 min。

（2）从 0. 50 mol/L 开始依次取出表皮薄片放在滴有同样溶液的载玻片上，盖上盖玻片，低倍显微镜下观察，如果所有细胞都产生质壁分离的现象，则取低浓度溶液中的制片做同样观察，并记录质壁分离的相对程度。

（3）在实验中确定一个引起半数以上细胞原生质刚刚从细胞壁的角隅上分离的浓度，和不引起质壁分离的最高浓度。

（4）在找到上述浓度极限时，用新的溶液和新鲜的叶片重复进行几次，直到有把握确定为止。在此条件下，细胞的渗透势与 2 个极限溶液浓度之平均值的渗透势相等。

（5）将结果记录下来。测出引起质壁分离刚开始的蔗糖溶液最低浓度和不能引起质壁分离的最高浓度平均值之后，可按下式计算在常压下该组织细胞质液的渗透势：

$$\Psi_s = -\mathrm{R} \times T \times i \times C_1 \qquad (7\text{-}14\text{-}1)$$

式中，$\Psi_s$ 为细胞渗透势；R 为气体常数，为 $0.083\times10^5$ J/（mol · K）；$T$ 为热力学温度（K），即 $273+t$，$t$ 为实验温度（℃）；$i$ 为解离系数，蔗糖为 1；$C_1$ 为等渗溶液的浓度（mol/L）。

代入得：$\Psi s = -0.083\times10^5\times(273+t)\times1\times C_1$。

## 五、课后提升

测定并计算植物组织的渗透势。

# 实验 15　综合实验选题参考

## 一、植物对不同光强适应性的变化

光强是影响植物生长与分布的重要环境因子，有些植物在强光环境中生长发育良好，而在荫蔽和弱光条件下生长发育不良，这类植物称为阳生植物，如马尾松、山茶等。一些植物能在低光环境或荫蔽的环境下生长良好，而在强光下生长发育不良，这类植物称为阴生植物，如绿萝、海芋等。选择一些常见的生长在开阔无遮挡条件的植物进行遮阴处理（处理时间不少于 1 个月），或者选择在林下或荫蔽条件下生长的植物移至无遮挡的生长光强下生长（不少于 1 个月），分别测定叶片的叶绿素含量（包括叶绿素 a与叶绿素 b），通过绘制光合作用光响应曲线计算光补偿点、光饱和点、最大光合速率，分析这些指标与光强变化的关系，并总结阳生植物与阴生植物的光合作用特性及可能的应用前景。

## 二、种子储存条件对种子萌发和幼苗生长的影响

收获的种子通常需储存以用于播种与耕种，适当的储存方式和适宜的储存条件有利于保持种子的活力，并直接影响其萌发和后期幼苗的营养生长。种子在储存过程中，外界的环境条件（如空气中的气体、温度、湿度等）将影响种子的呼吸作用。当呼吸作用增强，过分消耗储藏物质，往往导致种子产热、霉变等，使种子的活力降低甚至丧失，不利于后期的营养生长。

将新收获的禾谷类作物种子（如水稻、玉米、小麦等）和油类作物种子（如花生、大豆、油菜等），通过几种方式储存（如低温干燥密封储藏、自然干燥储存、干燥密封储存等）。储存一段时间后，取部分不同方法储存的种子，分析其种子的生理状况（如种子活力、α-淀粉酶和 β-淀粉酶活性、相关蛋白酶活性等）；同时用部分种子播种并培养至幼苗阶段，检测种子的萌发率和发芽势，分析幼苗的生长势（如检测植物的生长速率、器官的伸长或面积变化，分析叶绿素含量、光合速率，测定植株自由水含量、叶绿素含量等）。综合考察和分析不同储存条件对种子活力及幼苗营养生长的影响。

## 三、稀土元素对植物根系发育的影响

植物根系是植物从其生活环境中获取水分和营养物质的主要器官。稀土元素对根系生长有特殊的效应，不仅能促进植物生根、加快根的生长，而且能促进不定根的发生，加强根的离子吸收活动和生理机能，并影响植物固氮以及某些酶的活性，对细胞的分裂和根系的形成有极为重要的作用。建议用稀土元素配制成不同浓度的溶液浸泡种子，然后培养植株幼苗或用不同浓度的稀土元素溶液处理幼苗根系。一定天数后，观察植物根

的形态变化，测定根的长度，统计根的数量，分析根系活力等生理变化以及根系对营养元素的吸收能力。

## 四、花芽分化过程中内源植物激素的变化

花芽分化是植物从营养生长转向生殖生长的重要标志，各种植物激素之间动态平衡是植物成花的关键，通过调节植物开花相关基因，启动植物花芽分化。本综合实验对植物花芽分化过程中的内源植物激素的变化进行研究，了解花芽分化与内源激素动态变化之间的关系。

建议在不同的季节，分别取黄瓜、柑橘等不同发育时期的花芽，观察花芽分化至花开放过程中不同时期花芽的形态变化（如花的鲜重、直径、花色等），并分析相应时期花芽内源乙烯、玉米素和生长素含量的变化；或者对刚形成的花芽进行不同光照条件的处理，处理一段时期后，测定花芽分化过程中，乙烯、玉米素和生长素含量的变化与芽生长的关系。

## 五、重金属对植物生长的不利影响

植物的安全性越来越受到人们的关注，为了认识重金属对植物的伤害，以及植物对重金属污染产生的生理反应，建议采用沙培或溶液培养的方式，选择不同浓度梯度的重金属（如铁、镉）溶液加入培养基中，分别种植植物幼苗；或到工业生产区周边，观察不同植株营养器官出现的病症。统计植株的成活率和植物生长的情况，如分析生长速率、光合速率、呼吸速率等，以及测定植株中重金属含量，了解这些植株对重金属的敏感性以及产生的生理反应，为了解植物抗重金属的能力提供参考。

## 六、$C_3$ 植株和 $C_4$ 植株的光合特性比较

建议在相同的实验条件下，培养 $C_3$ 植物（如水稻、白菜）和 $C_4$ 植物（如玉米、狗尾草），并分析幼苗或植株的气孔导度、光合日变化、$CO_2$ 响应曲线、胞间 $CO_2$ 浓度、蔗糖含量、光合产物含量、乙醇酸氧化酶活性，以及光合作用重要酶的活性等，可认识 $C_3$ 植物和 $C_4$ 植物的光合特性与异同。

## 七、无机离子对鲜切花观赏品质的影响

鲜切花保鲜的目的是延长鲜切花的观赏时效。非洲菊等鲜切花是礼品花束、花篮和艺术插花的较理想材料，非洲菊鲜切花在水养过程中，其肉质花梗常因久插水中而发生折梗的现象，缩短寿命和观赏价值。以非洲菊等鲜切花为材料，以不同浓度的无机离子（如 $CoCl_2$ 或 $K_2SO_4$）溶液为瓶插保鲜液，观察其对瓶插不同天数的鲜切花的花色和花形态的影响。统计瓶插寿命、弯颈率，测定其鲜重和花枝鲜重，进一步分析花梗的粗纤维素含量和花瓣的花青素含量，初步评定不同的无机离子在抑制、减弱或延缓鲜切花弯颈的作用。

## 八、植物激素对植物根系生长发育的调控

利用不同浓度的植物激素（如生长素、细胞分裂素、赤霉素、芸薹素内酯、茉莉酸、乙烯等）及涉及激素合成、运输的抑制剂处理不同植物（如拟南芥、玉米、水稻、大豆、绿豆等），处理不同时间后观察植物根系的发育情况，如主根的长度、侧根的数目、不定根的数目、根毛的数目等；同时利用显微镜观察分析主根分生区的长度、分生区细胞的数目和大小；检测根系发育相关基因在激素处理前后表达水平的变化。在此基础上，分析不同植物激素之间（2种激素同时处理）的相互作用对植物根系发育的影响。通过该实验可以了解植物激素及其相互作用调控植物器官生长发育的机制。

## 九、茉莉酸类对药用植物有效成分含量的影响

药用植物的有效成分主要是植物次生代谢产物。植物激素中的茉莉酸类物质能够诱导植物体内萜类、生物碱和黄酮类等多种药用活性成分的生物合成。建议选择适宜浓度的茉莉酸类物质，对不同生长时期、不同栽培条件下生长的穿心莲、广藿香等药用植物进行适宜处理，通过检测其植物体内药效成分穿心莲总内酯含量、百秋李醇含量，分析茉莉酸类物质对药用植物不同生长时期、不同栽培条件下的药效成分的影响。

## 十、植物响应逆境胁迫的生理变化

盆栽大花马齿苋（太阳花）等植物，经过干旱胁迫或强光照射植物数小时；或者用绿豆、花生等种子在光条件下培养，取不同发育时期的叶片，叶面朝上放入培养皿，可进行高温处理（在42 ℃培养箱中生长数小时，对照在25~27 ℃条件下生长）或盐胁迫处理；或选取校园内的树木（如樟树等）叶片，用纱布小心擦干净后置烧杯中，放入冰箱中30 min进行低温处理，或80 ℃水浴中10 min进行高温处理，以带有叶片的小枝条插入蒸馏水中作为对照。

分析逆境处理的植物体内组织的相对含水量、束缚水与自由水含量；观察叶片气孔的开放比率，测定单个气孔的面积和开度、蒸腾速率，观察维管束结构；测定叶片细胞的水势和相对质膜透性；通过NBT、DAB染色实验以及测定丙二醛含量的变化，了解细胞内超氧自由基、过氧化氢积累以及细胞膜发生过氧化的情况，进一步分析抗氧化酶活性以及影响水分代谢的相关酶活性变化。通过该实验认识不同植物响应逆境胁迫的能力。

## 十一、外界环境对植物根系生长发育的调控

利用不同的外界环境［如高温、低温、干旱、黑暗、光周期、低（高）氮、低（高）磷、水淹等］处理不同植物的幼苗（如拟南芥、玉米、水稻、大豆、绿豆等），处理不同时间后观察植物根系的发育情况，如根冠比、主根的长度、侧根的数目、不定根的数目、根毛的数目等，同时利用显微镜观察主根分生区的长度、分生区细胞的数目和大小。可继续检测根系发育相关基因在不同环境处理前后表达水平的变化，在此基础上分析不同外界环境对植物根系发育的影响。通过该实验可以了解外界环境调控植物器

官生长发育的机制。

## 十二、植物茎直径变化与水分状况的关系

植物的水分状况直接决定蒸腾拉力引起的茎中木质部负压力的大小。当植物缺水时，或者在白天当蒸腾速率高而根部水分供应跟不上蒸腾速率时，茎受到负压力的作用引起导管收缩，使茎直径变小。在夜间，负压力导致的导管收缩消失，导管直径变大，茎的直径也随之变大。这种直径变化很微小，用精密的位移传感器可以检测。建议选取校园内直径超过 10 cm 的阔叶树木，用位移传感器连续检测并记录树木直径的日夜变化节律，或浇水后树木直径的变化，同时观察检测期间气候变化（如光照、温度等）及分析枝条和叶片的水势变化。

## 十三、植物的蒸腾流在茎中的流速与导管直径的关系

植物的蒸腾作用产生蒸腾拉力，在植物的木质部导管产生蒸腾流（水流）。通过改变光强度（如开关强光源），分析植株蒸腾速率和蒸腾流速的变化。

将离体植物枝条在水下切断（消除气栓塞），切口放入染料溶液中，染料溶液将在导管中很快上升。数分钟后，将枝条从染料溶液中取出，去除所有叶片，从切口往上每间隔一段切断并观察切口是否有染料到达，染料到达的最高位置越高，蒸腾速率越高。可在显微镜下观察不同植物的不同高度茎横切面上被染色导管的分布，分析导管的输水速度。用 ImageJ 软件分析茎的横截面染红面积与茎的总面积的关系，了解参与输水的茎的截面积比例，以及观察基部没有被染红的木质部部分是否失去输水功能。

## 十四、茶叶活性成分分析

茶叶的药用价值显著，其中茶多酚占绿茶干物质质量的 20%～30%，具有很强的抗氧化作用和良好的药理作用；茶多糖也是茶叶重要的生理活性成分。显然，不同的茶叶品种，其茶多酚和茶多糖的含量是不同的。建议先对茶叶中茶多酚和茶多糖（用蒽酮比色法测定）的提取条件进行优化，然后对不同品种的茶叶，或相同产地生产的不同品种，或在不同季节生产的同一品种茶叶，分析茶多酚、茶多糖、咖啡因等含量，认识茶叶活性成分与生长季节、环境的关系。

## 十五、烹饪后蔬菜抗氧化活性的变化

研究显示，富含蔬菜的饮食结构有助于防治慢性疾病与心血管疾病，其原因是这些蔬菜含有抗氧化物质，如维生素 C、维生素 E、类胡萝卜素、酚类化合物等。建议选择几种蔬菜，以炒、煮、微波等进行烹饪，测定烹饪前后蔬菜的抗氧化活性，包括维生素 C、维生素 E、类胡萝卜素、总多酚及总类黄酮含量，同时开展蔬菜营养品质的分析，为评价几种蔬菜经过烹饪后抗氧化物质含量提供参考。

## 十六、果实呼吸特性与成熟期间分析

呼吸作用是植物物质代谢和能量代谢的中心。不同类型的植物，其果实成熟与呼吸

作用相关。建议选择1种植物，分析不同发育阶段的果实，测定其呼吸速率、乙醇酸氧化酶活性、ATPase活性等变化，同时测定果实的大小，观察其发育状态；利用呼吸代谢抑制剂处理果实，测定呼吸速率、乙烯含量、重要呼吸酶活性等变化，初步了解呼吸作用在果实的发育成熟中的作用。

## 十七、蔬果不可食部分总黄酮和多酚类物质含量分析

类胡萝卜素和多酚类物质是重要的抗氧化物质，除了传统水果和蔬菜外，它们大多数存在于果实的皮、核、叶、茎等不可食部分。建议以冬瓜果皮、芹菜老叶、枸杞茎等蔬果不可食部分为材料，分析其类胡萝卜素、总黄酮和总酚类物质含量。开展实验时应考虑植物材料的特殊性，要比较不同的测定方法，并优化测定条件后再进行检测分析。

## 十八、冷藏水果在货架期间品质分析

取冷藏天数不同的水果，或在不同低温下贮藏保存的水果，统计好果率，观测果皮颜色，测定果肉的维生素C含量、相对含水量、可溶性固形物含量、花色素含量和可溶性糖含量等；同时测定有机酸等营养与风味成分，分析抗氧化活性，检测货架期间密闭状态下水果果皮的乙烯含量和$CO_2$含量，了解冷藏果实的营养成分与品质变化，以及与乙烯的作用。

## 十九、反季节蔬菜的营养成分分析

选取市场上受欢迎的反季节蔬菜（如菜心、辣椒、番茄、黄瓜、大蒜等），分析其维生素C、硝酸盐、可溶性糖、可溶性蛋白质、花色素的含量，以正常生长季节的相同品种作为对照，分析其营养成分是否发生变化。

## 二十、不同构象的乙醇酸氧化酶和辅酶黄素单核苷酸的关系

前人认为乙醇酸氧化酶（GO）以黄素单核苷酸（FMN）为辅酶。但GO具有多个等电点（pI），放置后其pI下降，表明GO具有不同构象，且构象会随时间发生变化。不同构象的GO可能具备不同的功能，为研究这些不同构象的GO与FMN之间的关系及其可能的变化，可以从植物中纯化GO，经SDS-PAGE方法分析其纯度，再测定酶的吸收曲线和磷含量，以确定其中不含FMN。将GO在不同时间和不同温度下放置后，分别在加入FMN（+FMN）和不加入FMN（-FMN）的条件下测定酶活性，确定FMN是否分别充当GO的激活剂、抑制剂、辅酶或无关因子等，以及是否从激活剂等转变为辅酶，以认识不同构象的GO和FMN的关系。

# 实验 16　现代农业设施基地的考察

## 一、实验目的

（1）了解当季栽培的各种蔬菜种类及特点。

（2）观察其部分重要蔬菜的生物学特点尤其是植物学特点。

（3）了解其栽培特点。

## 二、实验步骤

根据蔬菜的农业生物学特点，将蔬菜栽培技术与当地生产习惯及环境条件相结合，选择学校就近菜地进行观察。

1. 春播蔬菜

白菜、茴香、小萝卜、叶甜菜；茄果类；瓜类；豆类。

2. 秋播蔬菜

白菜类；根菜类；大葱、芹菜。

## 三、课后提升

思考：智慧农业在植物生产中的应用。

# 参考文献

苍晶，赵会杰，2013. 植物生理学实验教程［M］. 北京：高等教育出版社.
陈刚，李胜，2016. 植物生理学实验［M］. 北京：高等教育出版社.
韩玉珍，张学琴，2021. 植物生理学实验［M］. 北京：科学出版社.
肖家欣，2010. 植物生理学实验［M］. 合肥：安徽人民出版社.

# 第八篇
# 分子生物学实验

# 实验1　分子生物学实验基本操作及仪器介绍

## 一、实验目的

（1）掌握分子生物学实验的基本方法和技能。

（2）熟悉分子生物学常见实验仪器的基本操作方法。

（3）熟练掌握培养基制备的基本过程及平板划线法。

## 二、实验原理

平板划线法主要是借划线将细菌在琼脂平板表面分散开，使单个细菌能固定在某一点，生长繁殖后形成单个菌落从而达到分离纯种目的的方法。常用于分离单个菌落，也可用于观察细菌的生长状况和某些生化反应。

## 三、实验器材

### 1. 仪器与材料

接种环、培养皿、高压灭菌锅、37 ℃恒温培养箱等。

质粒菌液。

### 2. 试剂

蛋白胨、酵母提取物、NaCl、NaOH、氨苄西林（Ampicillin，Amp）、琼脂粉。

## 四、实验步骤

### 1. 配制培养基

（1）LB 液体培养基。称取蛋白胨 10 g，酵母提取物 5 g，NaCl 10 g，溶于 800 mL 去离子水中，用 NaOH 调 pH 值至 7.5，加去离子水至总体积 1 L。0.1 MPa、121 ℃蒸汽灭菌 20 min。

（2）LB 固体培养基。每升 LB 液体培养基中加入 12 g 琼脂粉；0.1 MPa、121 ℃蒸汽灭菌 20 min。

（3）Amp 母液。配成 100 mg/mL 水溶液，-20 ℃保存备用。

### 2. 平板划线法接种

（1）倒平板。将 LB 固体培养基在微波炉内彻底熔化，冷却至 60 ℃，加入一定量的 100 mg/mL Amp，混匀。超净工作台内，左手手掌持一次性培养皿底，大拇指与中指轻轻将平皿盖子拿起，快速倒入一定量的熔化的固体培养基。静止数分钟至凝固。

（2）标记。在培养皿底面，用记号笔注明接种的菌名、接种者姓名、日期等。

（3）取菌种。左手持装有大肠杆菌菌液的试管，用持有接种环的右手手掌及小指拔取试管塞，将试管管口迅速通过火焰 2~3 次进行灭菌。将已灭菌且已冷却的接种环伸入菌种管中，取一接种环的菌液，然后退出菌种管，将菌种管管口及试管塞再次通过火焰 2~3 次灭菌，塞好试管塞，放至原来的位置。

（4）划线接种。左手手掌持琼脂平板培养基，大拇指与中指轻轻将平皿盖子拿起，右手持接种环在琼脂平板上端来回划线，划线时使接种环与接种平板面呈 30~40°角，以腕力在平板表面行轻而快地来回滑动动作。

（5）划线完毕，将琼脂平板放进皿盖，将培养皿倒放，送进 37 ℃温箱培养。

（6）培养 18~24 h 后将培养皿取出。观察琼脂平板表面生长的各种菌落，注意其大小、形状、边缘、表面结构、透明度、颜色等性状。

## 五、课后提升

（1）认真做好实验记录。

（2）次日观察菌落，并描述菌落形状、大小等，并拍照附图。

# 实验2　碱裂解法提取质粒DNA

## 一、实验目的

（1）掌握最常用的提取质粒DNA的方法和检测方法。

（2）了解质粒DNA制备原理及各种试剂的作用。

## 二、实验原理

细菌质粒是一类双链、闭环的DNA，大小范围从1 kb至200 kb以上不等。各种质粒都是存在于细胞质中、独立于细胞染色体之外的自主复制的遗传成分，通常情况下可持续稳定地处于染色体外的游离状态，但在一定条件下也会可逆地整合到寄主染色体上，随着染色体的复制而复制，并通过细胞分裂传递到后代。

质粒已成为目前最常用的基因克隆的载体分子，其重要前提条件是可获得大量纯化的质粒DNA分子。目前已有许多方法可用于质粒DNA的提取，本实验采用碱裂解法提取质粒DNA。

碱裂解法是一种应用最为广泛的制备质粒DNA的方法，碱变性抽提质粒DNA是基于染色体DNA与质粒DNA的变性与复性的差异而达到分离目的。在pH值高达12.0~12.5的碱性条件下，染色体DNA的氢键发生断裂，双螺旋结构解开而变性。质粒DNA的大部分氢键也断裂，但超螺旋共价闭合环状的两条互补链不会完全分离，当以pH 4.8的乙酸钾高盐缓冲液去调节其pH值至中性时，变性的质粒DNA又恢复原来的构型，保存在溶液中，而染色体DNA不能复性而形成缠连的网状结构，通过离心，染色体DNA与不稳定的大分子RNA、蛋白质-SDS复合物等一起沉淀下来而被去除。

## 三、实验器材

1. 仪器与材料

微量移液器（20 μL、200 μL、1 000 μL）、台式高速离心机、恒温振荡摇床、高压蒸汽消毒器（灭菌锅）、涡旋振荡器、恒温水浴锅、冰箱等。

1.5 mL Eppendorf管（EP管）、离心管架、枪头及盒、卫生纸、一次性培养皿、接种环、酒精灯。

含重组质粒的大肠杆菌（*Escherichia coli*）DH5α。

2. 试剂

（1）LB液体培养基。称取蛋白胨（tryptone）10 g、酵母提取物（yeast extract）5 g、NaCl 10 g，溶于800 mL去离子水中，用NaOH调pH值至7.5，加去离子水至总体积1 L；0.1 MPa、121 ℃蒸汽灭菌20 min。

（2）氨苄西林（Amp）母液。配成 100 mg/mL 水溶液，-20 ℃保存备用。

（3）溶液Ⅰ。50 mmol/L 葡萄糖、25 mmol/L Tris-HCl（pH 8.0）、10 mmol/L EDTA。

（4）溶液Ⅱ。分别配制 0.4 mol/L NaOH、2% SDS，使用前等体积混合。

（5）溶液Ⅲ。5 mol/L 乙酸钾 60 mL、冰醋酸 11.5 mL、$H_2O$ 28.5 mL，混合均匀使用。

（6）TE 缓冲液（pH 8.0）。10 mmol/L Tris-HCl（pH 8.0）、1 mmol/L EDTA（pH 8.0）。1 mol/L Tris-HCl（pH 8.0）1 mL、0.5 mol/L EDTA（pH 8.0）0.2 mL，加 $ddH_2O$ 至 100 mL；121 ℃高压湿热灭菌 20 min，4 ℃保存备用。

（7）0.5 mol/L EDTA。186.1g $Na_2EDTA-2H_2O$ 加 700 mL $H_2O$ 溶解，用 10 mol/L NaOH 调 pH 值至 8.0（需约 50 mL），加 $H_2O$ 至 1 L。

（8）苯酚/氯仿/异戊醇（25∶24∶1）。氯仿可使蛋白变性并有助于液相与有机相的分开，异戊醇则可起消除抽提过程中出现的泡沫。酚和氯仿均有很强的腐蚀性，操作时应戴手套。

（9）RNaseA（RNA 酶 A）母液。将 RNaseA 溶于 10 mmol/L Tris-Cl（pH 7.5）、15 mmol/L NaCl 中，配成 10 mg/mL 的溶液，于 100 ℃加热 15 min，使混有的 DNA 酶失活，10 000 r/min离心 5min。冷却后用 1.5 mL EP 管分装成小份，保存于-20 ℃。

（10）其他试剂。无水乙醇、灭菌双蒸水 $ddH_2O$、70%乙醇（放于 4 ℃冰箱，用后立即放回）。

## 四、实验步骤

（1）用灭菌的牙签挑取单菌落放入 3 mL LB 液体培养基（含 Amp 0.1 mg/mL）中，37 ℃振荡培养过夜（12~14 h）。

（2）将菌液倒入 1.5 mL EP 管中，10 000 r/min离心 1 min，弃上清液，收集所有菌体。

（3）加入 100 μL 溶液Ⅰ于含有菌体细胞的 EP 管中，涡旋振荡将细菌沉淀悬浮，室温放置 10 min。

（4）加 200 μL 溶液Ⅱ（新鲜配制），快速轻轻混匀内容物（千万不能涡旋振荡），冰浴静置 5 min，菌体裂解液变清。

（5）加 150 μL 溶液Ⅲ（冰上预冷），盖紧管口，轻轻颠倒数次使其混匀（千万不能涡旋振荡）。冰上放置 15 min，使质粒 DNA 复性。

（6）12 000 r/min 离心 10 min，将上清转至另一 EP 管（做好标记）中。

（7）向上清中加入等体积（约 450 μL）的酚/氯仿/异戊醇（25∶24∶1）去除蛋白质和脂质，振荡混匀，12 000 r/min离心 5 min。将上清转移到另一个 1.5 mL EP 管中。

（8）向上清中加入等体积的氯仿/异戊醇去除上一步残留的微量酚和脂质，振荡混匀，12 000 r/min离心 5 min。将上清转移到另一个 1.5 mL EP 管中。

（9）向上清中加入等体积预冷的无水乙醇，涡旋混匀，室温放置 30~60 min，

12 000 r/min离心 10 min。

（10）弃上清，将管口敞开倒置于吸水纸上使所有液体流出，加入 1 mL 70%乙醇洗沉淀 1 次，12 000 r/min离心 5 min。

（11）吸除上清液，将管倒置于吸水纸上使液体流尽，室温干燥。

（12）将沉淀溶于 20 μL TE 缓冲液（pH 8.0，加 10 mg/mL RNaseA 4 μL）中，37 ℃水浴 30 min 以降解 RNA 分子，储于-20 ℃冰箱中。

## 五、注意事项

（1）提取过程应尽量保持低温。

（2）沉淀 DNA 通常使用冰乙醇，在低温条件下放置时间稍长可使 DNA 沉淀完全。沉淀 DNA 也可用异丙醇（一般使用等体积），沉淀完全且速度快，但通常会把盐一起沉淀下来，因此多数情况下使用乙醇。

## 六、课后提升

（1）做好标记，保存好提取出的质粒 DNA，用于琼脂糖凝胶电泳检测质粒 DNA。

（2）简述碱法提取质粒过程中各主要试剂的作用。

（3）预习琼脂糖凝胶电泳检测质粒 DNA 的方法。

# 实验 3　琼脂糖凝胶电泳检测质粒 DNA

## 一、实验目的

通过本实验学习琼脂糖凝胶电泳检测 DNA 的方法。

## 二、实验原理

琼脂糖凝胶电泳技术是分离、鉴定和提纯 DNA 片段的有效方法。凝胶分辨率取决于使用材料的浓度，并由此决定凝胶的孔径。琼脂糖凝胶可分辨 0.1~6.0 kb 的双链 DNA 片段。在弱碱性条件下，带负电荷的 DNA 分子在电场中从负极向正极移动。由于 DNA 分子大小、结构及所带电荷的不同，它们以不同的速率在琼脂糖凝胶中运动而相互分离。溴化乙锭（EB）能与双链 DNA 结合，用 EB 将 DNA 染色，并通过紫外线激发即可观察被分离 DNA 片段的位置。

## 三、实验器材

### 1. 仪器与材料

琼脂糖凝胶电泳系统、凝胶成像仪、微波炉。

已提取好的质粒、琼脂糖、EB。

### 2. 试剂

（1）10×TAE 电泳缓冲液。40 mmol/L Tris、20 mmol/L 乙酸钠、1 mmol/L EDTA（pH 8.0）。

（2）上样缓冲液（6×loading-buffer）。30%甘油、0.05%溴酚蓝。

## 四、实验步骤

### 1. 制备琼脂糖凝胶

按照被分离 DNA 的大小，决定凝胶中琼脂糖的百分含量。可参照表 8-3-1。

**表 8-3-1　琼脂糖凝胶浓度与线性 DNA 的有效分离范围对照表**

| 琼脂糖凝胶浓度/ % | 线性 DNA 的有效分离范围/kb |
| --- | --- |
| 0.3 | 5~60 |
| 0.6 | 1~20 |
| 0.7 | 0.8~10 |
| 0.9 | 0.5~7 |

（续表）

| 琼脂糖凝胶浓度/ % | 线性 DNA 的有效分离范围/kb |
|---|---|
| 1.2 | 0.4~6 |
| 1.5 | 0.2~4 |
| 2.0 | 0.1~3 |

称取 1 g 琼脂糖，放入锥形瓶中，加入 100 mL 1×TAE 电泳缓冲液，置于微波炉加热至完全熔化，取出摇匀，则为 1%琼脂糖凝胶液。

2. 制备胶板

(1) 将有机玻璃内槽洗净、晾干，放置于一水平制胶器中，并放好加样孔梳子（图 8-3-1）。

(2) 平衡凝胶槽，放好两侧挡板，调节好梳子与底板的距离（一般高出底板 0.5~1 mm）。

(3) 铺板，在熔化好的凝胶中加入 EB 溶液使其终浓度为 0.5 μg/mL，轻轻混匀，待冷至 60 ℃左右倒入凝胶槽，胶厚一般为 5~8 mm。

(4) 待胶彻底凝固后，将凝胶放入盛有电泳液的槽中（加样孔朝向负极端，DNA 由负极向正极移动），使液面高出凝胶 2~3 mm，小心拔出梳子。

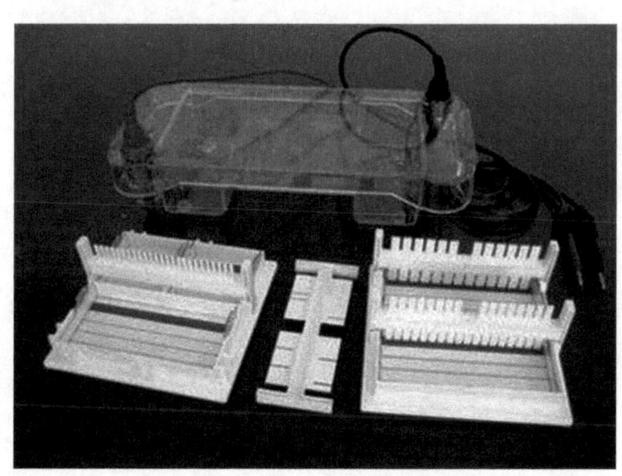

**图 8-3-1 水平制胶器**

3. 加样

DNA 样品与上样缓冲液按照 5∶1 的比例混合并用移液枪加入凹孔中（样品不可溢出），同时记录点样顺序及点样量。

4. 电泳

打开电源，调节所需电压，电压与凝胶的长度有关，一般使用电场强度不超过 5 v/cm。根据指示染料移动的位置，确定电泳是否终止，当溴酚蓝染料移动到距凝胶前沿 1~2 cm 处停止电泳。

电泳完毕后关闭电源。将凝胶放入凝胶成像仪下观察并拍照。

## 五、注意事项

琼脂糖粉在微波炉中加热时间不宜过长，当溶液起泡沸腾时停止加热，否则会引起溶液过热暴沸，导致琼脂糖凝胶浓度不准，也会损坏微波炉。熔化琼脂糖时，必须保证琼脂糖充分熔化，否则会造成电泳图像模糊不清。

## 六、课后提升

绘制观察到的电泳条带，并在图中标注出正确的条带大小。

# 实验4　DNA的酶切与凝胶回收纯化

## 一、实验目的

（1）掌握限制性内切核酸酶酶切原理及体系建立。

（2）了解纯化回收的原理。

## 二、实验原理

### 1. 限制性核酸内切酶

基因工程中必不可少的一种工具酶就是限制性核酸内切酶，限制性核酸内切酶是一类能识别双链DNA分子中特定核苷酸序列，并在识别序列内或附近特异性切割双链DNA的内切核酸酶（endonuclease）的总称。

（1）限制性核酸内切酶命名原则。1973年H. O. Smith和D. Nathams首次提出命名原则，1980年Roberts在此基础上进行了系统分类。

①限制性核酸内切酶第一个字母（大写，斜体）代表该酶的宿主菌属名（genus）；第二、第三个字母（有时是第二至第四个字母；小写，斜体）代表宿主菌种名（species）。

②第四个（有时是第五个）字母（大写，正体）代表宿主菌的株或型（strain）。

③若从一种菌株中发现了多种限制性核酸内切酶，即根据发现和分离的先后顺序使用罗马字母表示。

（2）限制性核酸内切酶类型。据限制性核酸内切酶的识别切割特性、催化条件及是否具有修饰酶活性，可分为Ⅰ型、Ⅱ型、Ⅲ型3类。最常用的是Ⅱ型。Ⅱ限制性核酸内切酶有严格的识别和切割顺序，它以核酸内切方式水解DNA链中的磷酸二酯键，产生的DNA片段5′端为P，3′端为OH，识别序列一般为4~6个碱基对，通常具有180°的旋转对称性即回文结构。Ⅱ限制性核酸内切酶切割双链DNA产生3种不同的切口：5′黏性末端、3′黏性末端、平头末端。

### 2. 质粒图谱

质粒图谱举例如图8-4-1所示。

### 3. 酶切检验和片段回收

双酶切结束后，质粒与目的基因片段分离，由于基因和载体分子量大小不同，在电泳过程中可以分离开来，再利用DNA快速纯化回收试剂盒将目的基因纯化出来，-20 ℃保存，用于后续试验。

## 三、实验器材

### 1. 仪器与材料

恒温水浴锅、琼脂糖凝胶电泳系统、凝胶成像仪、微波炉。

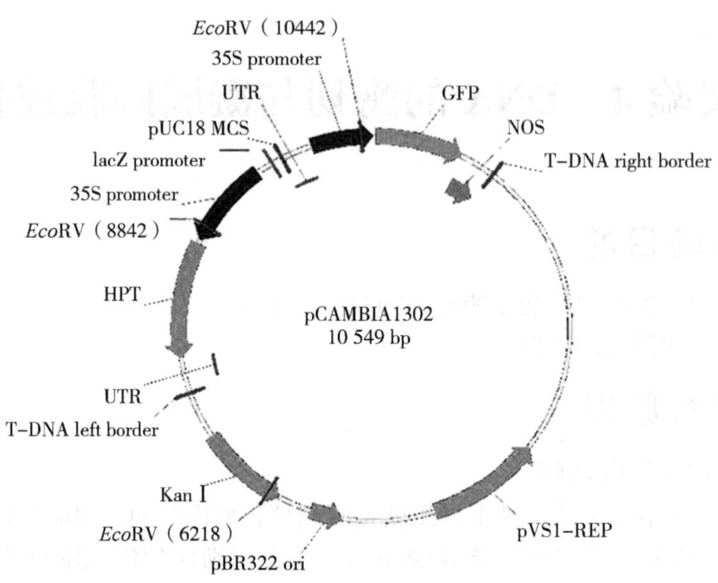


**图 8-4-1 质粒图谱**

第八章实验 2 提取的质粒、DNA 快速纯化回收试剂盒。

2. 试剂

*Bam*H Ⅰ/*Hind* Ⅲ酶及其酶切缓冲液、琼脂糖、TAE 电泳缓冲液。

## 四、实验步骤

1. 酶切

按下列酶切体系（表 8-4-1）加入相应的反应物，*Bam*H Ⅰ/*Hind* Ⅲ酶切，并于 37 ℃保温 1 h。

**表 8-4-1 酶切反应体系**

| 试剂 | 使用量/μL |
|---|---|
| $H_2O$ | 27 |
| 质粒 | 15 |
| 10×buffer | 5 |
| *Hind* Ⅲ | 1.5 |
| *Bam*H Ⅰ | 1.5 |

2. 电泳检测并切下回收片段

（1）进行琼脂糖凝胶电泳检测。

（2）在长波紫外灯下，用干净刀片将所需回收的 DNA 条带切下，尽量切除不含 DNA 的凝胶，得到的凝胶体积越小越好。

（3）将切下的含有DNA条带的凝胶放入1.5 mL离心管中，称重。先称取1个空离心管的重量，然后放入凝胶块后再称1次，2次重量相减得到凝胶的重量。

3. 利用DNA快速纯化回收试剂盒进行纯化回收

提示：第一次使用前请先在漂洗液（WB）中加入指定量无水乙醇，加入后请及时标记已加入乙醇，以免多次加入。

（1）加3倍体积溶胶液。如果凝胶重为100 mg，其体积可视为100 μL，则加入300 μL溶胶液。如果凝胶浓度大于2%，应加入6倍体积溶胶液。

（2）56 ℃水浴放置10 min（或直至胶完全溶解）。每2~3 min颠倒混匀1次以加速溶解。

（3）此步骤可选，一般不需要。每100 mg凝胶加入150 μL的异丙醇，振荡混匀。加入异丙醇可以提高回收率，但加入后不要离心。回收大于4 kb片段时，不要加入异丙醇，加入反而可能降低回收效率。

（4）平衡液预处理吸附柱。使用平衡液预处理硅胶膜吸附柱为必做步骤，具体方法是取1个新的吸附柱放在收集管中，悬空加入100 μL的平衡液至离心柱中，12 000 r/min离心1 min，倒掉收集管中的废液，将离心柱放回收集管中，备用。

（5）将上一步所得溶液加入吸附柱EC中（吸附柱放入收集管中），室温放置1 min，12 000 r/min离心30~60 s，倒掉收集管中的废液。如果总体积超过750 μL，可分2次将溶液加入同1个吸附柱EC中。过滤下的溶胶液与收集管内残存的强碱性平衡液混合后，溶胶液可能会从黄色变成橘红色甚至紫色，此为酚红pH指示剂在碱性条件下的正常颜色变化。

（6）加入600 μL漂洗液WB（请先检查是否已加入无水乙醇），12 000 r/min离心30 s，弃掉废液。

（7）将吸附柱EC放回空收集管中，12 000 r/min离心2 min，尽量除去漂洗液，以防止漂洗液中残留的乙醇抑制下游反应。

（8）取出吸附柱EC，放入1个干净的离心管中，在吸附膜的中间部位加50 μL洗脱缓冲液EB（洗脱缓冲液事先在65~70 ℃水浴中加热效果更好），室温放置2 min，12 000 r/min离心1 min。如果需要较多量DNA，可将得到的溶液重新加入吸附柱中，离心1 min。洗脱体积越大，洗脱效率越高。如果需要DNA浓度较高，可以适当减少洗脱体积，但是最小体积不应少于25 μL，体积过小会降低DNA洗脱效率，减少产量。

## 五、注意事项

（1）所有的离心步骤均在室温完成，使用转速可以达到13 000 r/min的传统台式离心机。

（2）溶胶液中含有刺激性化合物，操作时要戴乳胶手套，避免沾染皮肤、眼睛和衣服。若沾染皮肤、眼睛时，要立即用大量清水或者生理盐水冲洗。

（3）回收纯化的DNA片段一般在100 bp~40 kb，过长或过短片段的回收效率会迅速降低。

（4）回收 DNA 的量与起始 DNA 的量、洗脱体积及 DNA 片段大小有关。一般 1～15 μg、100 bp～5 kb 的 DNA 片段，回收率可高达 85%。

（5）切胶回收时，紫外灯观察对 DNA 片段有损坏作用，应该尽可能使用能量低的长波紫外线，并且尽可能缩短紫外线下处理的时间。

（6）洗脱液 EB 不含有螯合剂 EDTA，不影响下游酶切、连接等反应。也可以使用水洗脱，但应该确保 pH 值大于 7.5，pH 值过低影响洗脱效率。用水洗脱，DNA 片段应该保存在-20 ℃。DNA 片段如果需要长期保存，可以用 TE 缓冲液洗脱（10 mmol/L Tris-HCl，1 mmol/L EDTA，pH 8.0），但是 EDTA 可能影响下游酶切反应，使用时可以适当稀释。

## 六、课后提升

（1）做好实验记录，例如凝胶重量等数据。

（2）绘制实验结果图。

# 实验 5　大肠杆菌感受态细胞的制备

## 一、实验目的

通过本实验掌握大肠杆菌感受态细胞的制备方法。

## 二、实验原理

细菌处于容易吸收外源 DNA 的状态称感受态。质粒本身不具备感染细胞的能力，为了使细胞能吸收外源 DNA，必须改变其细胞生理状态，使之具有较高的接受外源 DNA 的能力，因此在转化之前需要进行感受态细胞制备。

## 三、实验器材

1. 仪器与材料

超净工作台、恒温摇床。

大肠杆菌 DH5a、试管、一次性培养皿。

2. 试剂

LB 培养基（液体、固体）、0.1 mol/L $CaCl_2$（过滤灭菌）、含 15%甘油的0.1 mol/L $CaCl_2$（过滤灭菌）。

## 四、实验步骤

（1）挑取纯化的大肠杆菌单菌落接种于盛有 3 mL LB 液体培养基的小三角瓶里，37 ℃，180 r/min 振荡培养过夜。

（2）取 0.4 mL 培养菌液接入 40 mL 液体培养基中，37 ℃、180 r/min 振荡培养至 $OD_{600}$为 0.5~0.6，冰浴 15 min。

（3）将菌液分别移入 1.5 mL 无菌 EP 管中，4 ℃、4 000 r/min离心 5 min，弃上清，用 300 μL 预冷的 0.1 mol/L $CaCl_2$（过滤灭菌）悬浮，用枪头轻轻混匀，冰浴 30 min。

（4）4 ℃、4 000 r/min 离心 10 min，弃上清，再加 90 μL 预冷的 0.1 mol/L $CaCl_2$（如要在-80 ℃长期保存，用含 15%甘油的 0.1 mol/L $CaCl_2$），轻轻重悬（务必放在冰上操作）。

（5）分装细胞，每 200 μL 分装 1 份。此细胞为感受态细胞，或直接使用或保存至-80 ℃。

## 五、课后提升

详细描述实验结果，并分析实验中应注意的细节。

# 实验6 蓝白斑筛选鉴定重组体

## 一、实验目的

（1）了解α互补原理以及其他筛选鉴定方法。

（2）通过本实验学会重组DNA（重组子）的筛选方法。

（3）熟悉重组DNA筛选的操作步骤。

## 二、实验原理

### 1. DNA片段的连接

质粒DNA与目的基因的DNA经同一种或两种限制性核酸内切酶消化后，产生具有相同黏性末端或平末端的DNA片段，在DNA连接酶及ATP存在时，具有相同末端的DNA片段之间能重新生成磷酸二酯键，从而使DNA片段相互连接。

### 2. 转化

转化是指将质粒DNA或以其为载体构建的重组子导入细菌中，并使细菌细胞的生物学特性发生可遗传改变的过程。用冰冷$CaCl_2$溶液处理和短暂热休克处理是转化的常用方法，也是最便宜且简便的方法。其原理是当细菌处于0 ℃的$CaCl_2$低渗溶液中时，菌体细胞膨胀形成球形，同时转化混合物中的DNA形成抗DNase的羟基-钙磷酸复合物黏附于细胞表面，经过42 ℃短时间热击处理，促进细胞吸收DNA复合物，在丰富培养基上生长1 h后，球状细胞复原并分裂增殖，重组子中的基因在被转化的细菌中得到表达，再通过选择性培养基平板即可筛选出所需要的转化子。

### 3. 筛选

将重组质粒转化宿主细胞后，还需对转化菌落进行筛选。利用α互补现象进行筛选是最常用的一种鉴定方法。α互补是指大肠杆菌β-半乳糖苷酶的2个无活性片段组合而成为功能完整的酶的过程。该酶是把乳糖切成葡萄糖和半乳糖的酶，该酶基因来自大肠杆菌*Lac* *I*基因，删去*Lac* *I*基因中编码起始甲硫氨酸的5′区，翻译将从下游的甲硫氨酸开始，从而产生酶的C端片段。现用的许多载体都含有β-半乳糖苷酶的前146个氨基酸的编码序列及其调控序列，即N端片段序列，其中在编码序列中包含着保持阅读框的多克隆位点，会在酶的N端引入少量不影响其功能的氨基酸。当在异丙基-*β*-*D*-硫代半乳糖苷（IPTG）诱导氨基末端片段和β-乳糖苷酶的合成，从而互补β-半乳糖苷酶缺陷的宿主。合成的β-半乳糖苷酶可将无色的X-gaL分解成半乳糖和深蓝色的底物5-溴-4-靛蓝，在培养基平板上就会形成蓝色菌落。但在多克隆位点插入外源DNA时，会导致β-半乳糖苷酶的氨基末端失活（即*Lac* *I*基因表达中断），从而不能

进行 α 互补，因此带有重组载体质粒的细菌产生白色菌落，通过在 X-gaL 平板上的蓝/白颜色筛选重组子。除了 α 互补筛选法外，还有抗药性筛选法、营养缺陷型筛选法、电泳筛选法、PCR 检测法、核酸探针筛选法和 DNA 序列分析方法。

## 三、实验器材

1. 仪器

超净工作台、涂布棒、培养皿、恒温培养箱、恒温水浴锅、离心管、Eppendorf 管、三角瓶、摇床、冰盒、碎冰、微量移液枪。

2. 试剂

T4 DNA 连接酶（5U/μL）、*Eco*R Ⅰ、*Hind*Ⅲ、质粒 DNA 双酶切的质粒 DNA、目的 DNA 片段（*Eco*R Ⅰ、*Hind*Ⅲ双酶切）、5×T4 DNA 连接酶缓冲液、感受态细胞、连接产物、X-gal、IPTG、LB 培养基［液体、固体及含抗生素 Amp、卡那霉素（Kanamycin，Kana）的培养基平板］、灭菌 0.1 moL/L $CaCl_2$ 溶液。

## 四、实验步骤

1. DNA 的连接

（1）连接反应混合液的准备。按表 8-6-1 在 Eppendorf 管中依次加入试剂。

表 8-6-1　DNA 连接体系

| 试剂 | 体积/μL |
|---|---|
| 经 *Eco*R Ⅰ、*Hind*Ⅲ双酶切的质粒 DNA（回收的产物） | 2.0 |
| 目的 DNA 片段（T 载体） | 4.0 |
| 5×T4 DNA 连接酶缓冲液 | 2 |
| T4 DNA 连接酶 | 1 |
| 重蒸水 | 1 |
| 总体积 | 10 |

（2）将 Eppendorf 管放入 16 ℃水浴中过夜，反应产物用于转化。

注：载体与目的基因的摩尔数之比应约为 1∶(3~5)。当目的基因浓度过高（过低）时，可通过增加（减少）重蒸水和减少（增加）目的基因的加入量来调节。

2. 转化

（1）制备含有 Amp 的 LB 培养基平板，备用。

（2）取 1 管 100 μL 的感受态细胞（如果是冰冻的则需要在冰上化冻后进行操作），加入重组质粒（质粒与目的基因）的连接产物 5 μL（不要超过 5 μL），轻轻吹打均匀。

（3）置冰浴中 20 min。

（4）42 ℃保温 90 s 或 37 ℃保温 5 min，迅速放入冰中，冰浴 3~5 min。

（5）加入 1 mL 的 LB 培养基，37 ℃振荡培养 1 h。

3. 蓝白斑筛选

（1）3 000 r/min 离心 5 min，弃去上清，余下全部样品（约 0.1 μL）用枪轻轻吹匀，吸至含有 Amp 抗生素的 LB 培养基平板上，另加入 20 mg/mL 的 X-gal 20 μL 和 100 mmol/L 的 IPTG 40 μL，均匀涂布。

（2）培养基平板正置于 37 ℃培养箱中 30 min 后，再倒置培养 16 h。

（3）将含有重组子的并活化后的菌液均匀涂布于含 Amp 抗生素的并添加 X-gal 和 IPTG 的 LB 培养基平板上，培养至蓝/白斑出现。

（4）观察平板上长出的抗性菌落（转化子），有白色菌落和蓝色菌落，白色菌落可视为重组子，蓝色菌落为非重组子。统计蓝、白斑的比例。

## 五、课后提升

思考：白色菌落是否都是真正的重组子？为什么？

# 实验 7　菌落 PCR 扩增 DNA 及电泳检测

## 一、实验目的

（1）了解 PCR 鉴定重组子的方法原理。
（2）通过本实验学会 PCR 鉴定重组子的方法。
（3）熟悉 PCR 鉴定重组子的操作步骤。

## 二、实验原理

平板抗生素与蓝白斑筛选是非常重要的，但并不精确，因为平板上的许多菌落是假阳性的，如载体 DNA 缺失后自我连接引起的转化、非特异性片段插入组建载体的转化，而真正阳性重组体只有很小一部分。要确证外源目的基因片段插入载体，还要鉴定转化子中重组质粒 DNA 分子的大小，所以必须从转化子中鉴定出真正的重组子。PCR 检测法是比较简便的方法。可以利用现有的引物，以含有重组子的菌液为模板，或通过碱裂解法提取质粒，再以质粒为模板进行 PCR 扩增，检测构建的质粒是否为所期望的重组质粒。其他方法还有酶切鉴定法、核酸探针分子杂交法、DNA 序列分析法等。

## 三、实验器材

1. 仪器

超净工作台、涂布棒、培养皿、恒温培养箱、PCR 扩增仪、电泳仪、电泳槽。

2. 试剂

X-gal、IPTG、LB 培养基（含抗生素 Amp、Kana）、琼脂糖、电泳缓冲液、DNA 标准 Marker、引物、Taq 酶及其他 PCR 反应体系的成分、上样缓冲液、乙醇、TE。

## 四、实验步骤

1. 培养菌液

取实验 6 中长出蓝/白斑的培养基平板，挑取白色单菌落接入 1.5 mL 含 Amp 抗生素的 LB 液体培养基中，37 ℃振荡培养 3 h，取出 2 μL 菌液作为模板进行 PCR 反应。

2. 制备 PCR 反应体系

在 0.2 mL 的 Eppendorf 管中按表 8-7-1 依次加入试剂。

表 8-7-1　PCR 反应体系

| 试剂 | 体积/μL |
|---|---|
| 模板 DNA | 5 |
| 引物 F | 0.5 |
| 引物 R | 0.5 |
| 10×buffer | 2 |
| dNTPs | 2 |
| $ddH_2O$ | 9.5 |
| Taq 酶 | 0.5 |
| 总体积 | 20 |

3. PCR 反应

充分混匀后，稍离心。将反应管放入 PCR 热循环仪中进行扩增反应。

PCR 的扩增参数为：94 ℃预变性 3 min；94 ℃变性 50 s，61 ℃退火 50 s，72 ℃延伸 1.5 min，35 个循环；72 ℃延伸，10 min。

4. 电泳检测

（1）反应结束后，取 8 μL 反应液与 2 μL 上样缓冲液混合后，用 1.0%琼脂糖凝胶电泳在 5 V/cm 电场条件下电泳 30 min 进行检测。以目的基因片段作为对照，确认是否正确插入重组质粒。

（2）剩余菌液继续振荡培养至对数期，4 ℃保存备用。

## 五、课后提升

思考：以菌液做模板和以质粒做模板进行扩增有什么区别。

# 实验 8　酶切及电泳检测

## 一、实验目的

（1）了解酶切鉴定重组子方法的原理。

（2）学会酶切鉴定重组子的方法。

（3）熟悉酶切鉴定重组子的操作步骤。

## 二、实验原理

平板抗生素与蓝白斑筛选是非常重要的，但并不精确，因为平板上的许多菌落是假阳性，如载体 DNA 缺失后自我连接引起的转化、非特异性片段插入组建载体的转化，而真正阳性重组体只有很小一部分。要确证外源目的基因片段插入载体，还要鉴定转化子中重组质粒 DNA 分子的大小，所以必须从转化子中鉴定出真正的重组子。酶切电泳也是比较常用的方法。即从转化子中，利用碱变性法提取质粒，通过琼脂糖凝胶电泳测定它们的大小，并用酶切后电泳进一步验证质粒的重组情况。但对于插入片段大小相似的非目的基因片段，电泳法仍不能鉴别出假阳性重组子。

## 三、实验器材

1. 仪器

超净工作台、涂布棒、培养皿、恒温培养箱、电泳仪、电泳槽、冰盒、微量移液枪。

2. 试剂

X-gal、IPTG、LB 培养基（含抗生素 Amp、Kana）、提取质粒的试剂、限制性内切酶、琼脂糖、电泳缓冲液、DNA 标准 Marker。

## 四、实验步骤

（1）转化后的细胞在含有抗生素的 LB 平板上培养过夜后，会长出许多抗性菌落（转化子），其中有白色菌落（可视为重组子）和蓝色菌落（可视为非重组子）。

（2）挑取白色单菌落接入 5 mL 含抗生素的 LB 液体培养基中，37 ℃振荡培养过夜。

（3）取 1.5 mL 菌液提取质粒，另取 0.5 mL 菌液至 1 个新的 Eppendorf 管中。具体方法见第七篇实验 2。

（4）电泳检测提取出来的质粒。

（5）按表 8-8-1 建立酶切反应，37 ℃保温 1 h。

表 8-8-1　酶切反应体系

| 成分 | 体积/μL |
|---|---|
| $H_2O$ | 7 |
| 重组质粒 | 10 |
| 10×buffer | 2 |
| *Hind* Ⅲ | 0.5 |
| *Bam*H Ⅰ | 0.5 |
| 总体积 | 20 |

（6）利用空载体与目的基因片段作为对照，对酶切后的重组质粒进行电泳，从酶切后的片段数目及大小上进行确认。

## 五、课后提升

思考：酶切电泳法鉴定重组子有什么不足的地方？

# 实验 9　植物总 RNA 的提取及电泳检测

## 一、实验目的

（1）了解真核生物基因组 RNA 提取的一般原理。

（2）掌握 RNA 制备以及常用鉴定方法的原理、操作步骤、注意事项和技术关键。

（3）通过 RNA 电泳带评价 RNA 质量。

## 二、实验原理

RNA 是一类极易降解的分子，要得到完整的 RNA 必须最大限度地抑制提取过程中内源性及外源性核糖核酸酶（RNase）对 RNA 的降解。高浓度变性剂异硫氰酸胍可溶解蛋白质，破坏细胞结构，使核蛋白与核酸分离，灭活 RNA 酶，因此 RNA 从细胞中释放出来时不被降解。细胞裂解后，除了 RNA，还有 DNA、蛋白质和细胞碎片，可通过酚、氯仿等有机溶剂处理得到纯化、完整的总 RNA。

已有多种较为成熟的分离总 RNA 的方法，常用的有 3 种：一是苯酚法，用 SDS 变性蛋白并抑制 RNase 活性，经多次酚/氯仿抽提除去蛋白、多糖、色素等后，用乙酸钠和乙醇沉淀 RNA；二是胍盐法，用异硫氰酸胍或盐酸胍和 β-巯基乙醇变性蛋白，并抑制 RNase 的活性，经酚/氯仿抽提后再沉淀；三是氯化锂沉淀法，因为氯化锂在一定 pH 下能使 RNA 相对特异地沉淀，但容易使小分子 RNA 损失，而且残留的锂离子对 mRNA 有抑制作用。

用于植物细胞总 RNA 的提取主要有苯酚法、异硫氰酸胍法、氯化锂沉淀法、SDS/酚抽提法，或应用商品化的 Trizol 试剂和各类试剂盒进行提取。由于植物细胞具有坚硬的细胞壁，内含较多的多糖、脂质、多酚等次生代谢物，同种植物的不同组织和不同植物的同种组织材料，其 RNA 的提取方法也会有很大差异。RNase 变性剂常用的有 DEPC、脱氧核糖核苷复合物等。适宜的 RNA 提取材料处理方法也不尽相同。

## 三、实验器材

1. 仪器与材料

超净工作台、离心机、高压灭菌锅、低温冰箱、电泳仪、电泳槽、液氮罐、陶瓷研钵、1.5 mL 离心管、冰盒、微量移液枪。

新鲜植物组织。

2. 试剂

异丙醇、无水乙醇、70%乙醇、β-巯基乙醇、100 mol/L 亚精胺、甲醛、液氮、DEPC 水、琼脂糖、1×TAE、上样缓冲液。

提取液：20 g/L CTAB，20 g/L PVP，50 mmol/L EDTA，4.0 mol/L NaCl，100 mmol/L Tris-HCl。每组 200 mL（用 0.1%的 DEPC 水配制），分装 3~4 瓶灭菌。

10 mol/L LiCl：用 0.1%的 DEPC 水配制，分装 3~4 瓶灭菌。

无 RNA 酶灭菌水：使用高温烘烤（180 ℃，2 h）的玻璃瓶装蒸馏水，然后加入 0.1%的 DEPC，处理过夜后用 121 ℃、0.1 MPa 高压灭菌 20 min。

75%乙醇：用 DEPC 处理水配制 75%乙醇（用高温灭菌器皿配制），然后装入经高温烘烤的玻璃瓶中。每组 200 mL，分装 3~4 瓶，存放于低温冰箱。

氯仿：异戊醇（24：1）或氯仿 200 mL，分装 3~4 瓶。

## 四、实验步骤

1. RNA 提取

（1）材料处理。将新鲜植物组织放入已灭菌并用液氮预冷的研钵中，叶片、根、茎、果分别取 1~2 g，加液氮，快速将材料研磨成粉末状，然后转入 1.5 mL 离心管中。

（2）加入 65 ℃预热 1 h 的 RNA 提取液 0.7 mL、100 mol/L 亚精氨 3 μL 和 β-巯基乙醇 8 μL 混匀，65 ℃水浴 4~5 min。

（3）加入 0.7 mL 氯仿：异戊醇（24：1），混匀 4~5 min。

（4）12 000 r/min、4 ℃离心 10 min。用移液枪小心吸取上层清液于另一试管中重复步骤（3）抽提 1 次，并再加入 5 μL 的 β-巯基乙醇。

（5）取上清于另一支 1.5 mL 离心管中，加入 1/4 体积的 10 mol/L LiCl 混匀，在 -20 ℃下沉淀过夜。

（6）12 000 r/min、4 ℃离心 20 min，弃去上清液，晾干后加 100 μL 0.1% DEPC 水溶解沉淀后，转入到另一支 1.5 mL 的离心管中。

（7）再加入等体积的氯仿：异戊醇（24：1），12 000 r/min、4 ℃离心 10 min，然后用移液枪小心吸取上清液于另一支 1.5 mL 离心管中，加入 2 倍体积的无水乙醇置于 -20 ℃，2 h 以沉淀 RNA。

（8）12 000 r/min、4 ℃离心 20 min，弃去上清液，用现配的 75%乙醇洗涤沉淀，加入 40 μL 0.1% DEPC 水溶解沉淀，-70 ℃保存。

2. 电泳

使用 0.1% DEPC 水配制 1%的琼脂糖凝胶进行电泳。

3. RNA 质量检测

（1）利用 CTAB 法提取的 RNA，其 28S 和 18S 两条带带型清晰，且 28S rRNA 在亮度上均为 18S rRNA 的 2 倍，两条带之间无弥散现象，说明 RNA 在提取过程中结构完整，基本排除了 RNase 的污染，未发生明显降解。

（2）利用改良的 CTAB 法提取的 RNA，取 20 μL RNA 溶液加入 1 980 μL 0.1%的 DEPC 灭菌水稀释 100 倍。使用紫外可见分光光度计（UV2102，UNICO）分别检测得到各组织 RNA 在波长分别为 230 nm、260 nm、280 nm 的光吸收值 $A$，每个波长重复 3 次，分别计算 $A_{260}/A_{280}$ 和 $A_{260}/A_{230}$，取平均值。

（3）$A_{230}$用来检测 RNA 溶液中除蛋白质以外的杂质；$A_{260}$用来检测 RNA 溶液中 RNA 的量，每 1 个 OD 值表示 40 μg/mL 的 RNA；$A_{280}$用来检测 RNA 溶液中蛋白的量，三者的比率显示 RNA 提取的质量。$A_{260}/A_{280}$接近 2.0，$A_{260}/A_{230}$也接近 2.0，说明所提 RNA 的纯度较高，蛋白含量较低，有效地排除了多糖及酚类物质的干扰。

## 五、课后提升

（1）RNA 酶的变性或失活剂有哪些？在总 RNA 的抽提中主要可用哪几种？

（2）如何克服 RNA 提取过程中的降解？

（3）如何检测提取的总 RNA 的质量和纯度？

# 实验 10　聚丙烯酰胺凝胶电泳分离植物过氧化物酶同工酶

## 一、实验目的

（1）掌握电泳技术的原理、方法和凝胶配制等知识。

（2）熟悉主要的操作过程。

## 二、实验原理

同工酶是指能催化同一种化学反应，但其酶蛋白本身的分子结构、组成却有所不同的一组酶。植物在发育过程中，所含同工酶的种类和比例都不相同。作为基因表达的产物，测定同工酶谱是认识基因存在和表达的一种工具，在植物的种群、发育和杂交遗传的研究中有重要的意义。

利用聚丙烯酰胺凝胶电泳测定同工酶，方法简便、灵敏度高、重现性强、测定结果便于观察、记录和保存。本实验通过聚丙烯酰胺凝胶垂直板电泳技术分离小麦幼苗的过氧化物同工酶，根据酶催化的反应，通过染色方法显示出酶的不同区带，以鉴定小麦幼苗过氧化物同工酶。

1. 聚丙烯酰胺凝胶

聚丙烯酰胺凝胶电泳是以聚丙烯酰胺凝胶作为载体的一种区带电泳。这种凝胶是以丙烯酰胺单体（Acr）和交联剂 N,N′-亚甲基双丙烯酰胺（Bis）在催化剂的作用下聚合而成的。Acr 和 Bis 单独存在或混合在一起时是稳定的，且具有神经毒性，操作时应避免接触皮肤。但在具有自由基体系时它们容易引起聚合作用。引发产生自由基的方法有 2 种——化学法和光化学法。

化学聚合的引发剂是过硫酸铵（Ap），催化剂是 N,N,N′,N-四甲基乙二胺（TEMED），在催化剂 TEMED 的作用下，过硫酸铵形成的自由基又使单体形成自由基，从而引起聚合作用。TEMED 在低 pH 时失效，会使聚合作用延迟，冷却也可使聚合速度变慢；一些金属能够抑制聚合，如分子氧阻止链的延长，妨碍聚合作用。这些因素在实际操作时应予以控制。

光聚合以光敏感物质核黄素作为催化剂，在痕量氧存在下，核黄素经光解形成无色基，无色基被氧化成自由基，从而引起聚合作用。

光聚合形成的凝胶孔径较大，而且其随着时间的延长而逐渐变小，不太稳定，所以用它制备大孔径的浓缩胶较为合适。采用化学聚合形成的凝胶孔径较小，而且重复性好，常用来制备分离胶。

聚丙烯酰胺凝胶的质量主要由凝胶浓度和交联度决定。每 100 mL 凝胶溶液中含有的单体和交联剂的总质量称为凝胶浓度，用 *T*%表示。凝胶溶液中，交联剂占单体和交联剂总量的百分数称为交联度，用 *C*%表示。改变凝胶浓度以便适应各种样品的分离。一般常用7.5%浓度的聚丙烯酰胺凝胶分离蛋白质，而用2.4%浓度的聚丙烯酰胺凝胶分离核酸。

2. 不连续聚丙烯酰胺凝胶电泳的原理

系统的不连续性表现在以下几个方面。

（1）凝胶板由上下两层胶组成，两层凝胶的孔径不同，上层为大孔径的浓缩胶，下层为小孔径的分离胶。

（2）缓冲液离子组成及各层凝胶的 pH 值不同。本实验采用碱性系统，电极缓冲液为 pH 8.3 的 Tris-甘氨酸缓冲液，浓缩胶缓冲液为 pH 6.7 的 Tris-HCl 缓冲液，而分离胶缓冲液为 pH 8.9 的 Tris-HCl 缓冲液。

（3）在电场中形成不连续的电位梯度。

不连续电泳之所以有很高的分辨率是因为其有 3 种效应：浓缩效应、电荷效应和分子筛效应。在这 3 种效应的共同作用下，待测物质可被很好地分离开来。

待分离样品中的各组分在浓缩胶中会被压缩成层，而使原来很稀的样品得到高度浓缩。虽然样品胶和浓缩胶都是用的 Tris-HCl 缓冲液，但 pH 不同；电泳时，由于 HCl 是强电解质，不管在哪层胶中，几乎都完全电离，$Cl^-$布满整个胶板。而在电泳槽中的 Tris-甘氨酸缓冲液是 pH 8.3，因为甘氨酸的等电点为6.0，在电泳过程中，只有极少数分子（0.1%~1%）解离成 $H_2N—CH_2—COO^-$。一般酸性蛋白质在此 pH 下也解离为带负电荷的离子，但其解离度比 HCl 小，比甘氨酸大。这 3 种离子带有同性电荷，在一定的电场作用下，它们的有效泳动率是不一样的：$Cl^-$>蛋白质>甘氨酸。根据有效泳动率的大小，最大的称为快离子（或先行离子），最小的称为慢离子（或随后离子）。电泳一开始，有效泳动率最大 $Cl^-$迅速跑到最前边成为快离子，甘氨酸有效泳动率最低，跑在最后，成为慢离子，二者之间就形成了 1 个不断移动的界面，酶蛋白有效泳动率介于快慢离子之间，被夹持分布于界面附近，逐渐形成 1 条区带。

由于快离子的泳动率最大，在快离子后面就形成 1 个离子浓度低的区域，即低电导区。电导与电势梯度是成反比的，所以低电导区就产生了较高的电势梯度。这种高电势梯度使蛋白质和慢离子在快离子后面加速移动。因而在高电势梯度区和低电势梯度区之间形成 1 个迅速移动的界面。由于样品中蛋白质的有效泳动率恰好介于快、慢离子之间，所以也就聚集在这个移动的界面附近，被浓缩成 1 个狭小的样品薄层，这就是所谓的浓缩效应。在此区带中，各种蛋白又按其电荷而分成不同层次，在进入分离胶前被初步分离，形成若干条离得很近但又不同的“起跑线”。

## 三、实验器材

1. 仪器与材料

垂直板电泳槽及附件（玻璃板、电泳槽、梳子、导线等）、稳压稳流直流电泳仪、高速冷冻离心机、微量移液器、烧杯、玻璃棒、大培养皿。

小麦幼苗或其他植物组织。

2. 试剂

2%琼脂、分离胶缓冲液（pH 8.9 Tris-HCl 缓冲液）、浓缩胶缓冲液（pH 6.7 Tris-HCl 缓冲液）、分离胶储液、浓缩胶储液、过硫酸铵、TEMED、核黄素、电极缓冲液（pH 8.3 Tris-甘氨酸缓冲液）、40%蔗糖溶液、样品提取液（pH 8.0 Tris-HCl 缓冲液）、0.5%溴酚蓝溶液、Vc-联苯胺染色液。

## 四、实验步骤

### （一）电泳槽的安装

将玻璃板洗净，再用蒸馏水冲洗，直立干燥。干燥后在玻璃板两侧连续涂上凡士林，然后安装在电泳槽上，用夹子固定，底部用2%琼脂封底。电泳槽的垂直平面两侧各有一个硅胶条，在玻璃板和电泳槽的垂直平面之间距离约为1.5 mm，形成1个“胶室”，凝胶液就在这两板之间的胶室内聚合成平板胶，待琼脂凝固后即可灌制凝胶。

### （二）凝胶的制备

1. 配制分离胶

将储液从冰箱取出，待与室温平衡后再配制分离胶工作液（表8-10-1）。

**表 8-10-1　分离胶配制**

| 项目 | 分离胶缓冲液 | 分离胶储液 | 过硫酸铵 | 去离子水 |
|---|---|---|---|---|
| 体积比例 | 1 | 2 | 4 | 1 |
| 取用量/mL | 4 | 8 | 16 | 4 |

将上述溶液混匀后，加入1~2滴TEMED并混匀，然后将分离胶沿玻璃板加入胶室内至适当高度，小心不要产生气泡，立即覆盖2~3 mm的水层，静置待聚合（约40 min），当胶与水层的界面重新出现时表明胶已聚合。

2. 配制浓缩胶

按表8-10-2配制浓缩胶。

**表 8-10-2　浓缩胶配制**

| 项目 | 浓缩胶缓冲液 | 浓缩胶储液 | 核黄素 | 蔗糖 |
|---|---|---|---|---|
| 体积比例 | 1 | 2 | 1 | 2 |
| 取用量/mL | 2 | 4 | 2 | 4 |

先倒掉分离胶上的水层，立即加入浓缩胶，插入梳子，照光使胶聚合，待胶凝固后，小心取出梳子。将稀释10倍的电极缓冲液倒入两槽中，上槽缓冲液要求没过样品槽，下槽缓冲液要求没过电极，准备点样和进行电泳。

### （三）样品的制备

称取小麦幼苗茎部0.5 g，放入研钵中，加提取液1 mL，于冰浴中研成匀浆，然后以 2 mL 提取液分 2 次加入离心管，于 4 ℃、10 000 r/min离心 10 min，倒出上清液，与等量的 40%蔗糖混合，留作点样用。

### （四）点样

用微量加样器吸取少量样液，每个点样槽加 15～50 μL。点样时需小心，防止样品液的扩散。

### （五）电泳

在上下电泳槽中加入电极缓冲液，并在上槽电极缓冲液中加 1 滴溴酚蓝，混匀。连接好电源线（上槽为负极）。打开电源开关，调节电流到每个点样孔 1 mA 左右，样品进入分离胶后加大到每孔 2 mA，维持恒流。待指示燃料下行到距胶板末端 1 cm 处，即可停止电泳，将调节旋钮调至零，关闭电源，电泳约 90 min。

### （六）剥胶

倒掉电极缓冲液，取下夹子，掀开玻璃，去掉浓缩胶，用玻璃棒协助将分离胶放到大培养皿中。

### （七）染色、记录结果

在大培养皿中加入适量 Vc-联苯胺染色液，淹没整个胶板，于室温下显色 20 min，即得到过氧化物酶同工酶的红褐色酶谱。于日光灯下观察记录酶谱，并绘图。

## 五、课后提升

思考：用相同植物组织部位的材料经过不同实验处理后，如干旱处理，实验所得酶谱是否相同，为什么？

# 实验 11　利用 RT-PCR 技术分析基因表达

## 一、实验目的

（1）掌握 RT-PCR 反应的基本原理。

（2）学习利用 RT-PCR 进行基因表达分析的基本技术。

## 二、实验原理

反转录多聚酶链式反应（reverse transcription－polymerase chain reaction，RT－PCR）是对特定的 RNA 分子进行扩增的技术，可分成 2 个部分：①将目的 RNA 反转录（RT）为 complementary DNA（cDNA）；②以此 cDNA 为模板进行聚合酶链式扩增（PCR）。RT-PCR 技术灵敏而且用途广泛，如检测细胞中特异基因在 mRNA 水平的表达情况；检测细胞中 RNA 病毒的含量；从 mRNA 直接克隆特定基因而不必构建 cDNA 文库等。

RT-PCR 可以一步法或两步法的形式进行。在两步法中，先在逆转录缓冲液中进行 cDNA 的合成，然后取出部分反应产物在另一缓冲系统进行 PCR；在一步法中，逆转录和 PCR 在同一缓冲体系中顺次进行。本实验将利用一步法对从拟南芥叶片中 *CaM5* 基因在 mRNA 上的表达水平进行分析。

（1）基因组 DNA 水平上扩增的条带大小为 992 bp，其中外显子为 450 bp，内含子为 542 bp（图 8-11-1）。

ccaacgttgattcttcttcttcttcttctctctttctcatctaaaccaaaaaATG[illegible]
[illegible]GATCTCTGAGTTCAAGGAAGCTTTTAGCCTTT
TCGACAAAGACGGAGATGgttcttctctctcagatctttcctctttgtataatttcattcataa
tagactcacttgcgtttttttggtgttttgagtatcacttagtcttggctttaggaatttgatgctcttcgttgtcca
taaaatctctggatattcacattaacattaaacgcgagatttgatgatatctttatcgttcgttgattataaattata
atcgcaatcggatctatctcgataataatctctaacttaatcgtgttttagtcttccagattttactaattgtgatta
gaattgacacaaatcttagaattcaataatcgaagtagattacattgacatttgtagatttttgtttaattgattca
gttatttgagtaggttacaatgaaatttgaagatttgtgttcatttgatacagttgttagagtaactaaaatgaaa
tttgaagattttgtgtgttattagagtaaattacaatgaaaatttgaagatttggtgttaaaatctgttactgatttg
agagaaatgtgtggttttgtgtttagGTTGCATCACAACGAAAGAGCTAGGAAC
AGTGATGAGATCATTAGGTCAAAATCCAACAGAAGCAGAGTTA
CAAGATATGATAAACGAAGTAGATGCTGATGGTAACGGAACCA
TAGACTTCCCTGAGTTTCTGAACCTAATGGCTAGGAAGATGAAG
GACACTGACTCTGAAGAAGAGCTCAAAGAAGCTTTCAGGGTTTT
CGATAAGGACCAGAACGGTTTCATCTCGGCAGCTGAGTTAAGA
CATGTAATGACAAATCTTGGTGAGAAGTTAACTGATGAAGAAG
TTGATGAGATGATCAAAGAAGCTGATGTTGATGGAGATGGTCA
GATCAATTATGAAGAG[illegible]TGAg
gaaactattctcatatcttttctctctttttctttctttctttttttgaattgaacaactctgattattgctttattctatgttt
gactgttcattattatgcattcgtcccaaatttcatgttatgaactattttgtgactttgggttaaattatttgtttgg
aagtttttagtttattttatattatgtgaagtaccattgtaatggtcgttgaaaaagctatctcttggtattagtactt
ttttattttattgtattttatagtttgcaat

图 8-11-1　DNA 水平上的 *CaM5* 基因

（2）mRNA 水平上扩增的条带大小为 450 bp（图 8-11-2）。

ccaacgttgattcttcttcttcttcttcttctctcttctcatctaaaccaaaaaATG[illegible]
[illegible]GATCTCTGAGTTCAAGGAAGCTTTTAGCCTTT
TCGACAAAGACGGAGATGGTTGCATCACAACGAAAGAGCTAGG
AACAGTGATGAGATCATTAGGTCAAAATCCAACAGAAGCAGAG
TTACAAGATATGATAAACGAAGTAGATGCTGATGGTAACGGAA
CCATAGACTTCCCTGAGTTTCTGAACCTAATGGCTAGGAAGATG
AAGGACACTGACTCTGAAGAAGAGCTCAAAGAAGCTTTCAGGG
TTTTCGATAAGGACCAGAACGGTTTCATCTCGGCAGCTGAGTTA
AGACATGTAATGACAAATCTTGGTGAGAAGTTAACTGATGAAG
AAGTTGATGAGATGATCAAAGAAGCTGATGTTGATGGAGATGG
TCAGATCAATTATGAAGAG[illegible]
GAggaaactattctcatatcttttctctcttttctttctttctttttgaattgaacaactctgattattgctttattct
atgtttgactgttcattattatgcattcgtcccaaatttcatgttatgaactattttgtgactttgggttaaattatttg
tttggaagtttttagtttattttatattatgtgaagtaccattgtaatggtcgttgaaaaagctatctcttggtattag
tactttttttattttattgtattttatagtttgcaat

**图 8-11-2　mRNA 水平上的 *CaM5* 基因**

# 三、实验器材

## 1. 仪器与材料

PCR 仪、PCR 管、离心机、微量移液枪等、琼脂糖凝胶电泳装置。

拟南芥叶片总 RNA。

## 2. 试剂

dNTP mixture、1.0%琼脂糖凝胶、矿物油、6×loading bufler。

（1）primeScript 1 step Enzyme mix：Primescript RTase；EX Taq HS；RNase inhibitor。

（2）2×1 step buffer：10×one step RT-PCR buffer；One step enhancer solution。

（3）引物：

正向引物（10 μmol/L）：5’-CGCGAATTCATGGCAGATCAGCTCACCGATGATCA-3’。

反向引物（10 μmol/L）：5’-AGAGCGGCCGCCTTTGCCATCATAACTTTGACAAA-3’。

# 四、实验步骤

## 1. RT-PCR 反应混合液的配制

| | |
|---|---|
| 2×1 step buffer | 12.5 μL |
| primeScript 1 step Enzyme mix | 1 μL |
| 正向引物（$P_1$） | 1 μL |
| 反向引物（$P_2$） | 1 μL |
| 总 RNA 模板 | 1 μL |
| RNase Free dd$H_2O$ | 8.5 μL |

所有试剂按量添加于 PCR 管后，轻轻混匀，稍离心后即可，为了防止反应混合液蒸发，最后可添加 15 μL 矿物油。

2. PCR 仪的参数设置

| | | |
|---|---|---|
| 50 ℃ | 30 min | |
| 94 ℃ | 2 min | |
| 94 ℃ | 30 s | 35 个循环 |
| 62 ℃ | 30 s | |
| 72 ℃ | 30 s | |
| 72 ℃ | 5 min | |

3. 琼脂糖凝胶电泳检测

反应结束后，取 5 μL RT-PCR 产品，加入 1 μL 6 x loading buffer，混匀后点样，电泳 15 min。

## 五、课后提升

分析试验结果，得出结论，总结实验过程中应该注意的事项。

# 参考文献

刘静，2015. 分子生物学实验指导［M］. 长沙：中南大学出版社 .
沈喜，易静，2020. 分子生物学实验教程［M］. 兰州：兰州大学出版社 .
魏群，尹燕霞，2015. 分子生物学实验数字课程［M］. 北京：高等教育出版社 .
魏群，尹燕霞，2021. 分子生物学实验指导［M］. 4 版 . 北京：高等教育出版社.
尹燕霞，杨冬，2019. 分子生物学实验数字课程 2.0 版［M］. 北京：高等教育出版社.

# 第九篇
# 遗传学实验

# 实验1　根尖有丝分裂制片和观察

## 一、实验目的

(1) 理解植物有丝分裂各个时期规律性的变化。

(2) 掌握植物细胞有丝分裂的制片技术。

(3) 学会用显微镜观察植物细胞染色体在不同分裂时期的分裂相及其特点。

## 二、实验原理

生物在体细胞增殖过程中，主要采取有丝分裂方式。母细胞将核内的染色体均等地分配给子细胞，母细胞的染色体数目与子细胞一致，因为分裂过程中可形成纺锤丝，故称为有丝分裂。染色体在细胞分裂的间期、前期、中期、后期、末期具有不同的行为。在此过程中，细胞核和细胞膜也呈规律性变化。各种分裂旺盛的组织经过适当的取材处理，加以固定、离析、染色、压片，可以迅速将细胞分散在载玻片和盖片之间，进行有丝分裂和染色体观察。

## 三、实验器材

1. 仪器与材料

眼科镊子，刀片，广口瓶，解剖针，盖玻片，大培养皿，小培养皿，立式染缸，染色板，酒精灯，量筒 100 mL、10 mL。

洋葱或大蒜根尖。

2. 试剂

无水乙醇、二甲苯、醋酸洋红、卡诺固定液（甲醇：冰乙酸 = 3：1)、离析液(95%乙醇：浓盐酸 1：1)。

## 四、实验步骤

1. 材料准备

将洋葱去皮后，放在盛满水的烧杯中 25 ℃左右培养，每天换水 1 次，待长出根尖 3~5 cm 后，细胞处于分裂高峰期，用刀片取下，放在广口瓶中，进行预处理。

2. 预处理

用 0.05%~0.2%秋水仙素处理根尖，2~4 h。

3. 固定

用卡诺固定液固定根尖 2~24 h，再依次放在 95%、85%、75%乙醇中各 0.5 h，最后在70%的乙醇中保存，最多可保存2个月。一般是新固定的材料为好。保存在乙醇里的材料，在观察前最好用卡诺固定液再固定1~2 h。

4. 水解

将固定材料加1滴离析液离析10 min，然后用水反复冲洗，材料为白色，用针易压碎。

5. 染色

在载玻片上滴1滴醋酸洋红染色15 min左右，待根尖为暗红色时，将染色后的根尖放在一清洁的载玻片上，去除根冠和伸长区，再加少量染液染色。

6. 分色

在染好的根尖上加1滴45%的乙酸分色，使细胞质变浅，染色体清晰。

7. 压片

以双层吸水纸覆在盖片上，左手按住盖片，右手拇指用力压片；或用1个双面刀片插到载玻片和盖片之间的一角，然后用解剖针柄轻敲盖片，将刀片撤出，再用针柄重敲盖片，细胞容易散开（注意用力适当、均匀，防止盖片破坏、滑动）。然后在酒精灯上过3~4次，加盖片以吸水纸压片。

8. 镜检和烤片

先在低倍镜显微镜下检查有丝分裂4个时期典型特征的细胞，再转到高倍镜进行观察。

若染色过深，片子不清，可以烤片。方法是让片子在火焰上过几次，以盖片上的水气刚消失为止，不可沸腾。烤片时应将片子不断在手背上试温，以不烫手为宜，反复镜检。

## 五、实验结果

1. 观察图像

通过实验观察绘制植物有丝分裂各个时期的分裂图像。

2. 总结各个时期的特点

（1）间期：细胞核看不到染色体结构，DNA在间期进行复制合成。

（2）前期：染色体开始缩短变粗。在动物和低等植物细胞中，核旁的2个中心粒向相反方向移动而形成纺锤体。高等植物细胞内看不到中心粒，但仍可看到纺锤体的出现。前期快结束时，核仁逐渐消失，最后核膜也崩解。

（3）中期：染色体排列在赤道面上，染色体的两臂分布在细胞的空间内。染色体纺锤丝连接起来。

（4）后期：每一染色体的着丝粒分裂为二，被纺锤丝拉向两极，染色单体也跟向两极移动，形成2条单染色体。

（5）末期：染色体到达两极，染色体的螺旋结构逐渐消失，出现核的重建过程，2个子核的膜重新形成，核仁重新出现，纺锤体消失。

（6）胞质分隔：2个子核形成后，植物细胞由2个子核中间残留的纺锤丝先形成细胞板，最后成为细胞膜，把母细胞分隔成 2 个子细胞，到此 1 次细胞分裂结束。

## 六、注意事项

（1）根尖解离的时间要适宜。

（2）取材部位要准确，只有分生区才有分裂相。

（3）取材要少，有利于着色和细胞分散。

## 七、课后提升

（1）复习有丝分裂各个时期的特征。

（2）观察植物细胞有丝分裂时，取材应注意什么问题？

（3）固定液的作用是什么？在使用固定液时应注意什么问题？

（4）绘制洋葱根尖有丝分裂各个时期的图像。

（5）根据实验操作情况，谈谈如何制备一张优良的植物有丝分裂装片。

# 实验 2　植物细胞减数分裂

## 一、实验目的

（1）掌握制备植物细胞减数分裂玻片标本的方法。

（2）在高等植物细胞减数分裂过程中观察染色体的动态变化。

## 二、实验原理

减数分裂是生物在形成性细胞过程中的 1 种特殊的细胞分裂方式，在此过程中先由有性组织（花药或胚珠）中的某些细胞分化为二倍性的小孢子母细胞或大孢子母细胞，这些细胞连续进行 2 次细胞分裂即减数第 1 次分裂（减数分裂Ⅰ）和减数第 2 次分裂（减数分裂Ⅱ）。减数分裂的结果是 1 个小孢子母细胞形成 4 个小孢子，1 个大孢子母细胞形成 1 个大孢子，它们都只具有单倍的染色体。

减数分裂在遗传上具有重要意义。性母细胞（$2n$）经过减数分裂形成染色体数目减半的配子（$n$）。经过受精作用，雌雄配子融合为合子，染色体数目恢复 $2n$。这样在物种延续的过程中确保了染色体数目的恒定，从而使物种在遗传上具有相对的稳定性。另外在减数分裂过程中包含有同源染色体的配对、交换、分离和非同源染色体的自由组合，这些都是遗传学分离、自由组合和连锁互换规律的细胞学基础。在这些基本规律的作用之下，导致了各种遗传重组的发生，而遗传重组又是生物变异的重要源泉。

在适当的时候采集植物的花蕾制备染色体标本就可在显微镜下观察到植物细胞的减数分裂。

## 三、实验器材

1. 仪器与材料

显微镜、镊子、解剖针、载玻片、盖玻片、大培养皿、酒精灯、吸水纸。

植物：蚕豆（$2n=12$）花药、玉米（$2n=20$）花药、小麦（$2n=42$）花药、大葱（$2n=16$）花药、洋葱（$2n=16$）花药、番茄（$2n=24$）花药，或其他植物花药。

动物：蝗虫精巢。

2. 试剂

无水乙醇、醋酸洋红染液、石蜡、二甲苯、卡诺固定液（甲醇：冰乙酸＝3：1）、加拿大树胶、正丁醇或叔丁醇。

## 四、实验步骤

1. 取材

在一朵花的减数分裂的全过程中能观察到染色体的时间是很短的，一般在终变期、中期Ⅰ、后期Ⅰ。因此，选取刚现蕾的花是观察花粉母细胞减数分裂的关键步骤，要注意花蕾的形态和大小，适时选材。

（1）玉米：北方的玉米在5月份取材，时间以8：30为好；夏玉米一般在7月份取材，以7：00—8：00为好。在玉米雌穗未抽出前的7~10天，手摸植株上部（喇叭口下部）有松软感觉，表明雄花序即将抽出。用刀在顶叶近喇叭口处纵向划1刀，切口长10~15 cm，剥出雄花序，顶端花药长3~5 mm，在花药尚未变黄时取材。

（2）蚕豆：从现蕾开始，10：00—11：00可选取2~3 mm大小的花蕾或一小段花序。蚕豆开花的次序是由下而上，由外而内。

（3）小麦：在植株开始挑旗，旗叶与下一叶片的叶耳间距为3~4 cm，花药长度1.5~2.0 mm、黄绿色时取材最好。如花药为绿色时取材则为时过早，花药为黄色，则已过迟。上午7：00—8：00为取材最佳时间。

（4）大葱：在北方地里越冬的大葱，第二年春季3—4月长出花序，待花序长出，颜色呈绿色，花蕾长度为3~4 mm，花药长度为1~1.1 mm时取材。9：00—10：00为最佳取材时机。

（5）洋葱：4—5月长出花序，同上。

（6）番茄：5—9月均可取材，时间以8：30—9：30为宜，花蕾以3~4 mm为宜（番茄花期持续时间长，可随时取材）。

2. 固定

通常制作幼小花药压片时，可不经固定，直接放在醋酸洋红染液中，同时进行固定和染色，但是先经固定的材料容易着色、分色及便于保存。固定时将采集的材料置于卡诺固定液12~24 h，若不及时制片，可将固定后的材料用70%的乙醇冲洗直至闻不到醋酸味为止后，放入70%乙醇中存于4 ℃冰箱内，可随时取用。

3. 染色制片

用蒸馏水将从卡诺固定液或从70%乙醇保存液中取出的花蕾冲洗数遍，然后剥开花蕾，放在载玻片上，用解剖针及虹膜刀将花药横切成3~4段（或纵切），加1滴醋酸洋红染液于材料上，用解剖针轻压花药使花粉母细胞从切口出来，静止染色5~10 min，除去花药壁。加上盖玻片使染液刚好布满载玻片与盖玻片之间成一薄层（不可过多，过多花粉母细胞会逸出盖玻片边缘），加上盖玻片后，在酒精灯上轻微加热，以利于进一步着色和染色体的分散。在盖玻片上覆以吸水纸用拇指适当加压，把周围的染液吸干（勿使盖片移动），若细胞质染色过深，可在盖玻片的一边滴加45%乙酸，在另一边用吸水纸吸，让乙酸从盖玻片下流过，减轻细胞质的着色程度。

4. 镜检

在显微镜下查找花粉母细胞二分体、四分体，以及花粉粒和各个时期的细胞。

5. 永久片的制作

较好的临时压片，可制成永久玻片标本。

（1）将已制好的玻片浸入盛有95%乙醇和45%乙酸各半的培养皿中，有盖玻片的一面朝下，载玻片的一端架在玻片棒上使其倾斜，盖玻片脱落后立即把盖玻片和载玻片转入盛有95%乙醇的培养皿中3~5 min，再转入盛有95%乙醇和叔丁醇各半的培养皿中3~5 min，最后在叔丁醇中浸泡3~5 min进行脱水、透明化，脱水后用溶于叔丁醇的加拿大树胶封片。

（2）由于正丁醇价格较便宜，因此也可用正丁醇代替叔丁醇。操作过程是将制好的临时玻片以同样的方法浸入盛有95%乙醇和45%乙酸各半的培养皿中5~6 min，并滴加几滴正丁醇，依次再移入95%乙醇中1~2 min、95%乙醇和正丁醇各半的培养皿中2~5 min、正丁醇中1~2 min，最后吸去多余的正丁醇，用溶于正丁醇的加拿大树胶封片。

## 五、实验结果

细胞的减数分裂包括减数第1次分裂（减数分裂Ⅰ）和减数第2次分裂（减数分裂Ⅱ）。

### （一）减数分裂Ⅰ

1. 前期Ⅰ

细线期：染色体很细很长，呈细线状在核内交织成网。每条染色体含2个染色单体，但显微镜下看不到双线结构，染色体呈丝状结构。

偶线期：染色体的形态与细线期差别不大，同源染色体配对，形成二价体，每个二价体有2个着丝点，染色体比细线期粗。

粗线期：染色体螺旋化，进一步缩短变粗，显微镜下可明显看到每个染色体的2个姊妹染色单体。二价体由4个姊妹染色单体和2个着丝粒组成，这时非姊妹染色单体间可能有交换的发生。

双线期：染色体进一步螺旋化，变得更为粗短，更为清晰可见，二价体中的2条同源染色体相互分开出现交叉现象，呈“X”“V”“∞”“O”等形状。

终变期：染色体高度浓缩，染色体均匀分散在核膜附近。此时是检查染色体数的最好时期，这时核内有多少个二价体，就说明有多少对同源染色体。

核仁和核膜在前期Ⅰ始终存在，在终变期时核仁、核膜开始消失。

2. 中期Ⅰ

核仁、核膜消失，二价体均匀排列在赤道面上，纺锤体形成，从纺锤体的侧面看，一个个二价体就像一列横队排列在细胞中，从纺锤体的极面看，一个个二价体分散在细胞质中。这时也是染色体计数的好时期。

3. 后期Ⅰ

二价体的2个同源染色体分开，由纺锤丝拉向两极。染色体又变成了丝状。

4. 末期Ⅰ

同源染色体分别到达细胞两极，染色体变成了染色质状，核膜，核仁重新出现，形成2个子核，每个子核染色体数目减半为 $n$。同时细胞质分开形成 2 个子细胞叫二分体。

### （二）减数分裂Ⅱ

1. 前期Ⅱ

染色体呈线状，每个染色体具有 2 个姊妹染色单体，共用 1 个着丝粒，二者间有明显互斥作用（分开趋势）。前期Ⅱ快结束时核膜消失。

2. 中期Ⅱ

染色体排列在赤道面上，每条染色体有 2 个染色单体和 1 个着丝粒。

3. 后期Ⅱ

每个染色体从着丝粒处分裂为二，分别向两极移动。

4. 末期Ⅱ

移到两极的染色体解螺旋，出现核仁、核膜，形成单倍的子核，这时减数分裂Ⅰ形成的 2 个单倍核形成 4 个单倍核，最后形成的 4 个子细胞叫四分体。

理想的植物细胞减数分裂玻片标本在显微镜下可观察到减数分裂各个时期的典型细胞。

## 六、课后提升

绘制观察到的植物细胞减数分裂不同时期的典型细胞（标示染色体动态特征）。

# 实验3　去壁低渗法制备植物染色体标本

## 一、实验目的

掌握去壁低渗法制备植物染色体标本的技术。

## 二、实验原理

低渗法原为人类和哺乳动物染色体标本的制备方法，后应用于植物。植物根尖分生组织细胞经果胶酶和纤维素酶处理后，其中胶层的果胶质及纤维素构成的细胞壁被消化，成为游离的原生质体。然后用低渗溶液处理，使细胞核中的染色体向细胞质中自然扩散，经固定、火焰干燥、染色，即可制备出染色体长度适中、集中而不重叠、各部分形态结构清晰的优良染色体标本。避免了压片法的缺点，特别适于染色体小且多的植物。

## 三、实验器材

1. 仪器与材料

显微镜、温箱、冰箱、培养皿、镊子、小瓶、载玻片、酒精灯。

植物种子。

2. 试剂

0.2%秋水仙素、0.075 mol/L KCl、2.5%的果胶酶和纤维素酶混合液、甲醇、冰乙酸、卡诺固定液（甲醇：冰乙酸＝3：1）、10% Giemsa 染液、苯酚品红染色液、蒸馏水。

## 四、实验步骤

（1）材料培养。种子在恒温条件下发芽培养，待根尖长至 0.5～1 cm 时进行前处理。

（2）前处理。切取 0.5 cm 长的根尖，用 0.2%秋水仙素处理 2 h。

（3）前低渗处理。吸干预处理液，滴入 0.075 mol/L KCl 溶液，在室温下处理 30 min，其中更换低渗液 2 次。

（4）去壁。吸干低渗液，用蒸馏水洗 1 次，滴入 2.5%的果胶酶和纤维素酶混合液，以全部材料浸没为度，加盖，在 30 ℃条件下处理 2～5 h，其中将材料瓶轻轻摇动数次，促使酶反应充分。

（5）用蒸馏水慢慢洗 2 次，然后在蒸馏水中静置 10～20 min，进行后低渗处理。

（6）固定。吸干蒸馏水，加入新配制的卡诺固定液 3 mL。

(7) 制片。取根尖1~3个，放在清洁的载玻片上，加1~2滴固定液，用镊子将根尖夹碎，去掉残渣。

(8) 火焰干燥。将载玻片在酒精灯焰火上微微烘烤。

(9) 染色。用10% Giemsa染液染20 min，也可用改良苯酚品红染色液染色。

(10) 镜检。将载玻片水洗后稍晾干，用显微镜找出分散好的染色体中期分裂相。

## 五、课后提升

高倍显微镜下对自己做的染色照片拍照，用于染色体组型分析。

# 实验4　染色体组型分析

## 一、实验目的

（1）熟悉染色体的结构特征。

（2）初步掌握染色体组型分析的方法。

## 二、实验原理

染色体组型分析，也称染色体核型分析，可阐明生物染色体组的构成，从而为物种的起源和进化的研究提供客观根据，为调查异源染色体的附加、代换乃至易位提供细胞学证明。

植物染色体的组型分析，通常从细胞的形态学特点来分析。所依靠的形态学指标是：染色体长度；着丝粒位置；副缢痕的有无和位置；随体的有无、形状和大小。

## 三、实验器材

男性细胞染色体照片、眼科剪刀、测量工具、胶水。

## 四、实验步骤

1. 剪贴

使用眼科剪刀，将细胞染色体照片沿染色体边缘将每一条染色体剪下来，存放在小培养皿内。

2. 配对

首先目测配对，根据染色体长短和形态特征，进行同源染色体配对。

3. 排列

按一定顺序将1个细胞内的染色体进行排队、编号。排列方式有多种，一般从大到小排列，如玉米、草棉。相同长度的染色体，可按短臂长度排列，短臂长的在前。有特殊标记（如随体）的染色体可特殊排列，如栽培大麦。性染色体单独另排或放在最后。也可将形态相同的染色体归为一组，分成若干组，按组排列，如山羊草属植物。异源多倍体要根据不同染色体组排列，如普通小麦要按A、B、D三个染色体组排列。

4. 测量（比例尺1：1 300）

利用测量工具，测量染色体的如下数据。

（1）绝对长度=照片长度/放大倍数。

（2）每对染色体短臂绝对长度。

（3）每对染色体长臂绝对长度。
（4）染色体短臂总长度。
（5）染色体长臂总长度。
（6）相对长度：
每对同源染色体短臂相对长度＝染色体短臂绝对长度/染色体短臂总长度；
每对同源染色体长臂相对长度＝染色体长臂绝对长度/染色体长臂总长度；
每对同源染色体相对长度＝每对同源染色体绝对长度/染色体总长度。
（7）臂比＝染色体长臂/染色体短臂。
（8）臂指数：着丝点指数＝短臂长/染色体全长。
将上列染色体测量数据填入表 9-4-1。

**表 9-4-1　染色体测量数据**

| 序号 | 相对长度/% | 长臂+短臂＝全长 | 臂比（长/短） | 类型 |
| --- | --- | --- | --- | --- |
| | | | | |
| | | | | |
| | | | | |

### 5. 校正

根据测量数据校正目测同源染色体配对和染色体排列顺序是否正确，再进行重新排列。

### 6. 分类

依据臂比，将染色体分类，将类型填入表 9-4-1 中。染色体分类标准如表 9-4-2 所示。

**表 9-4-2　染色体分类标准**

| 染色体类型 | 臂比（长臂/短臂） |
| --- | --- |
| 正中部着丝点类型（M） | 1.0 |
| 中部着丝点类型（m） | 1.01～1.7 |
| 近中部着丝点类型（Sm） | 1.71～3.0 |
| 近端着丝点类型（St） | 3.01～7.0 |
| 端着丝点类型（t） | 7.01 |
| 顶端着丝点类型（T） | >7.01 |

### 7. 写染色体组型公式

根据染色体类型，可以将一种生物的染色体组型书写成公式。

如芍药组型为：K（$2n$）$=2X=10=6m+2Sm+2St$（SAT）。

K 代表基本组型；SAT 代表具随体染色体，写在括号内；符号前的数字代表该类染色体的数目。

## 五、课后提升

做出组型分类，写出组型公式；绘制模式图。

# 实验 5　植物多倍体的诱发与鉴定

## 一、实验目的

(1) 了解人工诱发多倍体植物的原理、方法及其在植物育种上的意义。

(2) 初步掌握用秋水仙素诱发多倍体的实验技术和多倍体的鉴定方法。

## 二、实验原理

多倍体广泛地存在于植物界，目前已知被子植物中有1/3以上的物种是多倍体，如普通小麦是异源六倍体、棉花是四倍体，此外还有烟草等，这些都是自然界存在的多倍体。多倍体产生的途径除自然发生外，也可以采用高温、低温、嫁接、切断和射线处理等物理方法和化学药剂处理方法诱导产生，在这些方法中以化学药剂处理最为有效，如秋水仙素、萘嵌戊烷、吲哚乙酸等，都可诱发多倍体，其中应用最广泛、效果最好的是秋水仙素。

秋水仙素最初是由百合科秋水仙属的秋水仙中提取出来的一种生物碱。它具有麻醉作用，对植物的种子、幼芽、花蕾、花粉、嫩枝等可产生诱变作用，其作用机理是抑制细胞分裂时纺锤体的形成，使复制后的染色体不能拉向两极，细胞不能继续分裂形成2个子细胞，从而导致染色体加倍，形成多倍体细胞，在此基础上进一步发育成多倍体植物，多倍体植物可以通过有性繁殖进行繁殖。用人工方法诱导的多倍体，可以得到一般二倍体没有的优良性状，如大粒、大穗、内含物量增加、抗病性强等。人工培育的三倍体西瓜、三倍体甜菜、八倍体小黑麦已在生产上广泛应用。

对多倍体的鉴定，除了检查染色体数目变化外，对形态特征变异的观察也是一个重要方面。多倍体植物的气孔、花器、花粉粒、种子、果实等部分明显变大，气孔数目减少而密度变稀。同源多倍体育性有一定的降低，所以同源多倍体中有部分畸形的不育花粉粒。

## 三、实验器材

1. 仪器与材料

显微镜、剪刀、培养皿、载玻片、盖玻片、吸水纸、培养箱、镊子、纱布、脱脂棉、酒精灯、测微尺。

洋葱（$2n=16$）鳞茎、大麦（$2n=14$）种子、大蒜（$2n=16$）鳞茎、西瓜（$2n=22$）种子、玉米（$2n=20$）种子、蚕豆（$2n=12$）种子等。

葡萄植株、插条或其他果树植株。

2. 试剂

秋水仙素（0.1%和0.025%）、0.2 mol/L HCl、0.1%~0.2% $AgNO_3$、1% KI、卡诺固定液（甲醇：冰乙酸=3：1）、醋酸洋红或卡宝品红染色液。

## 四、实验步骤

### （一）植物根尖多倍体的诱发

将玉米、大麦等植物种子洗净后用水浸泡1~2天，然后摆放在铺有湿润滤纸（或纱布）的培养皿中置于25~28 ℃条件下发芽，当根长到1 cm时取出洗净，把水吸干后移到0.01%~0.1%的秋水仙素溶液中，使植物根部浸在药液中，根尖朝下，25 ℃条件下处理直到根尖明显膨大为止。另外设加入清水的作为对照，然后取出材料洗净，用卡诺固定液固定1 h，以备镜检。若用洋葱作材料时，必须先剪去老根，然后置于盛满水的瓶口上。当长出新的不定根后，再用秋水仙素处理。

### （二）多倍体植物的诱发

1. 处理种子

将植物的种子放在0.1%秋水仙素溶液中浸种24 h，取出种子用自来水冲洗2~3次，然后将种子移到放有被0.025%秋水仙素溶液润湿了的吸水纸的培养皿中，为避免蒸发，加上盖放入20 ℃培养箱内发芽，一般处理2天就可长出幼苗。干燥种子比浸过种的种子要多处理1天，种皮厚发芽慢的种子应先催芽再进行处理。用秋水仙素能阻碍根系发育，所以对已发芽的种子应用较低的秋水仙素溶液处理较短的时间。处理后取出幼苗，用自来水缓缓冲洗以免损伤，然后将幼苗移栽到大田或盆钵内，同时播种未经处理的种子幼苗作为对照。

2. 处理幼苗

对于发芽慢的种子在出苗后处理效果更好。以下以西瓜为例。

先将二倍体西瓜籽浸种催芽。当胚根长到1~1.5 cm时，将胚根倒置于0.2%~0.4%秋水仙素溶液的培养皿中置25 ℃温度下浸渍20~24 h，注意处理时需要用湿滤纸将根盖好，避免失水。处理后的幼苗，经水洗进行栽种或砂培。另外，当幼苗子叶展平时也可以采用田间处理幼苗的方法，每天早晚用0.25%或0.4%秋水仙素溶液滴浸生长点各1次，每次1~2滴，连续处理4天，遮阴保持湿度。以上2种方法如果成功可获得四倍体西瓜，再用它和二倍体西瓜杂交就可育成三倍体无籽西瓜。

3. 处理芽

选用葡萄植株或插条等果树的顶芽或腋芽生长点进行处理。将芽部固定1个蘸有0.5%~0.7%的秋水仙素棉球（最好外罩一塑料袋防止蒸发）连续处理2~3天后，去掉棉球，反复用清水冲洗生长点。也可将蘸有秋水仙素的棉球涂抹生长点，待进一步生长后，再进行观察和鉴定。

### （三）多倍体的鉴定

1. 细胞学鉴定

对已经加倍和未加倍（对照）的植株根尖或茎尖制成临时片，观察有丝分裂中期的染色体数目。对收获的可能为同源多倍体的大粒种子发芽制成根尖压片，进行染色体数目检查。

2. 形态鉴定

观察植物多倍体植株，分别比较鉴定二倍体和多倍体在形态上的主要区别。

3. 气孔鉴定

在同源多倍体植物叶片背面中部划一切口用尖头镊子夹住切口部分，撕下一薄层下表皮，放在载玻片上，加 1 滴蒸馏水铺平，盖上盖玻片，制成表皮装片，用同样方法，制作 1 张二倍体植物的表皮装片作为对照，镜检比较多倍体和二倍体气孔和保卫细胞的大小，各测定 30 个计算出平均值。统计气孔数目，各观察 10 个视野，计算气孔密度。气孔保卫细胞的大小测定用测微尺测量。

$$目镜测微尺每格长度（\mu m）=\frac{镜台测微尺格数\times 10}{目镜测微尺格数}。$$

气孔密度测定方法：将叶片表皮制片于显微镜下检查，计算每个视野气孔数，移动制片重复 10 次，求出平均值。视野面积的计算，用目镜测微尺量出视野直径，按公式 $S=\pi r^2$ 求视野面积，得每平方毫米叶面积的气孔数。

4. 保卫细胞内叶绿体数目测定

取叶下表皮于载玻片上，滴加 0.1%~0.2% $AgNO_3$ 溶液数秒后，加盖玻片，在显微镜下观察保卫细胞内的叶绿体数目。

5. 花粉粒的鉴定

从同源多倍体和二倍体植株上采集花粉放入 45% 乙酸中，用滴管各吸取 1 滴花粉粒悬浮液分别放到载玻片上，加上 1% KI，盖上盖玻片制成花粉粒制片，然后镜检，观察同源多倍体和二倍体花粉形态大小是否整齐、有无畸形，若大小差异不明显时，可用测微尺各测定 30 个花粉粒大小，求平均值。

## 五、课后提升

（1）对实验结果进行分析。

（2）做 1~2 张好的多倍体根尖制片。

# 实验 6　果蝇的形态和生活史

## 一、实验目的

（1）了解果蝇生活史中各个阶段的形态特征，观察果蝇的几种常见突变类型。

（2）掌握鉴别雌雄果蝇的方法。

（3）学会果蝇的饲养管理方法和实验处置技术。

## 二、实验原理

普通果蝇是昆虫纲双翅目果蝇属的 1 个种，完全变态发育。果蝇是遗传学研究中常用的实验材料，因其具备以下的优点：每 12 天左右可完成 1 个世代，生活史较短，生长迅速；繁殖能力强，每只受精的雌蝇可产卵 400~500 个；培养材料来源广泛，价格便宜；生活要求简单，常温下就可生长繁育，容易饲养；果蝇不同的形态突变类型多达 400 以上，便于观察分析；果蝇唾液腺（唾腺）染色体巨大，容易观察。

## 三、实验器材

1. 仪器与材料

显微镜、双筒解剖镜、放大镜、小镊子、麻醉瓶、麻醉皿、培养瓶、白瓷砖（15 cm×15 cm）、毛笔、乙醇、石棉网、黑纸、胶水、牛皮纸。

野生型果蝇（雌、雄）及常见的几种突变型果蝇；雌雄果蝇装片；果蝇卵、蛹装片。

2. 试剂

乙醚、乙醇、琼脂、玉米粉、白糖、酵母、丙酸。

## 四、实验步骤

### （一）果蝇生活史的观察

果蝇为完全变态，生活史包括卵、幼虫、蛹、成虫 4 个时期。各时期持续时间的长短随温度的高低而不同：在 20 ℃条件下，从卵到成虫约为 8 天，蛹期为 6 天左右，整个生活史 15 天即可完成；在 25 ℃条件下，从卵到幼虫约 5 天，蛹期 4. 2 天左右，整个生活史约 10 天。20~25 ℃是果蝇生活的适宜温度；温度过高（30 ℃以上）会引起果蝇不孕或死亡；温度过低（10 ℃条件下），生活史可长达 57 天，又会使果蝇生活力降低。果蝇一般培养在恒温箱内，盛夏时要注意降温。雌性成体一般能生活 4 周，雄性成体寿命较短，1 对亲蝇能产生几百个后代。

1. 卵

羽化后的雌蝇一般在 12 h 后开始交配，交配后 2 天开始产卵，当卵经过子宫时，精子可由卵前端的锥形突出部的小孔或卵孔进入其中，虽然有很多精子进入卵，但一般情况下只有 1 个精子与卵发生受精作用。其他多余的精子被雌体贮藏起来（所以杂交实验时必须选取处女蝇），受精卵被排出体外发育或胚胎早期就在子宫内进行发育。

用解剖针将附有卵的培养基取少许涂于载玻片上，或用解剖针轻压雌果蝇腹部后部把卵挤在载玻片上，用低倍镜观察。果蝇的卵约 0.5 mm 长，椭圆形，腹面稍扁平，在背面的前端伸出 1 对触丝，其作用是使卵附在培养基表面而利于发育。

2. 幼虫

卵孵化成幼虫后要经过 2 次蜕皮才能从一龄幼虫发育成为三龄幼虫。三龄幼虫体长约 5 mm，头部稍尖，位于头部的口器为肉眼可见的 1 个小黑点，口器后面有 1 对透明的唾液腺，通过体壁可见到 1 对生殖腺位于身体后半部的上方两侧，精巢较大，为 1 个明显的黑色斑点，卵巢较小。

3. 蛹

幼虫生活 7~8 天准备化蛹，化蛹之前从培养基中爬出，附着在干燥的瓶壁或插在培养基的滤纸上逐渐形成 1 个梭形的蛹，在蛹前部有 2 个呼吸孔，后部有尾芽，起初蛹壳颜色淡黄柔软，经 3~4 天后变成深褐色，以示要羽化了。

4. 成虫

幼虫在蛹壳内完成成虫体型和器官的分化，最后从蛹壳前端爬出。刚从蛹壳里羽化出的果蝇，虫体较大，翅还没有展开，体表也未完全几丁质化，呈半透明乳白色，不久蝇体变为粗短椭圆形，双翅伸展，体色加深，如野生型果蝇由开始的浅灰色转为灰褐色。果蝇成虫分头、胸、腹 3 部分。头部有 1 对大的复眼、3 个单眼和 1 对触角；胸部有 3 对足、1 对翅和 1 对平衡棒；腹部背面有黑色环纹，腹面有腹片，外生殖器在腹部末端，全身有许多体毛和刚毛。

## （二）果蝇雌雄性鉴别

利用果蝇做杂交实验时，必须准确地识别性别，雌雄成蝇的区别有许多方面，可用放大镜，显微镜（低倍）、双筒解剖镜或直接从外形上加以辨认。雌雄果蝇的主要区别见表 9-6-1。

表 9-6-1　雌雄果蝇的主要区别

| 序号 | 部位 | 雌蝇 | 雄蝇 |
|---|---|---|---|
| 1 | 体型 | 较大 | 较小 |
| 2 | 腹部末端 | 稍尖 | 稍圆 |
| 3 | 腹部背面 | 有 5 条黑色环纹 | 有 3 条黑色环纹 |
| 4 | 性梳 | 无 | 有 |
| 5 | 腹部腹面 | 有 6 个腹片 | 有 4 个腹片 |

（续表）

| 序号 | 部位 | 雌蝇 | 雄蝇 |
|---|---|---|---|
| 6 | 外生殖器外观 | 简单，尖，色淡 | 复杂，钝尖，色深；在低倍镜下可看到生殖弧、肛上板、阳茎 |

### （三）果蝇几种突变类型的观察

果蝇的突变性状一般情况下可用肉眼观察，或用放大镜在培养瓶外观察，或在解剖镜下观察。果蝇常见突变稳定而明显的特征如表 9-6-2 所示。

**表 9-6-2　果蝇常见突变性状特征**

| 突变性状名称 | 基因符号 | 性状特征 | 所在染色体 |
|---|---|---|---|
| 白眼 | W | 复眼白色 | X |
| 棒眼 | B | 复眼横条形 | X |
| 檀黑体 | E | 体呈乌木色，黑亮 | ⅢR |
| 黑体 | B | 体呈深色 | ⅡL |
| 黄身 | Y | 体呈浅橙黄色 | X |
| 残翅 | Vg | 翅退化，部分残留不能飞 | ⅡR |
| 焦刚毛 | Sn | 刚毛卷曲如烧焦状 | X |
| 小翅 | m | 翅较短 | X |

### （四）果蝇的麻醉

对于成蝇和果蝇突变性状的观察以及果蝇的杂交实验分析，都必须先将果蝇麻醉使其处于静止状态后方可进行。在 1 块软木塞上钉 1 根图钉，在图钉上缠上脱脂棉，将此软木塞盖在 1 个 200 mL 的广口瓶上，即做成了麻醉瓶。再取 1 个培养皿，在皿的底部粘上 1 条滤纸即做成麻醉用的麻醉皿。麻醉时，先将培养瓶倒置，让果蝇向瓶底部运动，然后打开麻醉瓶和培养瓶塞，迅速将培养瓶和麻醉瓶口相接（麻醉瓶在下，培养瓶在上），左手紧握两瓶接口，稍倾斜，接着轻拍培养瓶瓶壁使果蝇落入麻醉瓶内，迅速分别盖好瓶塞；或者在培养瓶与麻醉瓶对口相接后翻转位置，使培养瓶在下，麻醉瓶在上，用黑纸遮住培养瓶，果蝇因趋光向麻醉瓶运动，达到一定数量后分别盖好瓶塞。把乙醚滴在麻醉瓶软木塞上的脱脂棉上，盖上塞子，倒置麻醉瓶。1 min 后果蝇即处于昏迷状态，将其倾倒在用乙醇擦过的白瓷砖上，用毛笔轻轻拨动进行观察。当在白瓷砖上的果蝇即将苏醒时，可在麻醉皿的滤纸上滴加乙醚，扣在白瓷砖上进行第 2 次麻醉，麻醉的程度随实验需要而定。麻醉后果蝇翅外展与身体呈 45°角时，表示已麻醉过度，不能复苏。把不需要的果蝇倒入盛有乙醇的瓶中。

## 五、课后提升

绘制果蝇的生活史图。

# 实验7　果蝇唾腺染色体标本的制备与观察

## 一、实验目的

（1）练习剥离果蝇幼虫唾液腺的技术和制作唾腺染色体标本的方法。

（2）观察果蝇唾腺染色体的结特点。

## 二、实验原理

1881年，意大利Balbiani在双翅目昆虫摇蚊幼虫的唾腺细胞间期核中发现了巨大的“永久性染色质纽”。“染色质纽”实质上是特殊的染色体。后来，其他学者又在果蝇和其他双翅目昆虫的幼虫唾腺细胞间期核中发现了巨大染色体。

果蝇唾腺巨大染色体的形成原因：染色体螺旋化程度不高；核内复制——果蝇幼虫的唾腺细胞在发育过程中，细胞核内的DNA多次复制，但细胞、细胞核不分裂，复制后的染色单体DNA也不分开（核内复制），形成了多线染色体；体联会——同源染色体相互靠拢在一起呈现一种联会状态，使其比一般的体细胞染色体粗大。

果蝇唾腺巨大染色体的特点：巨大；体联会现象决定了染色体看起来只有半数；各个染色体中异染色质多的着丝粒部分相互靠拢形成染色中心；横纹有深浅、数目、疏密的不同，各自对应排列，具有种的特异性；若有缺失、易位、倒位、重复等现象，很容易在唾腺染色体上识别出来。

## 三、实验器材

### 1. 仪器与材料

载玻片、显微镜、解剖针或小镊子。

果蝇三龄幼虫。

### 2. 试剂

0.9% NaCl、0.2 mol/L HCl、蒸馏水、碱性品红（或醋酸洋红，或龙胆紫）染液。

## 四、实验步骤

### 1. 三龄幼虫的饲养方法

用较稀且富含营养的培养基低温培养幼虫；追加酵母；幼虫密度小。

### 2. 剥取唾液腺

在载玻片上滴1滴生理盐水，取三龄幼虫放在其中。左手用解剖针或小镊子压住幼虫后端1/3处，右手的解剖针按住头部黑色口器向外拉，将头部从身体拉开，唾腺随之而出，丢弃杂质。

3. 果蝇唾液腺的特点

位置在幼虫体前约 1/3 处。形如一对香蕉，上小下大。一边常附着带状的不透明的脂肪。颜色半透明如玻璃，略带白色，比周围的组织都透明。

4. 解离、染色和观察

取解剖好的唾液腺于载玻片上，加 1～2 滴蒸馏水，使之成为低渗溶液，处理 8～10 min，再经 0.2 mol/L HCl 解离 1～2 min 后，只需要用解剖针轻轻拨动，脂肪等杂质便会和唾液腺自动分离。轻轻吸去酸液，用碱性品红染色 10 min 左右（或醋酸洋红染色 15 min，或龙胆紫染色 1 min）。

## 五、注意事项

切记要加 0.9% NaCl，否则唾液腺易干；水不可过多，否则幼虫易漂起来并且活跃，影响剥离；剥离时要完全去除脂肪；染色时间不可过长，否则背景着色；压片前先轻敲，使之分散，压片时朝 1 个方向揉片。

## 六、课后提升

（1）绘制所观察到的果蝇唾腺染色体。

（2）思考剥离果蝇唾液腺时应该注意的问题。

# 实验 8　果蝇的单因子杂交实验

## 一、实验目的

(1) 理解分离定律的原理。
(2) 掌握果蝇的杂交技术。
(3) 掌握记录交配结果和统计处理的方法。

## 二、实验原理

根据孟德尔第一定律，即分离定律，1 对基因在杂合状态中保持相对的独立性，而在配子形成时，又按原样分离到不同的配子中去。理论上配子分离比是 1∶1；子二代基因型分离比是 1∶2∶1；若显性完全，子二代表型分离比是 3∶1。

## 三、实验器材

### 1. 仪器与材料

显微镜、双筒解剖镜、放大镜、镊子、麻醉瓶、培养瓶、白瓷板、毛笔、载玻片、盖玻片。

野生型和残翅突变型果蝇。

### 2. 试剂

乙醚、玉米粉、琼脂、蔗糖、酵母粉、丙酸。

## 四、实验步骤

### 1. 选择处女蝇

放出并杀死培养瓶中的全部成蝇，羽化后未超过 8 h 的雌蝇即为处女蝇。

### 2. 杂交

长翅果蝇和残翅果蝇杂交，正反交各做 1 瓶。23 ℃恒温培养。

### 3. 移走亲本

待 $F_1$ 幼虫出现即可放掉亲本。

### 4. 观察 $F_1$

观察 $F_1$ 的翅膀形态。

### 5. $F_1$ 互交

在新培养瓶内，放入 3~5 对 $F_1$ 果蝇，并培养。

6. 移去 $F_1$

待 $F_2$ 幼虫出现即可放掉并处死 $F_1$ 果蝇。

7. 观察 $F_2$

观察 $F_2$ 的翅膀形态后处死，连续观察统计数据。

8. 数据处理及统计分析

分析实验结果与预期理论的符合程度。

## 五、课后提升

详细记录果蝇单因子杂交实验结果并统计分析实验结果是否与分离定律相符。

# 实验 9　果蝇的伴性遗传

## 一、实验目的

（1）了解伴性遗传并认识果蝇伴性遗传的特点。

（2）正确认识伴性遗传与非伴性遗传的区别以及伴性基因在正反交中的差异。

## 二、实验原理

位于性染色体上的基因的遗传方式与位于常染色体上的基因有一定差别，它在亲代与子代之间的传递方式与雌雄性别有关，这种遗传方式称为伴性遗传；伴性基因主要位于 X 染色体上，Y 染色体上没有相应的等位基因。决定红眼、白眼的基因位于 X 染色体上，是 1 对等位基因。

特点：非伴性基因的 $F_1$ 代均表现显性性状，而伴性基因，在正交情况下，$F_1$ 代和非伴性遗传相同，而在反交情况下，$F_1$ 代会出现隐性性状。

交叉遗传：X 染色体的遗传过程中，子代雄性个体的 X 染色体均来自母本，而父本的 X 染色体总传递给子代雌性个体。

## 三、实验器材

杂交瓶、麻醉剂。

黑腹果蝇品系：

野生型（红眼）——$X^+X^+$（♀），$X^+Y$（♂）；

突变型（白眼）——$X^WX^W$（♀），$X^WY$（♂）。

## 四、实验步骤

（1）选处女蝇。由于雌蝇生殖器官中有贮精囊，1 次交配可保留大量精子，供多次排卵受精用，因此做杂交实验前必须收集未交配过的处女蝇。由于孵化出的幼蝇在 12 h 内（更可靠是8 h）不交尾，因此必须在这段时间内把雌蝇（♀）、雄蝇（♂）分开培养，所得的雌蝇即为处女蝇。

（2）准备好培养基，按正、反交组合，把已麻醉的红眼♀、白眼♂和红眼♂、白眼♀分别放入不同试管内进行杂交，每管 3~5 对。贴上标签，注明杂交组合、杂交日期、操作者姓名。

（3）6~7 天后，见到有 $F_1$ 幼虫出现，即除去亲本果蝇（切记要除干净）。

（4）再过 3~4 天，观察 $F_1$ 成蝇的性状（注意正、反交有什么不同，眼色与性别的关系如何）。

（5）将所出现的 $F_1$ 代果蝇麻醉后，挑 3~5 对换入新的培养基继续饲养（此处无需处女蝇）。两组合后代不能混合，应分别培养。

（6）6~7 天后又需除干净 $F_1$ 代亲本果蝇。

（7）再过 3~4 天，$F_2$ 代成蝇出现，麻醉后倒出观察其眼色和性别，进行统计。

（8）每隔 1~2 天统计 1 次，累积 6~7 天数据，填入表 9-9-1 和表 9-9-2 中：

**表 9-9-1　$F_1$ 代果蝇伴性遗传记录表**

| 观察日期 | 正交<br>红眼♀×白眼♂ | | 正交<br>红眼♂×白眼♀ | |
|---|---|---|---|---|
| | 红眼♀ | 红眼♂ | 红眼♀ | 白眼♂ |
| | | | | |
| | | | | |
| | | | | |
| | | | | |
| 合计 | | | | |
| 比例 | | | | |

**表 9-9-2　$F_2$ 代果蝇伴性遗传记录表**

| 观察日期 | 正交组合 $F_2$ | | | | 反交组合 $F_2$ | | | |
|---|---|---|---|---|---|---|---|---|
| | 红眼♀ | 红眼♂ | 白眼♀ | 白眼♂ | 红眼♀ | 红眼♂ | 白眼♀ | 白眼♂ |
| | | | | | | | | |
| | | | | | | | | |
| | | | | | | | | |
| | | | | | | | | |
| 合计 | | | | | | | | |
| 比例 | | | | | | | | |

## 五、课后提升

（1）完成上面的统计表格，并做 $\chi^2$ 测验，解释实验结果。

（2）在杂交过程中，当见到有 $F_1$ 幼虫出现时为什么一定要将亲本果蝇去除干净？

（3）在挑取 $F_1$ 代果蝇进行继续杂交时为什么不需要处女蝇？

# 实验10　人类X小体和Y小体检测

## 一、实验目的

(1) 掌握人类X小体、Y小体玻片标本的制作方法。

(2) 观察识别X小体、Y小体形态特征及所在部位，鉴定个体的性别。

## 二、实验原理

1949年巴尔（Barr）等在研究猫的间期神经细胞时发现雌猫体细胞核膜边缘有1个可被碱性染料染色的小体，而雄猫没有。后来有人发现在人类正常女性口腔上皮、阴道上皮、皮肤、结缔组织、子宫颈、羊水等组织中都发现同样的小体，继而又有人进一步发现所有哺乳动物雌体细胞中都有1个这种小体。

一般认为这种小体是2个X染色体中的1个在间期时发生异固缩形成的，所以把它叫作X小体，又叫X染色质、巴氏小体。X小体的数目在女性中是性染色体数目减1，如正常女性只有2条X染色体，所以仅有1个X小体，具有3条X染色体的不正常女性则有2个X小体；雄性个体只有1条X染色体，则不发生异固缩，因此没有X小体，但性染色体组成为XXY的男性也可以有1个X小体。因此可以根据X小体的有无和数目来鉴定胎儿性别和性别畸形。

Y小体是细胞中经荧光染料染色后显示强烈荧光的小体，这种小体是人类男性体细胞中Y染色体的长臂末端显现出的明亮小体，因此被称为Y小体或Y染色质。人们可以根据Y小体的有无来鉴定胎儿的性别和性别畸形。

## 三、实验器材

### 1. 仪器与材料

普通显微镜、荧光显微镜、恒温水浴锅、离心机、离心管、荧光灯、温箱、载玻片、盖玻片、镊子、牙签、橡胶水、玻璃棒、滤纸、纱布、烧杯、量筒。

口腔黏膜细胞（男、女）、干净新鲜尿液（女性）、男性精液、发根细胞（女性）。

### 2. 试剂

蒸馏水、卡诺固定液（甲醇：冰乙酸=3：1）、95%乙醇：乙醚=1：1、45%乙酸、HCl（5 mol/L、1 mol/L）、75%乙醇、硫堇染液、乳酸地衣红染液、醋酸地衣红染液、0.5%盐酸阿的平、Mallvaine氏缓冲液（pH 5.5~8.4）、石蜡。

## 四、实验步骤

### （一）X小体观察

1. 取材

（1）口腔黏膜细胞。让受检者用水漱口数次，尽可能除去细菌及杂物，用洁净无菌的牙签从女性口腔两侧颊部刮取黏膜，在原位刮取2~3次，第1次的刮取物弃去，将第2次、第3次的刮取物分别涂在干净载玻片上或者将刮取物装入盛有生理盐水的离心管内。

（2）尿中的脱屑细胞。用干净容器接取尿液，然后移入离心管。

（3）发根细胞。拔取女性带有毛囊的头发（长度约2 cm），置于载玻片上。

2. 固定

将材料（口腔黏膜细胞、尿中的脱屑细胞、羊水的脱屑细胞）置于离心管中，2 000 r/min离心20 min，弃上清液，加入卡诺固定液混匀后在37 ℃下静置30 min，再1 000 r/min离心15 min后弃上清液，加入1 mL卡诺固定液充分混匀制成细胞悬液。

3. 染色、制片

（1）将制成的细胞悬液用吸管滴1滴于预冷的载玻片上，晾干后置于卡诺固定液（甲醇：冰乙酸=3：1）中固定20 min，蒸馏水中漂洗2~3 min。然后用1 mol/L HCl在37 ℃水浴中水解20 min，蒸馏水冲洗，用硫堇染液染色20 min，蒸馏水漂洗晾干。

（2）滴加1~2滴乳酸地衣红在室温下染色20~30 min（勿使干燥），加上盖玻片，垫上滤纸，用手指轻度加压后进行镜检，若不立即镜检，待干后立即放入95%乙醇中30 min以上，取出后编号，置于冰箱中保存。

（3）发根细胞的染色。直接将材料放在载玻片上加1滴醋酸地衣红染液，拔掉毛囊、弃发干，再加1滴染液后盖上盖玻片，然后用文火微热，静置5 min后盖1张滤纸压片。或者在材料上滴1滴45%乙酸（或5 mol/L HCl）解离5 min后吸掉多余液体，用干净针头或镊子将软化的毛囊剥下，去毛干，用针头将剥下的组织均匀分散，待干后将玻片放入硫堇染液内染色20 min。取出玻片移入75%乙醇0. 5 min，轻轻摇动，然后取出玻片晾干待镜检。

4. 镜检

在低倍显微镜下计算100个核膜完全、细胞不重叠、无核固缩的细胞。细胞堆中的细胞和不规则的细胞不能计算，在高倍或油镜下进一步观察。

### （二）Y小体的观察

1. 取材

（1）口腔黏膜细胞：与“（一）X小体观察”相同。

（2）精液细胞：取年龄为33~40岁健康男性的新鲜精液，直接涂布于干净的载玻片上。

2. 固定、染色、制片

（1）将新鲜的正常男性口腔黏膜细胞涂片放入固定液（95%乙醇：乙醚=1：1）内

固定 15 min 至 12 h（可达几周），然后将标本移入 95%乙醇内 30 min，用 0. 5%的盐酸阿的平水溶液染色 10 min，用自来水冲洗 1 min；在标本上加 1~2 滴 Mallvaine 氏缓冲液（pH 5. 5~8. 4），覆以盖玻片，用橡胶水或蜡封片。

（2）将晾干后的精液细胞涂片放入卡诺固定液中静置 30 min 后取出，于空气中干燥，用 0. 5%盐酸阿的平水溶液染色 15 min，立即用自来水冲洗 1 min 左右，晾干后滴加 1~2 滴 Mallvaine 氏缓冲液（pH 5. 5~8. 0），盖上盖玻片待镜检。

3. 镜检

用荧光显微镜检查，先用低倍镜，再用高倍油镜观察，整个细胞发出荧光亮者不算。

## 五、实验结果

### （一）X 小体

显微镜下观察可见 X 小体的形态表现为一结构致密的浓染小体，轮廓清楚，直径约为 1 μm，常附着于核膜边缘或靠近内侧，其形态有微凸形、三角形、卵形。正常女性间期细胞核中 X 小体的比例为 30%~50%，（由于口腔黏膜涂片比其他类型的标本更难看到细胞核，所以在口腔黏膜涂片中凡不处于边缘的 X 小体不予计数，所以 X 小体的比例为 30%~50%）。男性中则偶尔可见（2%）且不典型。

### （二）Y 小体

用荧光显微镜观察可见细胞核中有发亮的荧光小体，直径为 0. 3~0. 5 μm。正常情况下，正常男性 Y 小体的显现率为 25%~50%，正常女性无。性异常患者，如核型为 47，XYY 染色体的个体可见 2 个 Y 小体。

## 六、课后提升

（1）统计 X 小体的频率，绘制 2 个典型细胞，标示 X 小体的形态部位。

（2）计算显示 Y 小体细胞的频率。

# 实验 11　人类几种常见遗传特征的调查

## 一、实验目的

（1）通过人类一些性状的调查分析，了解人类常见遗传特征及其遗传方式。
（2）学会系谱调查及分析的基本方法。

## 二、实验原理

人是最重要的遗传学研究对象，但对于人类，许多实验方法受到限制，人的生活条件和环境更无法控制，况且人类世代时间较长，后代个体数很少，所以人类对自身的研究比对实验动物和植物要困难得多，并且许多性状遗传的机制复杂，常由多基因控制。利用系谱分析可在一定程度上研究决定人类性状或疾病基因的传递规律。所谓系谱，或称家系图，是指某一家族各世代成员数目、亲属关系与某基因表达的性状或疾病在该家系成员中分布情况的示意图。系谱的调查一般都从最先发现的具有某一性状或症状的先证者入手，进而追溯其直系和旁系的亲属。系谱分析法常用于单基因遗传性状和单基因遗传方式。

人类的各种表型都是由特定的基因控制，在一定环境下形成的。由于每个人的基因型不同，某一特征的性状在不同的人体会有不同的表现，从而将人与人区别开来。本实验将调查一些已知的人类遗传性状，初步了解这些性状的遗传特性，并在可能的情况下，对自己家庭的某些性状作相应的系谱分析，从而学习基本的系谱分析方法。

## 三、实验器材

1. 仪器与材料

苯硫脲尝味试验：试管、试管架、滴管。

ABO 血型检测：显微镜、双凹玻片或普通载玻片、采血针、小瓶、胶布、记号笔、牙签或小玻棒、棉球、小镜子。

2. 试剂

苯硫脲尝味试验：PTC

ABO 血型检测：A 型（抗 B）和 B 型（抗 A）标准血清、70%乙醇、生理盐水。

## 四、实验步骤

### （一）几种形态特征的遗传

1. 卷舌性状的调查

在人群中，有的人能卷舌（tongue rolling），即舌的两侧能在口腔中向上卷成筒状，称为卷舌者（tongue roller），对照镜子或者请同学观察自己是否有卷舌能力。有的人舌尖部分不用上颌牙齿的帮助能向后翻转，即为翻舌。这种性状在人群中出现频率不高，根据国外的统计只有 1/1 000。舌的活动在人群中可见 3 种类型：舌能卷而不能翻，舌能卷又能翻，舌不能卷又不能翻。舌不能卷而能翻则从未见过。

2. 眼睑性状的调查

人群中的眼睑（eyelid）可分为单重睑（俗称单眼皮，又叫上睑赘皮）和双重睑（俗称双眼皮）2 种性状。一些人认为双眼皮受常染色体显性基因控制，单眼皮为隐性性状。但目前仍存在争议，有待进一步研究。

3. 耳垂性状的调查

耳朵可明显区分为有耳垂（free ear lobe，即耳垂下悬，与头连接处向上凹陷）和无耳垂（attached ear lobe，即耳轮一直向下延续到头部），观察并区分 2 种性状。

4. 前额发际调查

有的人前额发际（hair line of the forehead）基本属于平线，而有的人前额正中发际向下延伸呈峰形，即明显向前突出，形成“V”形，称美人尖。

5. 发式和发旋的调查

人类的发式有卷发和直发之分。东方人多为直发。

每个人头顶稍后方中线处有一螺纹，称发旋。发旋的螺纹方向受遗传控制，有的呈顺时针方向，有的呈逆时针方向。记录自己的发式、发旋个数和螺旋方向。

6. 拇指关节外展的调查

人群中有的人拇指的最后一节能弯向桡侧，这一性状的纯合隐性个体的拇指关节可向后卷曲 60°，不能弯曲为显性。观察自己是否有此性状。

7. 食指与无名指长短比较

食指与无名指之间的长短关系表现为伴性遗传，控制基因位于 X 染色体上。

表型有 2 种：食指短于无名指，食指长于无名指。检查的方法是在白纸上画一横线，手掌向下放于纸上，使中指指尖方向与横线垂直，无名指指尖与横线相齐，看此时食指指尖是在横线的上方还是下方。

## （二）几种生理特征的遗传

1. 苯硫脲尝味试验

苯硫脲（phenylthiocarbamide，PTC）是一种白色结晶状药物，由于含有 N—C ═S 基团而有苦涩味，但对人无毒副作用。不同种族、民族和个体之间，对该物质的尝味能力不同，人体对苯硫脲的尝味能力是由 1 对等位基因（Tt）所控制的性状，T 对 t 为不完全显性。正常尝味者能尝出浓度小于 1/750 000 PTC 溶液的苦味，为纯合尝味者，基因型为 TT；而 Tt 基因型的个体（杂合子）尝味能力稍低，只能尝出浓度为 1/500 000～1/40 000的 PTC 溶液的苦涩味，这种个体为 PTC 杂合尝味者。当 PTC 浓度> 1/24 000才能尝出其苦味的人，称为 PTC 味盲，基因型为 tt，有的味盲个体甚至对 PTC 结晶也尝不出苦味来。因此，人类对 PTC 尝味能力属于不完全显性遗传（半显性遗传）。而且已知纯合体味盲（tt）者容易患结节性甲状腺肿，因此可以把 PTC 的尝味能力作为一种辅助性诊断指标。我国汉族人群中，PTC 味盲约占 10%。

（1）配制 1/750 PTC 原液。取 PTC 粉末 0.65 g，加蒸馏水 500 mL 摇匀，在室温下放置 1~2 天即完全溶解成原液。原液的 PTC 浓度约为 1/750。

（2）配制 PTC 尝味使用液。将 PTC 原液编为 1 号液，将 1 号液用蒸馏水稀释 1 倍编为 2 号液，将 2 号液再稀释 1 倍为 3 号液，依此类推，直至配成 14 号 PTC 溶液，14 号液浓度为 1/6 000 000。将配好的 14 种不同浓度 PTC 溶液分别置于消毒好的瓶内。

（3）让受试者坐在椅子上，仰头张嘴。用滴管滴 5~10 滴 14 号液于舌根部，让受试者徐徐下咽品味，并用蒸馏水作对照试验。注意所用滴管在滴液体时，不要接触受试者的口腔。

（4）询问受试者能否鉴别此 2 种溶液的味道，若不能鉴别或不能断定，则依次用 13 号、12 号……溶液重复试验（应注意与蒸馏水交替测试），直到能明确鉴别出 PTC 的苦味为止。

（5）tt 基因型的阈值范围为 1~6 号液，Tt 基因型的阈值范围为 7~10 号液，TT 基因型的阈值范围为 11~14 号液。为简化操作程序，也可只用 6 号、7 号、10 号、11 号和 13 号这 5 种溶液进行测试，尝不出 6 号苦味者为 tt 基因型，尝出 7 号和 10 号液的苦味者为 Tt 基因型，尝出 11 号者为 TT 基因型。

（6）统计所测人员的测试结果，按 Hardy-Weinberg 定律计算出所测人群中的 PTC 尝味基因的基因型频率和基因频率。

2. 对苯甲酸钠的味觉感受能力

苯甲酸钠是一种人群味觉感受不同的物质。有人感觉有味，有人感觉其无味。以 0.1%的苯甲酸钠，用 PTC 检测的同样方法测全班同学的味觉感受结果（酸、甜、苦、咸、无味）。

### （三）人类 ABO 血型检测方法-玻片法

血型是人体的遗传性状，人类 ABO 血型是红细胞血型系统中的一种。它受一组复等位基因（$I^A$、$I^B$、i）控制。人类的红细胞表面有 A 和 B 两种抗原，血清中有抗 B（β）和抗 A（α）两种天然抗体，依抗原和抗体存在的情况，可将人类的血型分为 A、B、AB 和 O 四种血型。

由于 A 抗原只能和抗 A 结合，B 抗原只能和抗 B 结合，因此可以利用已知的 A 型标准血清（即 A 型人的血清，又叫抗 B 血清）和 B 型标准血清（即 B 型人的血清，又叫抗 A 血清）来鉴定未知血型，两种标准血清内所含每一种抗体将凝集含有相应抗原的红细胞。因此红细胞在 A 型标准血清中发生凝集的血为 B 型，在 B 型标准血清中凝集的为 A 型，在两种标准血清中都凝集的为 AB 型，在两种标准血清中都不凝集的为 O 型。

一般实验室常用的方法有试管法与玻片法。试管法的优点是敏感，较少发生假凝集；玻片法则简便易行，但如控制不好，易发生不规则的凝集现象。以下介绍玻片法的基本操作步骤。

（1）取一清洁的双凹玻片（或用普通载玻片用玻璃蜡笔划出方格代替），两端上角分别用记号笔或胶布注明 A 和 B 及受试者姓名，然后分别用吸管吸取 A 型和 B 型标准血清各一滴，滴入相应凹格（或方格）内。

（2）用 70%乙醇棉球消毒受试者的耳垂或指端，待乙醇干后，用无菌的采血针刺破皮肤，用吸管取 1～2 滴血放入盛有 0. 3～0. 5 mL 生理盐水的小瓶中，用吸管轻轻吹打成约 5%的红细胞生理盐水悬液。

（3）在玻片的每一凹格（或方格）内分别滴 1 滴制好的红细胞悬液，注意滴管不要触及标准血清。然后立即用牙签或小玻棒分别搅拌液体，使血球和标准血清充分混匀。

（4）在室温下每隔数分钟轻轻晃动玻片数次，以加速凝集，等 10～30 min 后观察有无凝集现象。若混匀的血清由混浊变为透明，出现大小不等的红色颗粒，表示红细胞已凝集；若仍呈混浊状，无颗粒出现，则表明无凝集现象。若观察不清可用显微镜在低倍镜下观察。若室温过高，可将玻片放于加有湿棉花的培养皿中，以防干涸；室温过低可将玻片置于 37 ℃恒温箱中，以促其凝集。

（5）根据 ABO 血型检查结果，判断自己及受检者的血型。

注意事项：标准血清必须有效；红细胞悬液不宜过浓或过稀；反应时间及温度要适中，应注意辨别假阴性和假阳性。

## 五、课后提升

（1）将观察或测定的性状记录在表 9-11-1 至表 9-11-4 中。

（2）以班为单位，统计每一性状的个体数，设计表格汇总统计结果并计算出相对性状的百分比。注意这些百分比不能说明以上各性状是否遗传，更不能确定是隐性还是显性。

（3）要了解某性状是否为遗传性状，可以通过系谱分析法确定，每个同学可以选 1 个性状对自己的家庭成员进行调查，画出家庭系谱图，并确定这个性状的遗传特性（隐性还是显性遗传，或是其他）。

**表 9-11-1　身体形态特征调查记录表**

| 姓名 | 卷舌 | | 翻舌 | | 眼睑 | | 耳垂 | | 发际 | | 发式 | | 发旋数 | | 拇指关节 | | 无名/食指 | |
|---|---|---|---|---|---|---|---|---|---|---|---|---|---|---|---|---|---|---|
| | | | | | | | | | | | | | | | | | | |
| | | | | | | | | | | | | | | | | | | |
| | | | | | | | | | | | | | | | | | | |
| | | | | | | | | | | | | | | | | | | |
| | | | | | | | | | | | | | | | | | | |
| | | | | | | | | | | | | | | | | | | |
| 总计 | | | | | | | | | | | | | | | | | | |
| 百分比 | | | | | | | | | | | | | | | | | | |

**表 9-11-2　生理特征调查记录表**

| 姓名 | 苯硫脲的味觉感受 | | | 苯甲酸钠的味觉感受 | | | | |
|---|---|---|---|---|---|---|---|---|
| | 苦 | 甜 | 无味 | 酸 | 甜 | 苦 | 咸 | 无味 |
| | | | | | | | | |
| | | | | | | | | |
| | | | | | | | | |
| | | | | | | | | |
| 总计 | | | | | | | | |
| 百分比 | | | | | | | | |

**表 9-11-3　血型调查记录表**

| 姓名 | 血型 | | | |
|---|---|---|---|---|
| | A | B | AB | O |
| | | | | |
| | | | | |
| | | | | |
| | | | | |
| 总计 | | | | |
| 百分比 | | | | |

**表 9-11-4　遗传性状调查表（用于系谱分析）**

| 遗传性状 | 本人 | 祖父 | 祖母 | 外祖父 | 外祖母 | 父亲 | 母亲 | 其他家庭成员 |
|---|---|---|---|---|---|---|---|---|
| 发旋：顺/反 | | | | | | | | |
| 发际：平/尖 | | | | | | | | |
| 发式：直/卷 | | | | | | | | |
| 耳垂：有/无 | | | | | | | | |
| 眼睑：单/双 | | | | | | | | |
| 卷舌：能/否 | | | | | | | | |
| 翻舌：能/否 | | | | | | | | |
| 拇指关节：直/曲 | | | | | | | | |
| 无名/食指：长/短 | | | | | | | | |

课外补充：人的一些显、隐性性状表现如表 9-11-5 所示；单性状遗传病的家系谱

如图 9-11-1 所示；双性状遗传病的家系谱如图 9-11-2 所示。

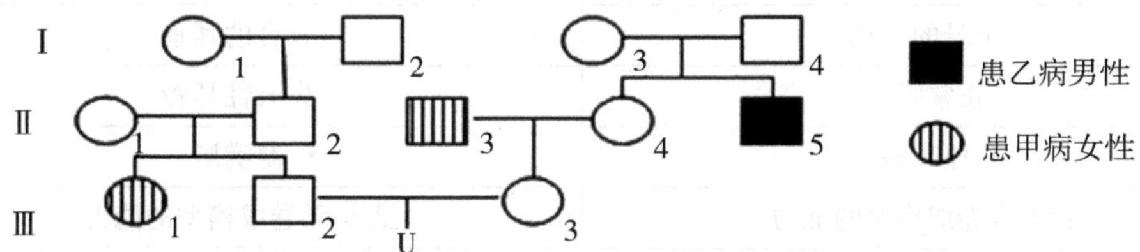


**图 9-11-1　单性状遗传病的家系谱**

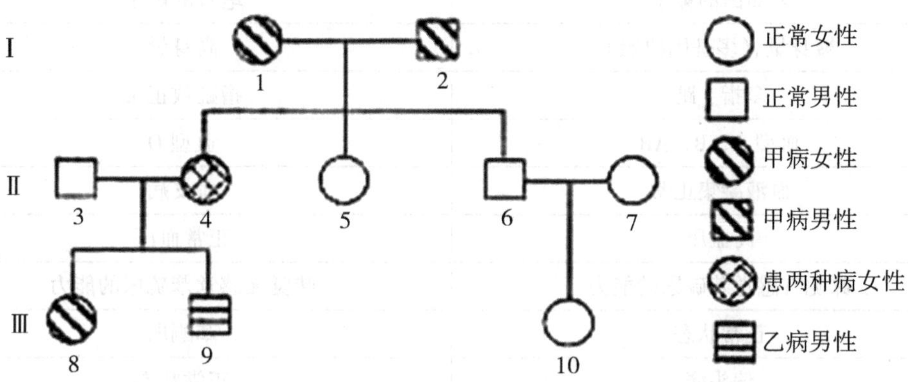


**图 9-11-2　双性状遗传病的家系谱**

**表 9-11-5　人类显隐性性状表现**

| 显性性状 | 隐性性状 |
|---|---|
| 皮肤毛发眼睛正常颜色 | 白化现象 |
| 黑色皮肤（不完全显性） | 白色皮肤 |
| 黑色毛发 | 浅色毛发 |
| 非棕黄色毛发 | 棕黄色毛发 |
| 卷缩发 | 直发 |
| 头发中有一绺白发 | 同种颜色的头发 |
| 身体有相当大的部分多毛 | 身体只有一部分多毛 |
| 男人秃顶蓝色或黑色眼睛 | 头发正常褐色眼睛 |
| 大眼睛 | 小眼睛 |
| 长睫毛 | 短睫毛 |
| 正常视力 | 近视 |
| 辨色能力正常 | 色盲 |

（续表）

| 显性性状 | 隐性性状 |
| --- | --- |
| 下悬的耳垂 | 长合的耳垂 |
| 正常听觉 | 先天性耳聋 |
| 厚嘴唇 | 薄嘴唇 |
| 舌头有卷成槽型的能力 | 舌头无卷成槽型的能力 |
| 宽鼻孔 | 窄鼻孔 |
| 高而窄的鼻梁 | 矮而宽的鼻梁 |
| 大而凸的鼻子 | 笔直的鼻子 |
| 矮身量（多基因决定） | 高身量 |
| 多指、趾 | 指趾数正常 |
| 血型 A、B、AB | 血型 O |
| 血液凝集正常 | 血友病 |
| 高血压 | 正常血压 |
| 味觉有感觉苯硫尿的能力 | 味觉无感觉苯硫尿的能力 |
| 正常状态 | 苯酮尿 |
| 偏头痛 | 正常状态 |

# 参考文献

丁毅，王建波，2019. 遗传学实验教程（第 2 版）[M]. 北京：高等教育出版社 .

吴若菁，2022. 遗传学实验 [M]. 北京：科学出版社 .

张文霞，辛广伟，戴灼华，2019. 遗传学实验指导（第 2 版）[M]. 北京：高等教育出版社 .

# 第十篇
# 细胞生物学实验指导

# 实验1　显微镜的技术参数及特殊光镜的演示实验

## 一、实验目的

(1) 了解各种特殊光镜的构造、成像原理及应用。

(2) 理解显微镜的技术参数和特殊光镜的结构特点。

(3) 学会测微尺的使用。

## 二、实验原理

### (一) 显微镜的技术参数

1. *分辨率*

分辨率（resolution）指在25 cm的明视距离处能区分开被检物体上2个相近质点的最小距离（显微镜有能将邻近的两个质点分辨清楚的能力）。

$$R=0.61\lambda/N=0.61\lambda/[n\times\sin(\alpha/2)] \quad (10\text{-}1\text{-}1)$$

式中，$R$为分辨率；$\lambda$为照明光线波长；$N$为物镜的数值孔径；$n$为介质的折射率；$\alpha$为镜口角。

通常$2\theta$最大值可达140°，$\theta$角最大为70，$\sin70°=0.94$；$\lambda$一般为0.45 μm（蓝色光），由公式可知当$\lambda$和sin值均不变时，介质折射率$n$越大，能区分的2个点之间的距离就越短，物镜的分辨率越好。

$n=1$（空气中），分辨率$R=0.29$ μm。

$n=1.52$（油镜下），分辨率$=0.19$ μm，油镜下分辨率更好。

$R=0.2$ μm光镜的分辨率达到极限。

2. *放大率*

放大率指放大倍数。

$$M=M_{ob}\times M_{oc}=(\Delta/f_1)\times(250/f_2) \quad (10\text{-}1\text{-}2)$$

式中，$M$为放大倍数；$M_{ob}$为物镜放大倍数；$M_{oc}$为目镜放大倍数；$\Delta$为光学筒长（mm）；$f_1$为物镜焦距（mm）；250为明视距离（mm）；$f_2$为目镜焦距（mm）。

物镜的放大率是对一定的镜筒长度而言的，镜筒长度的变化不仅导致放大率的变化，而且成像质量也受到影响。因此，显微镜的镜筒长度是一定的。适宜的总放大率是所用物镜数值孔径的500～1 000倍，在此范围内称为有效放大倍数。

3. *清晰度*

清晰度指显微镜形成轮廓明显物像的能力。影响物像清晰度的主要因素是物镜。同一光学系统中，放大倍数越高，像差就越大。要提高物像的清晰度，必须使用高数值孔径的物镜，并匹配低倍的目镜，而不应单纯增加目镜的放大倍数。（盖玻片的厚薄都会导致光学筒长的变化，国际统一标准盖玻片厚度为 0.17 mm）

4. 焦点深度

焦点深度指当显微镜对标本的某一点或平面聚焦时，焦点平面上下物像清晰的距离或深度。

$$T=(K\times n)/(M\times N_A) \tag{10-1-3}$$

式中，$T$ 为焦点深度；$M$ 为显微镜的总放大倍数；K 为常数，约等于 0.24；$n$ 为被检测物体周围介质的折射率；$N_A$ 为物镜的数值孔径。

## （二）几种特殊类型的光学显微镜

暗视野显微镜、相差显微镜、荧光显微镜、倒置显微镜的发展方向是使用波长较短的光作为光源，不断提高显微镜的分辨率。

1. 暗视野显微镜

照明光线不直接进入物镜，只允许被标本反射和衍射的光线进入物镜，视野背景是黑的，物体边缘是亮的。

原理：暗场显微镜与普通镜的区别在于装配了一套特殊的聚光器——暗视场聚光器。暗场聚光器的中央有一较大的圆形光档，外周是一圈透光光阑，当光射入时，由于光档作用，挡住了进入视野中的直射光，所以看到的视野一片黑暗，但光档外圈光阑可射入环状光束，这些光束经聚光镜抛物面反射汇聚于样品处，并斜向照明样品，使被照明的样品发出反射光和散射光进入物镜，使看到的物体明亮，而背景是暗的。该法虽看不清微粒的结构，但可分辨出 0.004 μm 小微粒的存在和运动。

主要用途：观察活细胞的几何轮廓及其运动，如鞭毛、染色体、纺锤体，但不能辨清其微细结构。

通过放射自显影得到的银颗粒进行定量计数，能提高物象与背景间的反差，提高分辨率 40 多倍，可观察 4~200 nm 的微粒。

2. 荧光显微镜

高发光效率的点光源，经过滤色系统，发出一定波长的光作为激发光，能激发标本的荧光物质发出一定的荧光，再通过物镜和目镜放大后观察。

原理：利用波长较短的蓝紫光或紫外光照射样本，使样本中分子、原子的外层电子从低能态轨道跃迁，即从较低能态进入较高能态，在这种高能态不稳定，在很短时间后，电子就要返回原来的稳态轨道，这种回归释放出的能量就是荧光。放出的荧光波长较原来激发光的波长要长，荧光比较柔和。

荧光有 2 种。一种是自发荧光，是细胞内某些天然物质经紫外光照射后发出的光，如植物叶绿体中的叶绿素，就能发出红色的荧光。另一种是诱发荧光。诱发荧光是将荧光染料物质（荧光色素，如酸性品红、甲基绿、中性红、吖啶橙、吖啶黄、刚果红等）加入细胞中，经过染色后产生的荧光。标本经固定后，用吖啶橙染色，可使细胞内的 RNA 发出红色荧光，使 DNA 发出绿色荧光。荧光染色剂的浓度很低，不毒害细胞，可进行活体观察。

荧光显微镜技术是在光镜水平下对特异蛋白质等生物大分子进行定性、定位的有力工具。

用途：切片或活体染色的细胞免疫荧光观察，研究组织、细胞中物质的吸收、运输及化学物质的分布、定位，基因定位，疾病诊断。

3. 相差显微镜

1935 年，荷兰籍德国人 F. Zernike 成功设计了相差显微镜，并因此获得 1953 年诺贝尔物理学奖。

原理：利用光干涉、衍射现象把透过标本的可见光的光程差变成振幅差，从而提高各种结构间的明暗对比度，使各种结构变得清晰可见，肉眼得以观察到无色透明物体中的细节。

构造：相差显微镜有不同于普通光学显微镜的 2 个特殊之处，一是环形光阑，二是相位板。

①环形光阑：转盘聚光器上有一系列的透光的、大小不一的明亮圆环，调节进光量，光线通过其通光孔进入放大倍数与物镜匹配。

②相位板：物镜中的后焦面加了相位板，其上为一暗环。相板上涂有氟化镁，可将直射光或衍射光的相位推迟 1/4 λ，从而造成振幅叠加或抵消，引起正反差或负反差。

4. 倒置显微镜

物镜与照明系统颠倒，前者在载物台之下，后者在载物台之上，用于观察培养的活细胞或细菌。

## 三、实验器材

普通光学显微镜、目镜测微尺、镜台测微尺、鱼血细胞装片、马蛔虫子宫细胞装片。

## 四、实验步骤（测微尺的使用）

目镜测微尺是一块圆形的玻片，中心刻有一尺，长 5~10 mm，分成 50~100 格，每格实际长度因不同物镜的放大率和不同镜筒长度而异。镜台测微尺是在一块载玻片中央，用树胶封固一圆形的测微尺，长 1 mm 或 2 mm，分成 100 格或 200 格，每格的实际长度为 0. 01 mm（10 μm）。当用目镜测微尺来测量细胞的大小时，必须先用镜台测微尺换算出目镜测微尺每一格的长度。方法如下。

（1）调好显微镜，使其处于工作状态。

（2）在显微镜载物台上放置镜台测微尺，转动显微镜镜筒并移动镜台测微尺，调整目镜测微尺的纵线与镜台测微尺刻度线平行并重合的位置，将目镜测微尺的一条细线与镜台测微尺的一条细线重合在一起（使两尺左边的一直线重合），然后由左向右找出两尺另一重合的直线并记录 2 条重合线间两尺的格数。

（3）按照下列公式计算目镜测微尺每格等于多少微米。

$$X=na/M \qquad (10-1-4)$$

式中，$X$ 为目镜测微尺每格的实际刻度值；$a$ 为镜台测微尺每格的刻度值（通常为

10 μm）；$n$ 为镜台测微尺的刻度数；$M$ 为目镜测微尺的刻度数。

举例：如果镜台测微尺 4 格 = 目镜测微尺 6 格，那么目镜测微尺每格代表的长度为 $X = na/M = 4\times10/6 = 6.7$ μm

（4）细胞大小的测量：将待测细胞装片放在载物台上，调清物象后，用目镜测微尺测量其各径所占格数，并根据标定结果计算径的实际长度。（注意测量和标定时物镜放大倍数应一致）

（5）计算：根据测量结果计算各种细胞及细胞核的体积。

椭球形：$V=4\pi abc/3$；$a$ 为长轴，$b$ 为短轴，$c$ 为中轴。

圆球形：$V=4\pi r^3/3$；$r$ 为半径。

圆柱形：$V=\pi r^2 h$；$r$ 为半径，$h$ 为高。

## 五、注意事项

1. 使用前检查上一组的同学是否规范地放置好显微镜

断电源，开关处于关的状态，视场光阑最小，载物台位置是否处于最低的状态，任何物镜都不与光路合轴。如果放置规范，可以进行后续的操作，否则，请按照上述要求调整显微镜的状态。

2. 光阑的调节

孔径光阑：把孔径光阑缩小到所用物镜数值孔径的 70%～80%为宜。

视场光阑：适宜大小应以光阑的内缘线外切孔径光阑或孔径光阑外边内接视场光阑为度。

## 六、课后提升

（1）怎样提高显微镜的分辨率？

（2）简述普通光学显微镜的操作注意事项。

（3）列表说明暗视野显微镜、相差显微镜及荧光显微镜的工作原理及其应用。

（4）分别测量 10 个马蛔虫子宫细胞和 10 个鱼血细胞大小，对其大小差异形成直观概念（要求记录标定数据、原始测量数据、标定和计算过程）。

# 实验 2　死活细胞的鉴别

## 一、实验目的

（1）掌握死活细胞鉴别的原理和方法。

（2）了解细胞存活率的意义。

## 二、实验原理

以小鼠脾脏淋巴细胞为实验材料，用台盼蓝法鉴定细胞死活。

细胞的存活率是反映细胞群体生活状态的重要指标。多种方法可以鉴别细胞的死活，最常用的是染色排除法和荧光排除法。

染色排除法的原理：许多酸性染料如台盼蓝等不容易穿过活细胞的质膜进入细胞内，却能渗入死亡的细胞内，使其着色，而活细胞不着色，以此来区分死活细胞。

细胞存活率计算公式为

细胞存活率（%）= 活细胞数/（活细胞数+死细胞数）×100

## 三、实验器材

1. 仪器与材料

镊子、剪刀、注射器、载玻片、盖玻片、吸管、吸水纸。

小鼠脾脏淋巴细胞。

2. 试剂

生理盐水、0.4%台盼蓝（生理盐水配制）。

## 四、实验步骤

（1）取材。取小鼠脾脏，用盛有 2 mL 生理盐水的注射器冲击脾脏，下接一个 10 mL离心管。

（2）染色。取 0.5 mL 细胞悬液放入干净试管中，加入约 0.1 mL（1~2 滴）0.4%台盼蓝染液，混合，2 min 后立即制成临时装片，镜检。

（3）绘图描述结果并计算存活率。死细胞染成蓝色，活细胞不着色。

## 五、课后提升

绘制本实验图并描述现象。

# 实验3　细胞膜通透性试验

## 一、实验目的

（1）了解细胞膜的渗透性及各类物质进入细胞的难易程度和速度。

（2）观察溶血现象并掌握其发生机制。

## 二、实验原理

细胞膜是细胞与环境进行物质交换的选择性屏障，是一种半透膜，可选择性控制物质进出细胞。各种物质出入细胞的方式是不同的，水是生物界最普遍的溶剂，通透性高（肾小管、肠上皮、植物根细胞更高），水分子可以从渗透压低的一侧通过细胞膜向渗透压高的一侧扩散，这种现象称为渗透。渗透作用是细胞膜的主要功能之一。

1. 相关概念

（1）溶血现象。渗入红细胞的溶质能提高红细胞的渗透压，使水进入细胞，引起细胞吸水胀破。这种红细胞膜破裂，血红蛋白从红细胞中逸出的现象称为溶血现象。

（2）等渗溶液。渗透压与血浆渗透压相等的溶液称为等渗溶液。

（3）高渗溶液。渗透压高于血浆渗透压的溶液称为高渗溶液。

（4）低渗溶液。渗透压低于血浆渗透压的溶液称为低渗溶液。

（5）半透性。膜或膜状结构只允许溶剂（通常是水）或部分溶质（一般为小分子物质）透过，而不允许其他溶质（一般为大分子物质）透过的特性。

（6）渗透作用。膜两侧溶液浓度存在差异，造成化学势能差，在势能差的驱动下，溶剂可穿过对溶质不透膜。

2. 溶血现象

将红细胞放在低渗盐溶液中，水分子大量渗到细胞内使细胞胀破，血红蛋白释放到介质当中，介质由不透明的细胞悬液变为红色透明的血红蛋白溶液（此时的细胞膜收缩，会略有不溶性内容物），这种现象称为溶血。

红细胞在等渗盐溶液中短时间之内不会发生溶血，但是由于红细胞的细胞膜对不同物质的通透性不同，时间久了，膜两侧的渗透压平衡会被打破，也会发生溶血。

由于各种溶质透过细胞膜的速度不同，因此发生溶血的时间也不相同。发生溶血现象所需的时间，可以作为测量某种物质进入红细胞速度的指标。即溶血时间对应穿膜速度。

3. 物质穿膜运输的类型

（1）被动运输（不耗能）。被动运输分为简单扩散（顺浓度梯度扩散）和协助扩

散。(通道：载体蛋白、通道蛋白)

(2) 主动运输 (耗能)。需要跨膜载体蛋白的协助，这些载体蛋白起到泵的作用，有选择性地把专一溶质逆浓度梯度穿膜运输。

4. 影响物质穿膜通透性的因素

(1) 脂溶性越大的分子越容易穿膜 (非极性的物质比极性的物质更容易溶于脂类物质)。

(2) 小分子比大分子更容易穿膜 (小的非极性分子，如 $O_2$、$CO_2$ 等)。

(3) 不带电荷的分子容易穿膜 (离子难溶于脂质物质，离子带水膜使体积增大)，亲水性分子和离子的穿膜要依赖于专一性的跨膜蛋白。

## 三、实验器材

1. 仪器与材料

离心管、试管架、滴管、显微镜、离心机。

鸡血红细胞 (抗凝鸡血的稀释液，1 份血液加入 9 份生理盐水进行稀释)。

2. 试剂

蒸馏水、0.85% NaCl、0.085% NaCl、0.8 mol/L 甲醇液 (0.3 mol/L 等渗)、0.8 mol/L 丙三醇 (0.3 mol/L 等渗)、6%葡萄糖 (5%等渗)、2% TritonX-100 (1.5%等渗)。

## 四、实验步骤

(1) 取鸡血 6 mL，加 0.85% NaCl 溶液 4 mL，1 000 r/min离心 5 min (红细胞比容不少于 0.6%)。

(2) 将上述离心后的红细胞按沉淀量配成 50%浓度 (总体积应不少于 1.2 mL)。

(3) 取 7 支试管，分别加入如下溶液各 3 mL：蒸馏水、0.85% NaCl、0.085% NaCl、0.8 mol/L 甲醇、0.8 mol/L 丙三醇、6%葡萄糖、2% TritonX-100。

(4) 向上述 7 支试管中分别加入 50%红细胞悬液 1 滴，轻摇混匀，观察试管中是否有溶血现象发生 (观察时间 1 h)，记录溶血时间，并于显微镜下观察各溶液的细胞。

(5) 将实验观察数据记录在表 10-3-1 中。

**表 10-3-1　实验观察记录表**

| 编号 | 溶液类型 | 是否溶血 | 溶血时间 | 现象记录 |
|---|---|---|---|---|
| 1 | 蒸馏水 | | | |
| 2 | 0.85% NaCl | | | |
| 3 | 0.085% NaCl | | | |
| 4 | 0.8 mol/L 甲醇 | | | |
| 5 | 0.8 mol/L 丙三醇 | | | |

（续表）

| 编号 | 溶液类型 | 是否溶血 | 溶血时间 | 现象记录 |
| --- | --- | --- | --- | --- |
| 6 | 6% 葡萄糖 | | | |
| 7 | 2% TritonX-100 | | | |

## 五、课后提升

物质跨膜运输的方式有哪些？影响因素有哪些？本实验的影响因素是什么？

# 实验 4　细胞凝集反应

## 一、实验目的

（1）以鸭血或鸡血为实验材料，观察细胞凝集反应。

（2）了解凝集反应原理，掌握实验操作过程。

## 二、实验原理

动物细胞表面的糖蛋白、糖脂中的糖链伸向膜的表面，是细胞识别、免疫及接触抑制现象的必要组分。凝集素（lectin）是一类含糖并能与糖专一且可逆结合的蛋白质，能与细胞外被的寡糖链相连接，使细胞发生凝集并刺激细胞分裂。

## 三、实验器材

### 1. 仪器与材料

显微镜、天平、载玻片、滴管、离心管、烧杯、10 mL 移液管、试管、试管架。

新鲜鸭血、马铃薯块茎。

### 2. 试剂

抗凝血剂、生理盐水、PBS。

## 四、实验步骤

（1）2%鸭血红细胞悬液制备。新鲜鸭血加抗凝血剂和生理盐水，2 000 r/min，离心 5 min，获得沉淀再次加入生理盐水同条件离心，重复离心 5 次。按红细胞比容用生理盐水配成 2%鸭血红细胞悬液。

（2）马铃薯凝集素制备。马铃薯块茎 2 g，加 10 mL PBS，浸泡 2 h，浸泡液震荡均匀，吸取悬浮液即为马铃薯凝集素。

（3）细胞凝集反应。马铃薯凝集素 1 滴、2%鸭血红细胞悬液 1 滴（对照实验：PBS 1 滴、2%鸭血红细胞悬液 2 滴），于载玻片上混匀，静置 20 min。

（4）镜检。

（5）绘图并描述现象。

## 五、课后提升

绘制本实验图并描述现象。

# 实验5　血涂片的制备和瑞氏染色显示白细胞

## 一、实验目的

（1）掌握正确的采血及涂片制备方法。

（2）掌握瑞氏染液成分组成。

（3）掌握瑞氏染色法原理、过程，熟悉染色结果的分析。

## 二、实验原理

瑞氏染色法显示白细胞，既有物理的吸附作用，又有化学的亲和作用。各种细胞成分化学性质不同，对各种染料的亲和力也不一样。如血红蛋白、嗜酸性颗粒为碱性蛋白质，与酸性染料伊红结合，染成粉红色，称为嗜酸性物质；细胞核蛋白、淋巴细胞、嗜碱性粒细胞胞质为酸性，与碱性染料美蓝或天青结合，染成紫蓝色或蓝色，称为嗜碱性物质；中性颗粒呈等电状态与伊红和美蓝均可结合，染成淡紫红色，称为嗜中性物质；完全成熟红细胞，酸性物质彻底消失后，染成粉红色。

## 三、实验器材

### 1. 仪器与材料

普通光学显微镜、目镜测微尺、镜台测微尺、鱼血细胞装片、载玻片、采血针、酒精棉球。

### 2. 试剂

瑞氏染液由酸性染料伊红和碱性染料亚甲蓝组成。伊红通常为钠盐，有色部分为阴离子。亚甲蓝（又名美蓝）为四甲基硫堇染料，有对醌型和邻醌型两种结构，通常为氯盐，即氯化美蓝，有色部分为阳离子。美蓝容易氧化为一甲基硫堇、二甲基硫堇、三甲基硫堇等次级染料（即天青）。将适量伊红、美蓝溶解在甲醇中，即为瑞氏染料。

取瑞氏染液粉末0.1 g置洁净研钵中，加入10~20 mL甲醇，充分研磨，将已溶部分移入试剂瓶中，未溶部分再加适量甲醇研磨，直至全部溶解。24 h后即可使用，保存时间越久，染色能力越强。甲醇的作用：一是溶解美蓝和伊红；二是固定细胞形态。

## 四、实验步骤

### 1. 血涂片的制备

（1）准备2张经过脱脂的干净载玻片。

（2）用70%酒精棉球消毒指腹或耳垂。

（3）用消毒过的针刺破指腹或耳垂的皮肤，挤去第一滴血弃之（因含单核白细胞较多），用载玻片的一端与血滴接触。取另一张载玻片，斜置血滴左缘，先向后稍移动轻轻触及血滴，使血液沿玻片端展开成线状，两玻片的角度以45°为宜（角度过大血膜较厚，角度小则血膜薄），轻轻将沾有血液的载玻片向前推进，速度要一致，否则血膜呈波浪形，厚薄不匀（初学者可把玻片放在桌上操作）。

（4）使涂片在空气中自然干燥备用。制作不理想者需要重新制备。

2. 瑞氏染色法显示白细胞

（1）待血涂片干燥后加瑞氏染液5~8滴覆盖整个血膜，1 min。

（2）直接清水冲洗，水流不宜过大，至水中无色即可。不可先倒掉染液，防止染液残渣留在细胞中影响染色结果。

（3）纱布擦干或吸水纸吸干玻片下端（无细胞面）的水，然后置于载物台上进行观察，先用低倍镜查找，后用高倍镜观察细节。

（4）绘图并进行结果分析。红细胞不着色；白细胞有核，分为中性粒细胞、嗜酸性粒细胞、嗜碱性粒细胞、淋巴细胞和单核细胞。

## 五、课后提升

绘制本实验图并描述现象。

# 实验 6　叶绿体的分离及观察

## 一、实验目的

（1）了解叶绿体分离的一般原理和方法。

（2）熟悉应用普通显微镜方法观察叶绿体。

## 二、实验原理

叶绿体的分离应在等渗溶液（0. 35 mol/L NaCl 或 0. 4 mol/L 蔗糖溶液）中进行，以免渗透压的改变使叶绿体受到损伤。利用差速离心法将匀浆液离心，从而使叶绿体得到分离。分离过程最好在 0~5 ℃的条件下进行；如果在室温下，要迅速分离和观察。

## 三、实验器材

1. 仪器与材料

光学显微镜、载玻片、盖玻片、烧杯、研钵、尼龙布、烧杯、天平、吸水纸、擦镜纸、离心管、白菜叶片。

2. 试剂

0. 35 mol/L NaCl、清水。

## 四、实验步骤

（1）选取新鲜的嫩白菜叶片，洗净擦干后去除叶梗和粗脉，撕成小碎块，称 3 g 放于玻璃研钵中，加入 10 mL 0. 35 mol/L NaCl，匀浆 3~5 min。

（2）匀浆液用 2 层尼龙布过滤于 50 mL 烧杯中。

（3）将滤液平分到 2 个离心管中，天平配平，1 000 r/min 下离心 2 min，弃去沉淀。

（4）将上清液在 3 000 r/min 下离心 5 min，弃去上清，沉淀即为叶绿体。

（5）将沉淀用 0. 35 mol/L NaCl 悬浮，取 1 滴叶绿体悬液滴于载片上，加盖片做 1 张临时装片观察。

（6）撕取白菜叶片下表皮 1 小片置于滴有清水的载片上，盖上盖玻片，在普通光镜下观察气孔的形状，以及保卫细胞里面的叶绿体。

## 五、结果与分析

绘制本实验图并描述现象。

# 实验 7　小鼠肝细胞线粒体的超活染色及观察

## 一、实验目的

（1）掌握口腔上皮细胞临时标本的制作方法。
（2）掌握各操作步骤的作用及注意事项。

## 二、实验原理

以口腔黏膜上皮细胞为实验材料，采用詹纳斯绿染色法显示细胞中的线粒体。线粒体是细胞内一种重要细胞器，是细胞进行呼吸作用的场所。细胞的各项活动所需要的能量，主要是通过线粒体呼吸作用来提供的。活体染色是应用无毒或毒性较小的染色剂真实地显示活细胞内某些结构而又很少影响细胞生命活动的一种染色方法。詹纳斯绿 B（Janus green B）是线粒体的专一性活体染色剂。线粒体中细胞色素氧化酶系使染料保持氧化状态呈蓝绿色，而在周围的细胞质中染料被还原，成为无色状态。

## 三、实验器材

1. 仪器与材料

光学显微镜、载玻片、盖玻片、培养皿、消毒牙签、吸水纸、擦镜纸。

2. 试剂

中性红-詹纳斯绿 B 染液、生理盐水。

## 四、实验步骤

1. 口腔黏膜上皮细胞涂片的制作

（1）将载玻片刷洗干净，用纱布擦干，置于实验台的适当位置。
（2）蒸馏水漱口，将牙签粗的一端放入自己口腔中。
（3）用力适当地在口腔颊内刮几下（用力轻重适宜，以获得活力旺盛的细胞，又不损伤口腔）。
（4）将刮下的白色黏性物薄而均匀地涂在载玻片上（可加生理盐水，使细胞容易展开；也可不加生理盐水，细胞容易贴壁）。

2. 染色

在载玻片中央滴 1 滴中性红-詹纳斯绿 B 染液，均匀涂于染液中，染色 0.5~1 min，加盖玻片后立即观察。

3. 观察

低倍镜下可见成群或分散存在的口腔内黏膜上皮细胞，形态大多呈扁平状，核呈圆形或椭圆形，位于细胞中央，被染成淡蓝色。选择单个轮廓清楚的细胞，转换高倍镜观察，可见细胞质中散在一些被染成亮绿色的粒状和短棒状的颗粒，即线粒体。

## 五、课后提升

绘制本实验图并描述现象。

# 实验8　植物细胞微丝束的光镜观察

## 一、实验目的

（1）了解细胞骨架的结构。

（2）掌握细胞装片的制片技术。

## 二、实验原理

以洋葱内表皮为实验材料，用光镜观察细胞骨架的形态与分布。细胞骨架是指细胞中纵横交错的纤维网络结构，它们是由各种不同成分的蛋白质组成，按组成成分和形态结构的不同可分为微管、微丝和中间纤维。它们对细胞形态的维持、细胞的生长、运动、分裂、分化和物质运输等起重要作用。

当用适当浓度的非离子去垢剂 TritonX-100 处理细胞时，可以使细胞中的可溶性蛋白和脂类物质被溶解除去。而微丝束是不可溶性蛋白，不会被 TritonX-100 破坏而留在细胞中，再用固定剂对其进行固定，然后用非特异性蛋白染料（考马斯亮蓝 R250）对其进行染色，可在光镜下观察细胞骨架的网状结构。

注意：考马斯亮蓝 R250 并不特异性地对微丝染色，但由于有些细胞骨架纤维（如微管）在该实验条件下不稳定，又因某些类型的纤维太细而在光镜下无法分辨，因此看到的基本是由微丝组成的纤维束，直径在 40 nm 左右。

## 三、实验器材

1. 仪器与材料

水浴锅、5~10 mL 塑料离心管、镊子、剪刀、载玻片、盖玻片、吸管、吸水纸。

洋葱。

2. 试剂

（1）6 mmol/L PBS（pH 6.5）。A 液：称取 $NaH_2PO_4 \cdot H_2O$ 468 mg，用蒸馏水溶解并定容至 500 mL。B 液：称取 $Na_2HPO_4 \cdot 12H_2O$ 1 074 mg，用蒸馏水溶解并定容至 500 mL。工作液：A 液 68.5 mL+B 液 31.5 mL，用 5% $NaHCO_3$ 调 pH 值至 6.5。

（2）咪唑缓冲液（M 缓冲液）（pH 7.2）。咪唑 3.40 g、KCl 3.71 g、$MgCl_2 \cdot 6H_2O$ 101.65 mg、EGTA 380.35 mg、EDTA 29.22 mg、甘油 292 mL，加蒸馏水至 1 000 mL，用 1 mol/L HCl 调 pH 值至 7.2。注：咪唑为缓冲剂，其中的 EGTA 和 EDTA 是螯合剂，螯合 $Ca^{2+}$。低 $Ca^{2+}$ 条件下，骨架纤维保持聚合状态。在 $Mg^{2+}$ 和高浓度 $Na^+$、$K^+$ 条件下，球形肌动蛋白装配成微丝。

（3）1% TritnoX-100。TritonX-100 1 mL，加 M 缓冲液 99 mL。

（4）3%戊二醛。25%戊二醛 12 mL，加 6 mmol/L PBS（pH 6.5）88 mL。

（5）0.2%考马斯亮蓝 R250 染液。考马斯亮蓝 R250 粉末 0.2 g、甲醛 46.5 mL、冰乙酸 7 mL，加蒸馏水 46.5 mL。

## 四、实验步骤

（1）取材。撕取洋葱鳞茎内表皮 5 $mm^2$，浸入装有 6 mmol/L PBS（pH 6.5）缓冲液的烧杯或小瓶内，使材料下沉，处理 5 min。

（2）抽提。吸去液体，加去垢剂 1% TritonX-100 2 mL，使液体充分浸泡材料，并立即放入 37 ℃水浴锅中处理 20 min。

（3）冲洗。吸去液体，用 M 缓冲液轻轻冲洗 3 次，每次 3 min。

（4）固定。加 3%戊二醛固定 15 min。

（5）冲洗。吸去固定液，用 6 mmol/L PBS（pH 6.5）冲洗 3 次，每次 3 min。

（6）染色。吸净液体，滴几滴 0.2%考马斯亮蓝 R250 染液，染色 10 min。

（7）制片。吸去染液，用蒸馏水洗 2~3 次，将标本平铺在载玻片上，加盖片。

（8）镜检：将制好的片子置于光镜的低倍镜下，可见到规则排列的长方形洋葱表皮细胞轮廓，细胞内可见到被染成蓝色的粗细不等的纤维网络结构，便是构成细胞骨架的微丝束。选择染色较好的细胞，转高倍镜继续观察，调节细焦螺旋可见到细胞骨架的立体结构。

## 五、课后提升

绘制洋葱表皮细胞骨架图并描述现象。

# 实验9　甲基绿-派洛宁法显示RNA、DNA

## 一、实验目的

（1）了解甲基绿-派洛宁法显示RNA及DNA的原理。
（2）掌握甲基绿-派洛宁法显示RNA、DNA的实验过程。

## 二、实验原理

以洋葱鳞茎内表皮为实验材料，采用Brachet染色法显示细胞中的RNA及DNA。甲基绿-派洛宁染色法又称为Brachet染色法，当用甲基绿-派洛宁混合染料染细胞时，DNA被染成绿色而RNA被染成红色。

此方法于1899年由Pappenheim首创，1902年Unna对其进行了改良，1940年Brachet研究证明了其原理。

DNA分布于细胞核的染色质上，RNA分布于细胞质及细胞核的核仁内。虽然DNA和RNA在结构上具有很多相似之处，但两者聚合程度不同，DNA聚合程度较高，RNA聚合程度较低。

甲基绿和派洛宁都是碱性染料。甲基绿属于三芳基甲烷，芳香环的对位上有氨基，甲基连在N原子上；派洛宁是氧杂蒽衍生物。

pH值为4.6时，甲基绿和派洛宁与核酸发生竞争性结合。甲基绿与DNA双螺旋外侧的磷酸根基团结合力强，结合后阻止派洛宁从碱基之间插入，DNA被甲基绿染成绿色。派洛宁与RNA结合力强，RNA结构松散，派洛宁可以插入，从而中和磷酸基团，阻止甲基绿染色，RNA被派洛宁染成红色。这样就能使细胞中两种核酸分别显示出来。

此反应对pH敏感，染料的纯度和染料的结合力都会影响染色效果。

## 三、实验器材

### 1. 仪器与材料

显微镜、载玻片、盖玻片、镊子、剪刀。
洋葱。

### 2. 试剂

甲基绿-派洛宁染液：2%甲基绿∶1%派洛宁混合染液=1∶9。

## 四、实验步骤

（1）取材。用镊子撕取一小块洋葱内表皮，剪成4~5 $mm^2$的小块，置于载玻片上。
（2）染色。用吸管吸取1滴甲基绿-派洛宁染液，滴在表皮上，染色30~40 min。

（3）冲洗。清水冲洗表皮至水无色即可，并用吸水纸吸干。

（4）观察。盖上盖玻片后镜检。细胞质和核仁被染成红色（富含 RNA），细胞核被染成绿色（富含 DNA）。证明 RNA 在细胞中的分布主要集中在细胞质及细胞核内，后者又主要集中在核仁内。在染色质及染色体内也存在微量 RNA。

## 五、课后提升

绘图并描述结果。

# 实验 10　过碘酸希夫染色（PAS）法显示多糖

## 一、实验目的

（1）了解过碘酸希夫染色反应的原理。

（2）了解多糖在细胞中的分布。

## 二、实验原理

以草履虫为实验材料，采用 PAS 反应显示细胞质中的多糖成分。过碘酸是一种强氧化剂，可把多糖氧化成高分子醛化物。具体作用机理是打开多糖中葡萄糖单元的 2 位和 3 位碳原子之间的连接，同时将多糖中的乙二醇基（CHOH—CHOH）氧化为 2 个游离醛基（—CHO）（图 10-10-1）。然后游离醛基可与希夫（Schiff）试剂反应，形成红色至紫红色的化合物，颜色深浅与多糖含量成正比。

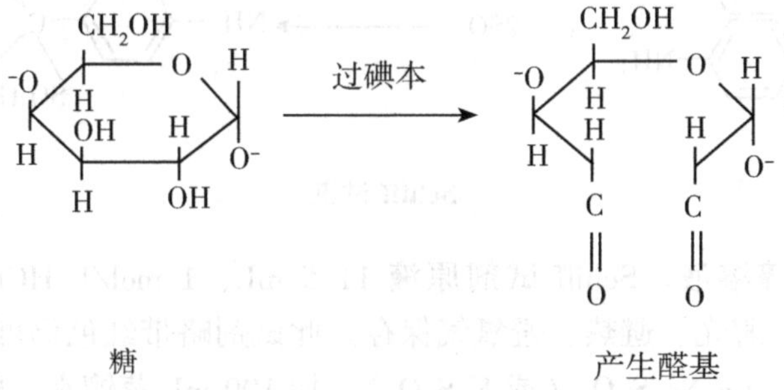

**图 10-10-1　过碘酸氧化糖**

## 三、实验器材

1. 仪器与材料

离心机 2 台、离心管 8~12 支、显微镜、擦镜纸、量筒、染色缸 8~12 只、纱布。

草履虫培养液。

2. 试剂

（1）过碘酸乙醇溶液。$HIO_4 \cdot 2H_2O$ 0.4 g、95% 乙醇 35 mL、0.2 mol/L 乙酸钠 5 mL，加蒸馏水 5 mL。配好后放置在 0~4 ℃的冰箱内，瓶包黑纸避光保存。此液如显棕黄色即为失效。

（2）Schiff 试剂原液。先将 200 mL 蒸馏水煮沸，停止加热，加入碱性品红 1 g，充分搅拌，有助于溶解。待溶液冷到 50 ℃时，过滤到磨口棕色试剂瓶中。加入 1 mol/L HCl 20 mL，冷却到 25 ℃时加入 1 g 偏重亚硫酸钾（$K_2S_2O_5$）或偏重亚硫酸钠（$Na_2S_2O_5$），充分振荡后盖紧瓶塞，在室温下放置暗处过夜（至少 14~24 h，有时需 2~3 天）。取出时，其颜色应退至淡黄色或近于无色（溶液如呈浅红色，可加约 0.5 g 中性活性炭吸色，剧烈振荡 1 min），过滤后即得 Schiff 试剂（滤液应为无色）。无色品红配成后须塞紧瓶塞，外包黑布或黑纸，储存在冰箱（4 ℃下可保存数月，冷冻可长期保存）或黑暗低温处。如果配制后的溶液颜色呈红色，除因操作步骤的差错外，多由于碱性品红或偏重亚硫酸钠质量不好。如果溶液颜色变为粉红色，则失效不能再用。

$$Na_2S_2O_5 + HCl \longrightarrow NaCl + H_2SO_3 + SO_2$$

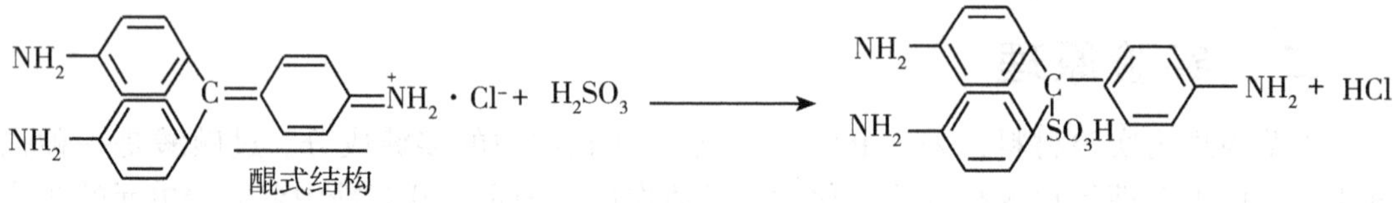

醌式结构

碱性品红

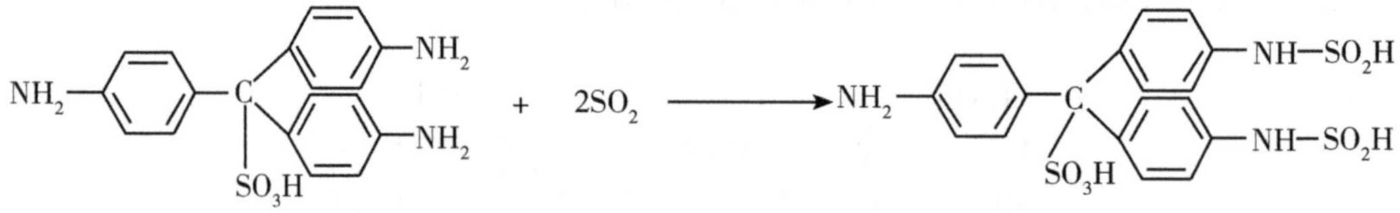

Schiff 试剂

（3）Schiff 乙醇溶液。Schiff 试剂原液 11.5 mL、1 mol/L HCl 0.5mL、无水乙醇 23 mL，混合均匀，避光、避热、避氧气保存。此试剂略带红色仍可使用。

（4）漂洗液。10 g $Na_2S_2O_5$（或 $K_2S_2O_5$），加 100 mL 蒸馏水，配制成 10% $Na_2S_2O_5$（或 $K_2S_2O_5$）。取 10% $Na_2S_2O_5$（或 $K_2S_2O_5$）5 mL，加蒸馏水 90 mL、1 mol/L HCl 5 mL，摇匀后塞紧瓶塞。新配制的漂洗液 $SO_2$ 气味很浓，至无味时即不能再用。此溶液不能保持太久，最多 6~7 天，最好在使用前现用现配，否则会因 $SO_2$ 的逸出而失效。

（5）1%甲基绿。1 g 甲基绿、99 mL 蒸馏水，再加 1 mL 冰乙酸，混匀。

（6）其他试剂。二甲苯、95%乙醇、无水乙醇。

## 四、实验步骤

（1）取草履虫培养液适量，纱布过滤稻草后，1 400 r/min离心无稻草的草履虫培养液 5 min，取沉淀加蒸馏水悬浮后，吸取 1~2 滴滴于载玻片上。

（2）滴加 95%乙醇固定 10 min，此过程中要防止乙醇完全挥发干，要不断补充乙醇。

（3）滴加几滴 0.5% $HIO_4$，作用 15 min。

（4）滴加 Schiff 试剂（暗处室温），作用 30~45 min。

（5）漂洗液漂洗 3 次（除去多余的 Schiff 试剂），每次 2 min。

（6）清水冲洗约 1 min 后擦干玻片镜检。细胞内的糖原呈红色至紫红色颗粒。显色深浅与细胞中乙二醇基含量成正比，多时呈深紫红色。

## 五、课后提升

绘制本实验图并描述结果。

# 参考文献

李素文，2001. 细胞生物学实验指导［M］. 北京：高等教育出版社.
刘瑞芳，苏利红，曾文先，等，2020.《细胞生物学》实验教学的改革与实践［J］. 家畜生态学报（11）：94-96.
辛华，等，2001. 细胞生物学实验［M］. 北京：科学出版社.
杨汉民，刘玉章，2007. 细胞生物学实验（第三版）［M］. 北京：高等教育出版社.
张建萍，2014.《细胞生物学》课程实验教学内容、方法及考核方式的改革与实践［J］. 畜牧与饲料科学（4）：61-62.